变绿水青山为金山银山

基于自然资本的生态现代化系统研究

郝 栋◎著

人民出版社

序　一

党的十八大报告提出，我们一定要更加自觉地珍爱自然，更加积极地保护生态，努力走向社会主义生态文明新时代。生态文明新时代是以解决好人与自然和谐共生为目的的新时代，是绿色发展、循环发展、低碳发展引领的新时代，是“绿水青山就是金山银山”的新时代。这个新时代，就是生态现代化的时代呈现。

生态现代化是现代化思想和理论在生态文明建设领域的体现，涉及经济、政治、文化、社会和自然生态的方方面面，其中生态经济、绿色发展方式是生态现代化思想和理论的重要方面。

绿色发展方式是绿色发展在传统发展基础上的一种模式创新，是建立在生态环境容量和资源承载力的约束条件下，将环境保护作为实现可持续发展重要支柱的一种新型发展模式，是生态文明建设的必然要求。

绿色发展方式是对西方传统发展观与发展模式的批判扬弃，也是针对我国现有的发展矛盾和问题做出的必然变革。不同的历史发展阶段，人类对世界发展的认识不断深化，形成了不同的发展观。如古代“天人合一”的朴素发展观，近代西方主客二分的形而上学发展观，面向未来的人与自然和谐共生发展观。绿色发展就是一场理念与思维方式的变革。绿色发展作为我国五大发展理念之一，其最终目的就是要实现资源节约型、环境友好型的以人为本的可持续发展，它强调经济发展、社会进步和自然环境保护的统一与协调。对绿色发展的探析与环境问题的认识归根到底是自然观、价值观与世界观的认识。当今中国理应坚定不移地走绿色发展之路，正视发展中的问题，寻找对策，建设美丽中国。

习近平总书记指出：绿水青山既是自然财富、生态财富，又是社会财富、经济财富。保护生态环境就是保护自然价值和增值自然资本，就是保护经济社会发展潜力和后劲，使绿水青山持续发挥生态效益和经济社会效益。

绿水青山转变为金山银山，需要发展理念、发展方式、思维方式的变革。这是一项系统工程，是我们需要探索和破解的重大理论课题。

郝栋选取自然资本这个角度开展生态现代化系统研究，无疑是一个有挑战性的研究视角。该书通过分析现代化过程中的“技术—经济”结构变化，提出生态现代化的核心机制是“技术—经济”系统的生态转向，而该过程的驱动力来自自然资本推动的技术范式生态化，通过自然资本推动技术范式生态转变来构建生态现代化的系统要素，最后构建基于自然资本的中国生态现代化的新理念、新方法、新模式。

郝栋具有哲学博士、经济学博士后学历，具备了从哲学和经济学交叉学科领域开展研究的扎实理论基础。自然资本增值是确保绿水青山源源不断转向金山银山的基础，自然资本增值的路径和模式就是研究的关键领域。书中提出了自然资本在绿色发展方式、“两山理论”转化过程中的增值路径及模式，即“生态资源—生态资产—生态资本”的模式。其方法和路径对推动绿色发展和“两山理论”实践转化具有现实的指导意义，不失为有理论创新和实践价值的一部专著。

习近平总书记指出，经济发展不应是对资源和生态环境的竭泽而渔，生态环境保护也不应是舍弃经济发展的缘木求鱼，而是要坚持在发展中保护、在保护中发展。只有保持自然资本持续不断地增值，才能使绿水青山源源不断地转化为金山银山。

“为者常成，行者常至。”中国要建立的现代化是人与自然和谐共生的现代化，我们要走的现代化道路是生产发展、生活富裕、生态良好的文明发展道路，生态现代化探索之路常新。

中央党校（国家行政学院）教授、博士生导师　赵建军

2021年10月12日

序　　二

党的十八大提出的生态文明建设是基于中国智慧新文明之路的探索。环境危机是当代工业文明危机的结果和表现。现代工业文明危机的深层根源是工业文明时代形成的现代哲学与文化的危机。迈向新时代的生态文明,需要一次哲学与思维方式的革命。中央提出的“五位一体”是生态文明建设战略,是指在天人和谐自然观、利他共生价值观的指导下,涉及科技范式、经济模式、生活方式、社会发展方式、国家治理方式、哲学与思维方式等一系列变革的新文明模式。

目前对生态文明建设战略认识的最大误解就是把生态文明建设等同于环境保护。从这个认识出发,总是把生态保护与经济发展看成是对立的关系。习近平总书记提出绿水青山就是金山银山的“两山理论”,对生态文明建设的最大贡献,就是破解了发展与保护的矛盾。习近平总书记的“两山理论”,本质上提出了支撑生态文明建设的新经济形态是什么。这个新经济与现有工业经济的最大不同,就是这是一种化解发展与保护对立的基于自然资本的生态经济。

如何解读基于自然资本的生态经济,是经济学的一次革命。需要走出传统经济学思维,从新视角、新理念进行解读。《基于自然资本的生态现代化系统研究》一书,正是这样一部对迈向生态现代化的新经济范式的研究书。

从货币资本向自然资本转变,从表面上看,只是概念的变化。其实这是一个实质性的革命。决定现代工业经济的货币形态资本,是一个没有约束、所有的社会资源都为资本增值服务的经济机制。这正是以牺牲生态环境、资源为代价的资本经济,是造成生态环境、能源危机的经济根源。自然资本虽然也会通过货币、产业资本等形态来表现,但是自然资本是受到严格约束的资本,资本的增值必须以自然生态价值的保护和增值为前提。

所以,以自然资本为基础的生态经济,并不排除现代的科技创新、金融资本、产业资本等形态,但所有这些必须置于生态资源的保护与增值前提下进行。本书提出"技术—经济"范式的生态现代化研究,最有价值的就是基于这个大前提而进行的生态经济范式的研究。

自然资本增值遇到的首要问题是如何实现生态资源资本化。对此此书的研究提出了生态资源资本化路径遵循,即"生态资源—生态资产—生态资本"的演化路径。这一路径是"资源—资产—资本"三位一体新型资源观在生态领域的运用。生态资源在不同阶段具有差异性的价值形态表现,生态资源形态和价值的不断变化使得生态资产实现增值效应。生态资源资本化主要经历生态资源资产化、生态资产资本化、生态资本可交易化等阶段。生态资源资本化路径可分为直接转化路径和间接转化路径,具体包括生态产品直接交易、生态产权权能分割、生态资产优化配置、生态资产、投资运营。

郝栋同志从中央党校哲学部科技哲学专业博士毕业后来到当时的国家行政学院经济学部进行博士后研究工作,和我就研究方向进行学术探讨时,我提出可以将哲学与经济学相结合,从自然资本的角度来研究生态文明建设相关问题。他在博士后期间选取了生态现代化中的城市化建设作为切入点,以自然资本作为研究视角,系统分析了城市化的生态转向,发表了相关论文和专著,打下了很好的研究基础。在他的新书《基于自然资本的生态现代化系统研究》中,我看到他将研究的范畴进一步拓展,将自然资本作为核心嵌入到他的"技术—经济"范式演化中,对近代以来世界现代化进程,尤其是中国的现代化探索和生态现代化转型进行了分析，提出了我们要建设的现代化不是追赶西方工业文明中人与自然背离的现代化，而是人与自然和谐共生的现代化。

书中将马克思主义生态观的生产力转向同西方生态现代化理论的技术范式创新结合起来，以自然资本为视角构建生态现代化进程中的“生态技术—绿色经济”系统体系，该系统体系由问题导向、分析工具、核心体系构成，可以为当前中国特色社会主义“五位一体”建设格局、中国生态现代化建设中的自然产权，以及中国的绿色发展转型提供有建设性的思考。

生态文明与乡村振兴专家、教授、博士生导师

中共中央党校（国家行政学院）经济学部原副主任　张孝德

2021 年 6 月于北京

目　　录

引　　言

现代化是近代以来人类社会发展的主线，科技革命带来的生产力跃升引发了社会的整体性转型，起源于西欧的工业革命推动人类社会从农耕文明进入到工业文明，文明演进的新篇章缓缓拉开。政治、经济、文化、社会全方位的现代化进程从工业革命起源地的西欧开始并逐渐世界化，最终伴随着资本主义世界体系建成和工业技术范式确立，现代化理论也逐渐从萌芽到成熟，成为近代以来最为重要的社会发展理论。现代化进程与资本主义制度相互缠绕，工商业资本的增值诉求同突飞猛进的工业技术结合成为推动现代化的最主要力量。随着工业化推动的现代化进程不断加速和累积，人与自然之间的矛盾逐渐凸显，资源枯竭、环境恶化等问题使得经典现代化的负效应显现，人类文明面临着新的转型。生态文明时代宣告新的技术革命的到来，现代化道路从传统的工业模式向生态模式演进，现代化理论逐渐演进到生态现代化的新阶段。

20 世纪 80 年代，生态现代化理论首先兴起于德国，由德国学者马丁·耶内克和约瑟夫·胡伯提出。生态现代化初始只是在“柏林学派”的学术团队中使用，后来逐渐从柏林走向整个德国，从学术圈讨论变成执政党的基本政策。20 世纪 90 年代，这一概念已经在国际上被广泛使用。国内外对于生态现代化的研究多是从经济发展与环境容量、社会发展要素与生态环保关系以及技术创新与社会发展模式之间的关系来考虑。就目前的文献分析来看,国外研究的重点是生态现代化理论的普遍性意义,生态现代化理论与技术创新、生态政治之间的关系,生态现代化理论在不同类型的国家发展的具体形态等问题。国内研究重点是介绍分析不同的生态现代化理论流派和重点人物,从中国现代化进程尤其是国家治理体系与治理能力现代化角度来分析生态治理现代化,以及生态现代化理论同中国特色社会主义生态文明建设的理论和实践、同习近平生态文明思想和中国共产党的现代化发展使命之间的关系等。总而言之,生态现代化理论作为现代化理论的重点发展方向,多是从政治角度和社会角度去分析,从哲学尤其是科学技术哲学和经济学角度分析的较少。生态学和经济学交叉形成的自然资本的研究视角,对于研究现代化进程的演化逻辑有着十分重要的作用,同时自然资本带来的科学技术生态化是推动生态现代化进程的重要动力,将二者结合起来的基于自然资本的生态现代化研究还处在探索阶段,有着很大的研究空间。

生态现代化理论虽然起源于欧洲社会发展的转型,在世界化的过程中面临着中西方文化、社会差异巨大的问题,但理论的发展和应用还是遵循着一定的规律。生态现代化可以看作是一个生态技术不断革新与扩散的过程,新的资本形态同科学技术相结合,带来了新的科学技术创新的价值导向,科学技术创新又推动形成了自然资本与生态技术相结合的新范式。因此通过自然资本视角切入分析生态技术范式的形成和生态文明的演进规律,从人类文明发展的长周期视角进一步厘清了经济发展同技术范式更迭之间的关系,构建自然资本支撑的生态技术范式体系,探讨通过生态技术范式推进生态现代化建设的途径;通过构建"技术—经济"系统的研究工具,来分析工业社会导致的生态危机是工业现代化的"技术—经济"系统性矛盾,推出生态现代化的核心机制是"技术—经济"系统的生态转向,而该过程的驱动力来自自然资本推动的技术范式生态化;通过自然资本推动技术范式生态转变来构建生态现代化的系统要素,最后构建基于自然资本的中国生态现代化的新理念、新方法、新模式。

本书立足并面向中国生态文明建设的理论诉求和实践需求，坚持问题导向，追求理论价值。人类社会通过实现农业技术发展从而创造农业文明，通过实现工业现代化从而创造工业文明，现今所面临的转型就是通过实现生态现代化创造生态文明。中国现在所面临的就是社会发展的巨大转型，建设生态文明、构筑美丽中国、推进现代化、实现中国梦，是中国共产党和中国政府作出的重大战略决策，也是当前我国社会各界关注和讨论的热点和焦点。党的十八大报告提出“五位一体”社会主义现代化建设总布局、中华民族伟大复兴总任务，要求生态文明建设和经济建设、政治建设、文化建设、社会建设融合发展，形成自然、人、社会和谐的现代化建设新格局，走向社会主义生态文明新时代。党的十九大报告提出了人与自然和谐共生的现代化道路。基于自然资本视角来研究中国生态现代化的理念和路径，对解决中国现代化过程中的环境与资源压力，探索适合中国国情的可持续发展道路，有着积极的意义。

从 1840 年鸦片战争开始到中国特色社会主义进入新时代，现代化始终是中国发展的第一性问题，中国的现代化历程处于三期叠加的历史阶段，分别是经典现代化追赶期、人口资源环境冲突期和生态现代化引领期，三期叠加带来的发展模式、发展理念、发展动力和发展机制等方面的问题，给中国的现代化道路增加了很多不确定性和可选择性。为了更好地选择中国的现代化道路，需要把中国的现代化放在世界现代化的理论体系演变和实践探索发展的历史中去考量，以生发出对现代化的发展规律和未来趋势的科学认识。本研究通过对人类历史发展进程中的经典现代化理论的回顾和反思，梳理了从经典现代化向生态现代化的转型以及当前生态现代化理论的流派和西方生态现代化理论的内在缺陷，指出生态现代化理论发展需要突破西方中心论的传统，生态现代化理论应当与更为广泛的现代化实践和国家地区进行结合，为中国生态现代化的理论创新提供了空间。人类文明的发展内在具有“技术—经济”逻辑范式的规律，从工业文明的经典现代化向生态文明的生态现代化的发展就是人类从“工业技术—资本经济”向“生态技术—绿色经济”范式的转变,其实质就是价值附着物从过去的基于“工商业资本”向基于“自然资本”的转变,也就是资本形态的转变是该范式的“内核”。所以研究生态现代化的理论创新与实践模式,需要将“自然资本”作为关键,以激活自然资本作为构建中国特色社会主义生态现代化的主线。因此我们可以把中国现代化的历程看作是从过去的驾驭工商业资本、追赶经典现代化向激活自然资本、引领生态现代化的转变,就为中国生态现代化体系找到了带有历史纵深感的坐标体系。基于自然资本的中国生态现代化有其理论渊源,中国特色社会主义的制度体系和制度优势能够有效克服西方资本主义制度同生态环境的内在矛盾,能够真正实现生态现代化中对自然资本的激活和增值,从而避免生态现代化理论困于资本主义制度的价值体系,演变为资本主义制度和西方中心主义维护与修补的工具。中国特色社会主义生态现代化是生态现代化理论同社会主义制度相互结合的产物,是吸收了中国传统生态智慧和马克思主义生态观的最新发展成果,是扎根于中国的生态现代化的实践,由生态经济现代化、生态治理现代化、科学技术生态化和生态文化现代化构成,推动了中国生态现代化的实践,践行了走一条人与自然和谐共生的现代化道路的战略选择。

第一章　经典现代化理论的发展与反思

按照马克思主义的理论体系，以生产力的形态演进为主线，人类历史发生了三次社会大变革，第一次是工具制作带来的革命，产生了人类；第二次是农业革命，产生了阶级；第三次是以现代生产力引发的工业革命。工业革命带来了人类社会的全方位转型，对整个人类文明带来了巨大的改变，推动社会发展进入到现代化时代，为现代化进程提供理论支撑的现代化理论出现，并伴随着工业化进程和资本主义全球化扩张不断发展并系统化。现代化是近代以来学术研究的重点，不同流派的现代化理论的内涵丰富，研究者从不同的角度来分析探讨，实践者从不同的地区探索，不断推动现代化理论的发展，工业文明是现代化进程的重要产物，也是现代化进程推进人类文明进步的标志，但是随着工业文明弊端的显现，尤其是工业化施加给人类赖以生存的生态环境的巨大压力和生态系统应对这种压力的负反馈——生态危机的出现，使得人类开始对工业文明背后的现代化理论开始进行反思。经典现代化理论是对18世纪以来的现代化进程的理论阐释，它并不是一个单一理论，而是不同思想的一个集合。从经典现代化到生态现代化转型成为现代化理论的自我完善和发展的体现，也是对现代化进程中出现的问题的反馈。人类的现代化进程从1500年开始至今已经经历了500多年的历史，从经典现代化到生态现代化，体现了人类对探索现代化发展路径的不断思索，蕴含着生产力的发展规律。

第一节　经典现代化理论的发展过程

从世界发展的历史进程来看，现代化与人类经济、政治、社会、文化、生态等方面有着千丝万缕的联系，工业革命以来人类社会的重大历史事件与现代化都有着关联。以历史进程论来观察，对现代化进程有着广义和狭义的两种理解方法。广义的现代化指的是自工业革命以来，现代生产力所带来的社会生产方式的巨大变革，以现代工业、科学技术革命为首推力，促使人类社会从传统的农业文明时代向工业文明时代的巨大转变。工业资本主义浸染到经济、政治、文化和思想的各个领域并引起了社会组织和社会行为及心理的重大转变。而狭义的现代化就是落后国家通过科技发展，有计划的改造生产体系，通过提高效率来实现对于完成现代化的发达工业国家赶超的历史过程。本研究讨论的是广义的现代化进程。

一、经典现代化理论中的“现代化”概念

“现代化”是20世纪60年代后期在西方的社会科学研究中心逐渐兴起的一个学术话语，现代化在英文中是动态名词，即modernization，意思可以解释为成为现代的，偏向于一个过程的描述，其中modern是核心词根，指的是现代的或者近代的，也就是从公元1500年到现在的一个历史时期。由此可见，现代化指的就是西方1500年之后历史时期中出现的一系列变化及其影响。现代化的含义，在《现代化新论——世界与中国的现代化进程》中归纳了四种下定义的视角，分别是政治层面、工业化层面、科技革命层面和心理态度层面，基本涵盖了对现代化尤其是经典现代化的概念分类。[①] 政治层面强调的是国

① 罗荣渠:《现代化新论——世界与中国的现代化进程》,商务印书馆2004年版,第28页。

家实力的增长，是资本主义世界体系下后发国家通过科技革命追赶先发国家的过程；工业化层面认为现代化就是工业化，就是以工业革命为开始推动传统社会（农业文明）向现代社会（工业文明）的转变，并基于此论断，对现代化的过程分析应当按照工业化的扩散规律，即现代化从西欧开始到第二次世界大战之后的全球化；科技革命层面的观点强调现代化不仅仅只着眼于经济增长，更多的要从知识增长带动经济、政治、社会发展从而发生了功能性变化过程来分析，现代化就是“在科学和技术革命的影响下，社会已经发生和正在发生的转变过程”①；心理态度层面主要是从人的价值观、生产生活方式，或者说是文明的形式角度来看，心理态度层面多从韦伯学派角度出发，认为现代化就是一种全面的理性的发展过程，是对自己的自然环境和社会环境的合理性的控制的扩大。现代化研究的先锋人物布莱克认为“现代化是在可能对自然和社会现象寻求合理解释的创新意识中显示出来的”②。萨缪尔·亨廷顿认为：“现代化是将人类及整个世界的安全、发展和完善，作为人类努力的目标和规范的尺度。现代化意指社会有能力发展起一种制度结构，它能适应不断变化的挑战和需求，包括工业化、城市化，以及识字率、教育水平、富裕程度、社会程度的提高和更复杂的、更多样化的职业结果。”③A.R.德赛认为：“现代化的目的在于把握、评估和量化人类社会发生的巨大量变和深刻质变及其合理分界点的判断。这些巨大量变和深刻质变开创了人类历史的一个新时代。通过现代化，人类将进化到一个理性阶段的新水平，使其社会环境建立在富足和合理的基础之上。”④笔者认为，现代化就是人类社会发展过程中，通过协调“自然—社会—经济”的复杂系统，通过科技范式创新，阶梯式的向前发展并追求人性的解放、生产的效率和自然的和谐的过程。在人类社会的现代化过程中形成

① ［美］布莱克：《日本和俄国的现代化》，周师铭译，商务印书馆1984年版，第18页。

② ［美］布莱克：《日本和俄国的现代化》，周师铭译，商务印书馆1984年版，第86页。

③ ［美］萨缪尔·亨廷顿：《变化社会中的政治秩序》，王冠华等译，上海人民出版社2008年版，第126页。

④ 罗荣渠：《现代化新论——世界与中国的现代化进程》，商务印书馆2004年版，第23页。

了大量的理论注释，例如经典现代化理论、依附理论、世界体系理论、后现代理论、反思现代化理论、多元现代化理论等，反映了在不同阶段和不同地区形成的不同的现代化探索模式，其中经典现代化理论起源最早、体系最成熟、影响最大，是广义现代化进程中的主流理论，通过考察经典现代化理论，可以分析出西方工业文明与资本主义现代化之间的关系。按照哈里森的定义，经典现代化理论是19世纪的古典进化论的发展。

二、经典现代化理论萌芽时期的社会背景

新的理论的产生总是同那个时代的社会思潮有着密切的联系，正如恩格斯所说，“每一时代的理论思维，从而我们时代的理论思维，都是一种历史的产物，在不同的时代具有非常不同的形式，并因而具有非常不同的内容。”①现代化理论是第二次世界大战后的全球性工业化的时代浪潮中诞生的关于分析社会变迁的规律及影响的理论框架，深深地打上了资本主义工业化时代的烙印，深受当时的社会思潮的影响。19世纪以来，对于社会的演进规律的研究一直都是社会科学和自然科学研究的重点，将达尔文的生物进化论内嵌到社会发展中的社会进化论是当时比较流行的方法。工业革命的出现，给社会发展带来了天翻地覆的变化，在西欧和北美相继进入工业文明时代之后，人类才开始意识到，一个新的社会形态开始形成，同时代的社会思想家也开始意识到一场伟大的社会变革蕴含在蒸汽时代带来的一系列连锁反应之中。19世纪社会学开始诞生并逐渐兴盛起来，孔德和圣西门关于未来工业社会的学说是当时的社会学研究主流。工业文明的产生使人类既感到恐惧又感到兴奋，既感到乐观又充满了悲观，这种复杂的情绪在人文科学家对待工业文明相关学说的态度中淋漓尽致地展现出来。社会学中关于工业文明的评论呈现出两极分化的态势，乐观的论调称赞工业文明所带来的人类社会的极大飞跃，科学、

---

① 《马克思恩格斯全集》第20卷，人民出版社1971年版，第382页。

技术和理性战胜了愚昧、落后和神权,人类正在不断走向文明的巅峰;悲观的论调则认为工业文明带来的机械化、城市化和物欲化将人类引入了万劫不复的深渊。那个时代深刻的思想家马克思和恩格斯,则是从阶级斗争的角度并用批判资本异化的方式,指出了工业文明与资本主义的结合将给人类社会和自然界带来前所未有的剥削,资本主义内在不可调和的矛盾和工业文明下人和自然的矛盾这个双重矛盾决定了资本主义社会走向灭亡崩溃,人类必将进入共产主义社会。

19 世纪资本主义社会在第一次工业革命的推动下呈现出前所未有的发展态势和潜力,使得对于工业文明的乐观基调逐渐成为社会学主流的声音,在赞扬工业文明所带来的文明进步效应的论断中,人类社会被分为“野蛮”和“文明”的两种状态,而这种状态的划分标准就是是否进入到了工业文明。由于工业文明最先是从西欧产生的,所以西方文明被打上了“文明的理想状态”的标签,这样文明的逻辑被确定了:工业文明是西方文明,所以西方文明是文明的理想状态,而非工业文明就是野蛮的文明,要想进入到文明的理想状态,就是改造为西方文明。伴随着在欧洲和北美的民族主义国家先后完成工业革命进入到工业文明阶段,西方文明开始为世界文明发展“立法”。将达尔文的生物进化论改造为社会达尔文主义,指出人类社会的发展也存在进化和淘汰,适者生存和优胜劣汰同样出现在不同文明模式的不同国家之间,国家和文明都要向着更高级的文明状态,也就是更强的资本主义市场经济、更加理性的权利分配、更加民主的政治制度、更加世俗的社会生活不断前进,而这样的文明范本就是正在向工业文明的巅峰攀爬的领头羊——西方资本主义发达国家。所以所有的非西方国家,如果不想在人类社会的进化中被淘汰,在未来的发展中都要工业化,工业化就是西方化,西方化就是人类的不断进步,西方文明就是“历史的终结”。

第一次世界大战的到来给工业文明的盛宴泼了一盆冷水,社会进化的理论似乎失去了合理性,文明的秩序没有变得更加和谐,反而因为畸形的发展陷入了一种更大规模和更大破坏力的混乱中。法西斯主义、经济危机、政治动乱甚至世界大战,隐藏在工业文明“虚热”的经济发展之下的资本主义内在不可调和的矛盾在此时集中爆发起来。乐观的论调沉默了,批判的声音更强了,马克斯·韦伯提出了未来世界的危机性,彭格斯指出了西方的没落,汤因比看到了西方文明的内在冲突,科学技术的失衡,宗教价值观的失语,社会生活的异化,西方文化的堕落,等等。工业文明带来的负效应开始显现,奠定了第一次世界大战之后社会科学对工业文明和现代化的基本论调。

资本主义进入到帝国主义时期,基本矛盾没有得到缓和,反而在更大范围带来了更大的灾难,规模更大破坏力更强的第二次世界大战极大地冲击了工业文明下的世界资本主义体系和工业文明模式。资本主义制度开始进行调试,以维护系统的稳定性,加上新的科技革命带来的新产业革命,战后出现了新的思想动态和社会思潮。资本主义通过结构性的调试和改变,利用新科技革命的有利因素,在20世纪50年代开始营造出了持续二三十年的经济繁荣时期,加上殖民体系瓦解后新兴国家登上世界舞台,新的民族国家为了更快地实现国家的经济发展和人民的生活水平提高,也纷纷走上了工业化道路,西方文明的所谓先进性仿佛又“回春”了。在《社会的剧变》一书中详细描绘了这种场景:“由于战后经济的持续繁荣以及拥抱工业主义的全球性狂热,在50年代里,工业主义与进步理念的重新结合,几乎达到了百年之前的程度。后期工业繁荣与闲暇社会的理念,开始得到阐述,并且获得接受。而最重要的一点是,未来基本上是根据西方工业发展模型拟想的;西方工业文明乃是它的终点。”①

同第一次世界大战西方的没落言论不同,第二次世界大战之后世界上出现了一个超级资本主义大国——“美国”,第一次工业革命时期北美大陆就已经积攒了工业文明早期的发展优势,没有经受第二次世界大战直接摧残且享

① [英]库马:《社会的剧变——从工业社会迈向后工业社会》,蔡伸章译,志文出版社1973年版,第375页。

受了战争胜果的美国，成为新工业革命和资本主义世界经济的代言人。第二次世界大战后美国主导建立的资本主义世界新秩序（与苏联相互抗衡），继续将其经济和政治模式在全球推广，并对第二次世界大战之后的政治经济秩序进行重构，美国把自己标榜为文明的样板，是现代化发展的典范。第二次世界大战之后，美国取代英国为首的西欧，接过了工业文明的现代化旗手的位置，现代化的乐观论断在美国式的发展中继续流行，现代化概念也逐渐从过去的西方化突出成为美国化的表征。

三、经典现代化理论的诞生

第二次世界大战之后随着新一轮的工业革命带来的持续繁荣和现代化进程从资本主义发达国家向发展中国家和新兴国家转移，对于现代化的扩散规律及其影响的研究逐渐成为学术研究的热点，政治学、经济学、历史学和社会学都开始关注这一类问题，因此现代化理论的形成可以看作是交叉学科的研究成果。

理论的产生总是由社会发展中对理论的需求推动的，战后随着殖民体系的瓦解，新兴国家大量产生，摆脱了殖民统治的国家急切地寻找如何才能迅速地提升国家竞争力，推动社会发展的道路模式。与此同时，国际政治发生了重大的变革，资本主义阵营和社会主义阵营的分化和对立，双方基于竞争博弈的战略目的提供了不同的发展模式以及意识形态范式并极力在全球推广。资本主义工业化是现代化的发轫且历史悠久，但是有其自身的矛盾性以及周期性经济危机带来的负面影响；社会主义工业化是现代化与意识形态结合的产物，计划下的现代化呈现出不同于传统工业现代化的特点。对于众多的新兴国家来说，是选择资本主义工业现代化还是社会主义计划现代化，又或者是探索出适合自己发展的现代化道路，如何实现追赶现代化国家，实现经济发展、政治稳定和社会安宁是当时最为急切的现实问题，也是决定战后世界政治经济发展新格局的关键问题。围绕现代化道路的选择，不同的学科开始形成不同的观察视角和观点，理论争鸣不断引起学术界的重视并吸引了更多的学者参与到讨论之中。20 世纪 50 年代，西方学者开始系统总结第二次世界大战之后以美国为首的资本主义体系发展的特点和内在原因，以经济增长理论为核心理论的发展经济学成为西方文明模式优势论的注脚，从经济发展到政治发展再到社会发展，形成了基于现代化发展的多学科参与体系的研究体系。政治学家通过不同模式的政治体制的比较研究来梳理政治现代化过程，经济学家从要素配置和科技革命扩散的关系中总结经济现代化的模式，历史学家从更为宏大的长周期多因素的历史变迁中来提炼现代化路径，在不同学科的交叉研究和成果的互相借鉴中，现代化理论逐渐成型。

现代化的最大特征就是经济的高速持续发展，因此最先对现代化理论进行建构的是经济学家。战后美国开始着手布局改造世界体系，凭借自己强大的经济实力是最有效的方式，美国总统杜鲁门提出了对落后国家实行经济援助计划的方案，就是通过经济手段实现美国对于第三世界国家的统治。除了统一市场和经济秩序的建构之外，经济发展模式的输出是改造第三世界的最有效的方法。因此对第三世界国家发展诉求的回应同美国为代表的资本主义工业文明现代化相结合是在第三世界推行所谓美国式“最优模式”的首要前提。为了掩盖意识形态和资本主义的真正意图，现代化问题和现代化理论就被提及出来，而实质上是对美国对外政策的服务。肯尼迪政府时期的美国国务院顾问罗斯托提出了从传统社会向现代社会增长的一般模式和阶段特征，以“传统社会”“为起飞创造条件”“起飞”“向成熟推进”“高额大众消费”的五阶段论来构建了现代化国家的发展路径，提出只要进入到“起飞”阶段，经济就会持续高效增长，就会达到美国那样的现代化程度，实现全面的繁荣。这样的逻辑体系对于急切想要通过实现现代化来推动经济增长和生活改善的新兴国家看似是一剂良方，而这剂良方的配药师，无疑就是现代化范本国家——美国，所以罗斯托提出美国有能力也有义务引领新兴国家来实现现代化，美国有“影响事态发展的资源和能力，在世界许多地区帮助维护现代化进程中的国家主权完整和独立自主”。[①] 虽然美国的现代化理论的传播和影响一度占据主流，但是随着时间的推移和新的经济发展模式的出现，其理论的影响力也日渐衰落。

经济发展必然带来政治制度的变化，现代化理论从研究经济起步，必然要进入到政治研究的范畴中。从政治层面进行现代化研究多是建立在不同政治模式的比较研究基础之上的，阿尔蒙德在 1966 年出版的《发展中地区的政治学》将关注的焦点集中在了现代化进程中的第三世界国家的选择，对非洲、亚洲和拉美州的新兴民族国家在面对现代化经济冲击下的政治制度反馈和调试的不同类型进行了比较研究，引起了世界政治学者对第三世界国家在现代化进程中的政治选择的研究。[②] 到了 20 世纪 60 年代，随着不同国家的现代化呈现出不同的发展形态，韦伯尔·摩尔等人编写了一套名为《传统社会的现代化》的丛书，对现代化的政治结构、现代化的进程影响、现代化的基本特征等进行了大量的分析和研究，形成了不同的研究框架。政治层面对于现代化理论的构建主要是三类：第一种是社会过程研究法，主要集中于工业化进程中给政治行为带来的一系列的影响，比如城市化与选举政治、工业化与政治博弈等；第二种是结构功能法，主要是从现代化要素的不同组合模式所带来的不同功能角度来谈论现代化的政治模型，多受帕森斯的理论的影响；第三种就是很传统的历史研究法，从历史发展的文本和线索中去寻找现代化的发展轨迹，例如欧洲史学专家 C.E.布莱克的《现代化的动力——一个比较史的研究》。[③]

20 世纪 60 年代吸引现代化理论研究关注的国家样本非日本莫属了，日本明治维新后纳入资本主义体系，通过脱亚入欧的改造，政治上开始接受西

① ［美］沃·惠·罗斯托：《从第七层楼上展望世界》，国际关系学院“五七”翻译组译，商务印书馆 1973 年版，第 84 页。

② ［美］加布里埃尔·A.阿尔蒙德：《发展中地区的政治》，任晓晋等译，上海人民出版社 2012 年版，第 87 页。

③ ［美］C.E.布莱克：《现代化的动力——一个比较史的研究》，景跃进、张静译，浙江人民出版社 1989 年版，第 124 页。

化，后受军国主义的影响法西斯主义盛行，第二次世界大战成为战败国后，现代化进程虽有短暂的停滞，但从20世纪60年代开始，又以高速的经济发展开始了日本现代化。日本的现代化模式给战后亚洲各国带来了极大的冲击，美国开始同自己的亚洲同盟日本联手进行现代化模式的打造。美国学者将现代化工具引入到对日本历史的分析框架中，并通过将现代化标准化（1960年在箱根举行的现代日本研究会议中对现代化提出了8条标准），从而在亚洲推行美国模式。

从20世纪60年代的现代化研究来看，还是基本在西方的话语体系中，围绕着西方尤其是美国的发展模式来进行理论构建，同时伴随着美国对世界市场的秩序重新洗牌和对新兴国家的干预，资本主义的生产模式和政治制度以现代化的外衣为表征开始将触角伸到更加遥远的新兴国家。这一阶段的现代化理论更多的是关注非西方国家如何通过经济模式的改造和政治制度的民主化构建，来将历史中没有完成的社会变迁之路走完，并逐步在工业化下实现现代化。现代化的各种学科观点相互融合交织，没有形成完整的理论体系，只能说是现代化问题在这个时期作为研究的热点成为理论界关注研究的重点领域，一定程度上催生了现代化理论的萌芽。

四、经典现代化理论的成型

20世纪60年代到70年代，世界经济发展并没有像资本主义经典经济理论预言的那样持续高速发展，由于石油危机影响带来的全球性的经济衰退，世界的政治秩序开始出现波动。美国的霸权主义开始在全球出现衰落，国内的保守主义和反共思想日益疲软，激进主义和革命思潮不断翻涌，对以美国为标准的现代化理论提出了越来越多的质疑和不同的声音，就在不断的理论交锋和实践探索中，现代化理论开始以一种更为包容、开放、多样的形态走向理论构建。

现代化理论一开始更多的是以一种西方化的理论话语在进行论证和传播，更多的是站在美国为首的西方资本主义国家的意识形态立场上，经典现代化理论像一个包裹着现代化外衣的资本主义方案。因此经典现代化理论更多地受到来自马克思主义和进步学界的批判，揭露其现代化下的资本主义思想。这一时期，西方的哲学界开始思索现代性危机，对现代化带来的人的精神世界的危机和信仰沦丧开始反思，对现代化理论机械的割裂所谓传统和现代进行了反驳，提出现代化用一种大杂烩的方式把除现代化以外的所有东西都定义为了传统，而现代化这个概念的本身就是模糊不清的，这就造成了现代化所宣称的全新的社会中的绝对主义缺陷，因为没有任何一个社会是能够抛弃所谓传统的绝对现代化国家。同时现代化国家在发展的过程中越来越呈现出多样化，现代化的组成要素体系也日益庞大，更多现代化要素带来的负效应开始出现，人们对所有现代化都是好的论断有了很大的疑问。

从世界范围来看，很多新兴国家选择了美国提供的现代化模式和理论，来实现对于本国发展方式和工业化的改造，但是在资本主义分工体系之下，第三世界国家始终只是作为原料的攫取地和产品的倾销地，迟迟没有进入到西方现代化理论所指明的“起飞”阶段，而日渐在工业文明高墙效应下成为现代化体系的依附国家。面对这种情况，新左派学者对现代化理论提出了更为尖锐的批判，认为现代化理论是毫无内容的欺骗发展中国家的把戏，“增长政治经济学派”提出第三世界无法进入到现代化高速发展的轨道的原因是它们长期依附于资本主义世界经济体系中，帝国主义通过新的剥削形式长期对第三世界进行盘剥并把现代化发展中的淘汰产业进行转移，所以第三世界在现代化进程中的分工和地位不会发生改变，发展中国家的现代化过程是扭曲的，如果要实现经济高速发展和政治的民主化以及社会运行的秩序化，需要从世界资本主义市场体系脱钩出去。在这一时期，以化石能源危机、人口爆炸带来的社会影响和西方发达资本主义国家严重的生态危机为标志，现代化理论中的工业文明和资本逻辑开始受到质疑，《寂静的春天》让人们开始反思现代化对大自然的影响，罗马俱乐部在《增长的极限》中提出了增长的承载能力，让建立在技术乐观主义和经济增长主义基础之上的经典现代化理论开始受到更多的质疑。

到了20世纪80年代，经典现代化理论的研究在经历过批判后开始出现了新的发展趋势，理论的研究范围不断扩大，理论的意识形态尤其是对社会主义和共产主义的敌对情绪减少，美国化、欧洲化和资本主义化的研究特征开始减弱，更加关注全球化的、发展化的，尤其是发展中国家的现代化进程的研究不断扩大。现代化理论摆脱了过去的欧洲中心和美国中心的研究聚焦，开始将现代化理论研究同第三世界发展史结合起来，同时伴随着第三世界现代化进程，尤其是中国开始改革开放并提出现代化的发展目标，很多第三世界的学者开始立足于本国的实践来开展现代化的理论研究，这就把过去的发达资本主义国际范例研究传统打破了，使现代化理论研究更具有时代性和普遍性。现代化理论不再是以盲目的乐观主义出发点，对现代性危机的关注，对后现代性和生态文明理论的吸收，以及以现代化理论带动其他学科的发展开始逐渐兴起。

五、经典现代化理论的基本内容

经典现代化理论的基本内容建立在现代化是从传统的农业社会向工业社会转变的逻辑前提下而对现代化发展过程的理论概括，用以解释发达国家从18世纪工业革命到20世纪中叶的发展过程，经典现代化理论认为现代化不仅是一个历史过程，也是一个发展状态。经典现代化理论是关于经典社会现代化过程的规律和特征的系统阐述，它包含着经典社会现代化的定义、过程、结果、动力和模式等五个方面的内容。

关于经典现代化的过程，美国学者布莱克认为分为四个阶段，分别是现代性的挑战、现代化领导的稳固、经济和社会的转型以及社会整合。美国学者罗斯托则认为分为五个阶段，分别是传统社会阶段、为起飞创造条件的阶段、起飞阶段、成熟阶段和高额的大众消费阶段，两者基本都是从经典工业国家的现代化进程中总结出来的发展过程。美国学者亨廷顿则对现代化过程的特征进

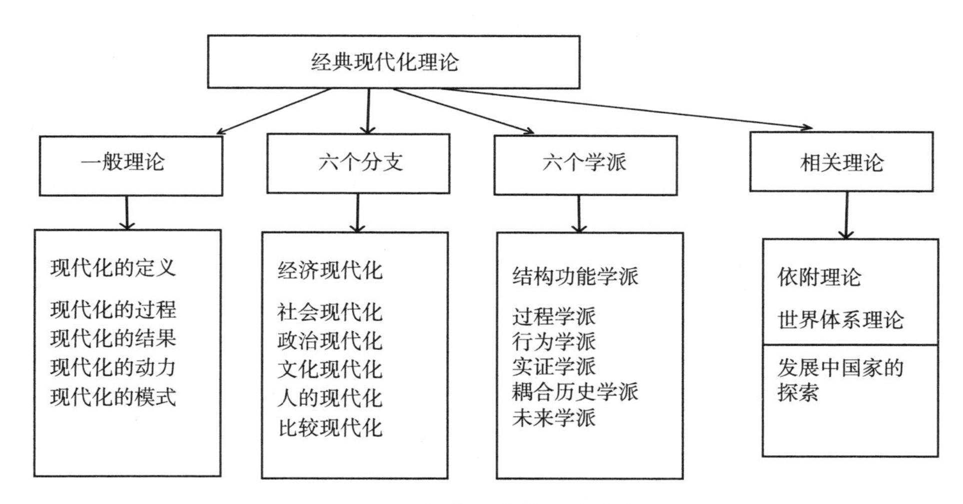

图 1.1　经典现代化理论分支

行了总结，共有九个特征。

表 1.1　经典现代化过程的九个特征

特征	解释
革命的过程	从传统社会向现代社会的转变，只能与人类起源的变化和从原始社会向文明社会的变化相比拟
复杂的过程	它实际上包含着人类思想和行为一切领域的变化
系统的过程	一个因素的变化将联系并影响到其他各种因素的变化
全球的过程	现代化起源于欧洲，但现在已经成为全世界的现象
长期的过程	现代化所涉及的整个变化，需要时间才能够解决
有阶段的过程	一切社会的现代化过程，有可能区别不同水平或阶段
趋同的过程	传统社会有很多不同的类型，现代社会却是基本相似的
不可逆的过程	虽然在某些方面出现暂时的挫折和偶然的倒退，但在整体上现代化是一个长期的趋势
进步的过程	在转变时期，现代化的代价和痛苦是巨大的；从长远看，现代化增加了人类在文化和物质方面的幸福

关于现代化的动力机制，美国学者殷格哈特教授认为有三种观点。其一是“经济发展决定论”，主张经济发展决定社会政治和文化的变化，认为科技

革命带来的工业化是现代化的推动力，资本主义经济高速发展推动了现代化的全球性；受马克思“经济基础决定上层建筑”思想的影响较大。其二是“文化发展决定论”，认为是文化影响了经济和政治生活，民主化是现代化的推动力，是政治层面的现代化引领了全面的现代化；这种观点受德国学者韦伯“新教伦理和理性化”思想的影响较大。其三是综合决定论，认为现代化是政治、经济和文化相互作用的结果，从更为综合的体系来分析经典现代化的动力体系。

经典现代化理论的分支和流派较多，基本呈现出松散的学科体系，关于现代化的特征、进程、动力、模式的不同解读还存在争议，尤其是对经典现代化的局限性的反思，更是造成了理论上的争论，对经典现代化理论的理解和超越，需要我们把它置身于现代化进程的三次浪潮中，才能够找到其自身的发展规律和未来现代化理论的发展趋势。

第二节　推动现代化进程的三次浪潮

研究经典现代化理论离不开现代化进程，从推动现代化的三次浪潮入手，有助于分析现代化理论从萌芽走向经典再到多元的内在原因。工业革命是人类社会发展的分水岭，资本主义的生产方式以巨大的优势战胜了前资本主义的生产方式，工业革命更是给资本主义的生产方式插上了加速的翅膀。工业革命改变了人类历史的方向，促进人类文明从农业文明进入到工业文明时代，这个文明转型的过程就是现代化的世界进程，就是生产力形态、社会组织形态、人的意识和思想的重大转变，是经典现代化理论的起点。

一、第一次现代化浪潮

第一次现代化浪潮发生在18世纪后期到19世纪的中叶，是以第一次工业革命为标志，从英国开始向西欧其他国家扩散的过程。工业革命带来了

“实际上是可怕的非常复杂的政治、社会和文化大变动的问题”①，而不仅仅是某种生产方式的创新或者某种商业模式的开辟，我们从马克思的论述中就能看到，“美洲金银产地的发现，土著居民的被剿灭、被奴役和被埋葬于矿井，对东印度开始进行的征服和掠夺，非洲变成商业性地猎获黑人的场所——这一切标志着资本主义生产时代的曙光。这些田园诗式的过程是原始积累的主要因素。接踵而来的是欧洲各国以地球为战场而进行的商业战争。这场战争以尼德兰脱离西班牙开始，在英国的反雅各宾战争中具有巨大的规模，并且在对中国的鸦片战争中继续进行下去”②。第一次工业革命采用了新的能源体系，通过机器生产和技术化改良而不断显现出自身的力量。首先是纺织部门的工业化，私人企业主为了获取更多的利润乐于采纳新技术，纺织品工业化模式迅速地扩散到国民经济的其他部门。随着科技的发展，煤炭代替木柴成为提供非生物能量（蒸汽）的最主要燃料，对于煤炭的需求使得英国和西欧的工业化向着煤炭富集区展开，蒸汽火车和铁路线不断向着比利时、瑞士、法国和德国部分地区推进，随之而来的是市场规模的扩大和分工的进一步形成。工业革命使得经济结构发生了极大改变，早期现代化国家如英国，经济发展从过去传统的农业为主开始向工业为主转变，并把自己的农业生产逐渐通过国际分工转移到其他的地区，随着对于化石原料和矿物材料的需求不断地扩大，又把更多的地方作为原料燃料供应地纳入到现代化产业体系中。英国 1847 年危机以后的工商业复苏，是新的工业时代的开端。《谷物法》的废除以及由此而必然引起的进步的财政改革，给英国工商业提供了它们发展所必需的全部空间。此后，很快又在加利福尼亚和澳大利亚发现了金矿。殖民地市场吸收英国工业品的能力一天天增长起来。“兰开夏郡的机械织机使千百万印度手工织工陷于彻底的灭亡。中国的门户日益被打开。但发展最快的还是美国，其

---

① ［意］卡洛·M.奇波拉：《欧洲经济史》第 2 卷，贝昱、张菁译，商务印书馆 1988 年版，第 79 页。

② 《马克思恩格斯选集》第 2 卷，人民出版社 2012 年版，第 296 页。

速度甚至对这个进展神速的国家来说也是空前的;而我们不要忘记,美国当时只是一个殖民地市场,而且是最大的殖民地市场,即输出原产品和输入工业品(当时是英国的工业品)的国家。"①巨大的社会变革包含着经济的革命和政治的革命,在经济模式发生着重大的改变的同时,政治体制也有了新的变化。北美独立革命、法国大革命、19世纪拉丁美洲殖民地革命等促生了历史上最大规模的国家主义和现代工业主义的结合,西欧和北美因为工业主义更加紧密地联系在了一起,现代化和工业化浪潮从大西洋一路汹涌地奔向太平洋,正如艾瑞克·霍布斯鲍姆说的:"从远古创造农业、冶金业、书写文字、城市和国家以来人类史上最巨大的转变,这个革命已经改变了并继续改变着整个世界。"②

二、第二次现代化浪潮

第二次现代化浪潮的时间是19世纪下半叶到20世纪初,在欧洲的核心地区,工业化和现代化已经取得了不可撼动的地位,随着技术扩散和贸易的扩大,整个欧洲作为同质文化,现代化的趋势已经很明朗了。从欧洲文化向其他文化地区的现代化进程是第二次现代化浪潮的方向,世界的西化是第二次现代化浪潮的主要特征。"各个相互影响的活动范围在这个发展进程中越是扩大,各民族的原始封闭状态由于日益完善的生产方式、交往以及因交往而自然形成的不同民族之间的分工消灭得越是彻底,历史也就越是成为世界历史。"③

第二次现代化的技术基础是电与钢铁,能源利用方式是内燃机和电动机,人类通过第二次工业革命进入电气时代后,其带给经济增长的作用远远超了以蒸汽机为标志的第一次工业革命。如果说第一次工业革命通过技术传播、

① 《马克思恩格斯选集》第1卷,人民出版社2012年版,第66页。

② [英]艾瑞克·霍布斯鲍姆:《革命的年代》,王章辉译,中信出版社2014年版,第76页。

③ 《马克思恩格斯选集》第1卷,人民出版社2012年版,第168页。

组建统一市场,以基督教文明创造价值共识的话,第二次工业革命则以资本投资、国家与银行、消费主义为价值共识将现代化进程推上了一个全新的阶段。世界经济在19世纪后期出现了爆炸式的增长,西欧、北美在经历过两次工业革命的催化后,已经完成了初步的工业化,其特点就是农业劳动人口的大幅度下降,英国当时从事农业劳动的人口已经下降到了不足10%。整个西欧地区形成了较为稳定的世界发达的工业区,而到了20世纪,美国作为世界上年轻的工业化国家,其经济实力超越英国,成为第二次现代化浪潮的领军国家。在这一时期,全球的工业生产能力在短短一个世纪就增长了30—40倍。但是第二轮现代化浪潮还处于不平衡的时期,由于各国的基础条件和政治模式的不同,现代化并没有形成统一的时间节奏。欧洲国家通过社会革命和政治整合,纷纷有效推动了现代化进程;拉丁美洲由于无法内生出自身的现代化经济,无法摆脱殖民地经济模式的长期影响,刚刚独立后的政治稳定无法持续,所以现代化进程迟迟无法展开。在农业文明时期的典型性国家,例如中国、印度、埃及等,在巨大的现代化浪潮中出现了强烈的排斥,现代化中的西方世界东方化无法迅速地适应当地的文化模式和经济传统,所以输入式的工业化潜移默化地培育着自主的现代化。而日本在脱亚入欧理论的改造下,通过制度重建实现了经济增长与军国主义化的现代化与工业化。

马克思指出:“由于在世界各国机器劳动不断降低工业品的价格,旧的工场手工业制度或以手工劳动为基础的工业制度完全被摧毁。所有那些迄今或多或少置身于历史发展之外、工业迄今建立在工场手工基础上的半野蛮国家,随之也就被迫脱离了它们的闭关自守状态。这些国家购买比较便宜的英国商品,把本国的工场手工业工人置于死地。因此,那些几千年来没有进步的国家,例如印度,都已经进行了完全的革命,甚至中国现在也正走向革命。事情已经发展到这样的地步:今天英国发明的新机器,一年之内就会夺去中国千百万工人的饭碗。这样,大工业便把世界各国人民互相联系起来,把所有地方性的小市场联合成为一个世界市场,到处为文明和进步做好了准备,使各文明国家里发生的一切必然影响到其余各国。因此，如果现在英国或法国的工人获得解放，这必然会引起其他一切国家的革命，这种革命迟早会使这些国家的工人也获得解放。"①第二次现代化浪潮之后，世界经济却陷入了持续30年的经济危机，这是工业现代化同资本主义制度结合所带来的不可避免的后果。资本主义内在不可调和的矛盾在帝国主义时期日益激烈，演化成了席卷全球的过剩危机，资本主义国家相互争夺世界市场，引发了世界大战，给第二次现代化浪潮的全球化过程带来了负面影响。在俄国，出现了从资本主义社会向社会主义社会转变的新的现代化道路，社会主义制度开始尝试同现代化相结合，通过计划手段，来实现资源调配向工业尤其是重工业倾斜，来实现通过新工业化来带动现代化的道路。

三、第三次现代化浪潮

爆发于20世纪下半叶的第三次现代化浪潮席卷全球，实现了革命性的变革。第二次世界大战打断了资本主义第一次发展危机的影响，战争在某些方面激发了对于科技的诉求，战争结束后的军用科技民用化与新科技革命相互发力，带动了技术体系的不断发展。同时战争带来的新的物质需求和经济需求给疲惫的世界经济打了一针强心针。战后殖民体系的瓦解和一批新兴国家登上国际舞台谋求发展，也给现代化的发展提供了舞台，第三次现代化浪潮可以看作是新型工业化国家面对冲击的一次全新的自我升级和改造。整个世界呈现出不同形式的新一轮的现代化，发达工业国家追求产业升级，初级工业国家向发达迈进，欠发达国家为了实现经济增长不断加速工业化进程。

石油能源、人工合成材料、微电子技术等高科技产业是第三次现代化浪潮的技术推手，这与20世纪的量子力学、原子论和基本粒子理论，以及生命科学的迅猛发展、科学和技术的一体化使生产力转化周期不断缩短。不同于前两

① 《马克思恩格斯选集》第1卷，人民出版社2012年版，第299页。

次现代化浪潮呈现出的由一个领域的技术革命带来的巨大发展，第三次现代化浪潮中的科技革命呈现出新兴的技术群特点，也就是同时好几个科技领域出现了重大突破，例如信息技术、生物技术、海洋技术、新材料技术几乎是同时出现了重大的理论和实践创新成果，带动了计算机产业、生物基因产业、核能产业等的迅速崛起。同时跨国公司兴起，技术的转移和扩散更加高效，突破了原有国家界限的限制，也使得资本主义全球化更加隐蔽但庞大。第三次现代化浪潮带来了发展模式的新变化，发达国家从第二产业向第三产业迅速转换，生产的高科技化、专业化不断提升，向发达工业社会过渡等。第三次现代化浪潮极大地推动了人类社会的经济发展，1953—1973 年间的工业总产量相当于 1800 年一个半世纪的工业总量，工业化和现代化开始借助新一轮的产业革命向更加边缘的国家扩散，几乎世界上所有的国家和地区都被纳入到现代化的浪潮中，但是经济与政治、发达国家与发展中国家、人类社会与生态环境之间的一些矛盾也日益积累并显现出来。

第三节　经典现代化理论的反思

基于工业文明发展初期特征基础之上的现代化理论经过不断的发展和演变，形成了工业文明为主体，资本主义制度为载体，现代性精神为内核的理论体系。随着社会的不断发展，工业现代化理论体系已经出现了理论与实践的矛盾，如何构建新的现代化方式和完善现代化理论引发更多学者的深入思索。经典现代化理论建立在对西方现代性以及工业文明形态的批判与反思，对经典现代化理论的技术体系、经济模式、文化形态和社会制度等进行重构的基础上，才有可能开创新的现代化模式和理论。

一、对于现代化过程实质的理解

“现代”一词通过考察我们发现是同历史的发展划分密不可分的，西方现代化理论把“现代”的历史坐标起点定在了工业革命和西方资本主义生产方式的产生,因此就把现代化同资本主义化或者西方化等同起来,把“现代化”限定在了资本主义的逻辑体系中。但是社会主义国家的建立和二战后大规模出现的新兴国家和民族国家的崛起,对现代化的资本主义标签打上了问号。所以破除现代化理论的资本主义标签,是对现代化理论进行重新建构的前提。如果19世纪的现代化是西方资本主义工业化的代名词的话,那么20世纪以来的现代化,尤其是社会主义国家,例如,中国的现代化发展以及在生态文明的发展逻辑中实现现代化目标则对经典现代化的实现路径提出了更多的模式。如果将现代化理解为国家富强化、社会文明化的过程,我们就可以得出这样的结论,现代化的目标就是实现富强化和文明化,而实现富强化和文明化在不同的历史阶段可以采取不同的发展模式,而工业化并非是唯一的道路。工业文明在第一次科技革命催化下显示出前所未有的生产力优势,但是随着工业化后期的资源匮乏、环境危机,人类社会与自然环境的冲突,工业技术座驾下的人的精神世界荒芜,工业化的消极影响已经超过了积极因素,那么,把现代化简单理解为工业化的理论前提也失去了时代意义。现代化是一个历史范畴,在不同的时代发展中是有不同的内涵和变化形式的。在19世纪,现代化作为历史运动以“工业化”“都市化”“民族复兴”“新技术革命”等形式出现在世界各地,虽然没有提到现代化,但是都是按照现代化的理论框架,也都可以纳入现代化的过程中。马克思强调需要把一切问题置于其所在的历史环境中去具体分析,现代化理论的形成虽然是20世纪,但是研究的理论和历史材料却不能仅仅局限于工业革命以来的西方工业化历史,因为现代化历史是一个动态的发展历史,现代化概念是一个世界性的历史范畴。所以在当前的现代化理论研究中心,应当有更为开阔的历史视野,把现代化理论的资本主义化和工业化的绝对标签去掉,资本主义和工业化是现代化的一种方式,而现代化不仅仅等于资本主义化和工业化。

二、推动现代化的力量

美国学者布莱克在《现代化的动力——一个比较史的研究》一书中谈道："如果必须给现代化下一个定义，那么可以这样说，它是历史形成的各种体制对迅速变化的各种功能的一个适应过程，这些功能因科学革命以来人类控制环境的知识空前激增而处于迅速变化之中。"①在西方现代化理论中，科学革命、知识力量和技术体系仿佛是社会变革中起决定作用的，在历史发展的过程中，尤其是工业革命带动现代化过程中，我们可以看到科技革命是发挥重要作用的要素，但是这种见物不见人的方式，却蒙蔽掉了背后真正的动力。马克思和恩格斯对这个问题看得非常的透彻，一方面他们对科技革命的到来充分肯定，科技革命带动了工业革命，工业革命催化了市民变革；另一方面更为重要的是他们看到这一现象背后的规律，也就是在技术演进和社会发展互动的唯物史观下观察到的生产力和生产关系。生产力和生产关系的相互作用构成了马克思分析现代社会运动规律的基本观点和方法，是透过纷繁复杂的历史现象观察社会进步的重要方法和决定人类历史前进的关键因素，也是我们理解推动现代化发展的力量的基本视角。正如列宁所说的："只有把社会关系归结于生产关系，把生产关系归结于生产力的水平，才能有可靠的根据把社会形态的发展看做自然历史过程。不言而喻，没有这种观点，也就不会有社会科学。"②这对于把握现代化发展的根本动力基础有着重要的启示，推动现代化力量的变化将对现代化路径的选择产生决定性作用，只有我们把握住了现代化的背后力量，才能理解现代化在不同国家表现出的不同步现象。因此，寻找和搭建新的现代化模式，需要我们再重新回顾马克思主义关于生产力和生产关系相互作用形成的社会变革的根本动因，只有脱离开单纯的技术史观的分

---

① ［美］C.E.布莱克：《现代化的动力——一个比较史的研究》，景跃进、张静译，浙江人民出版社 1989 年版，第 124 页。

② 《列宁选集》第 1 卷，人民出版社 2012 年版，第 8—9 页。

析方法，才能够让我们更为完备的理解现代化所需要的动力来源。因此只有准确理解了社会生产力和生产关系，才能为当今的现代化理论的新路径找到动力来源，来摆脱日益矛盾的工业现代化模式和工业现代化理论的困境。马克思主义认为，生产力是一切社会因素中最为活跃的因素，所以社会变革的根本动因就是生产力发展的结果，生产力水平决定了社会发展的速率、文明达到的高度，生产力的发展不是机械的、线性发展的，单纯的生产力的运动不能带来生产方式的变革，只有生产力和生产关系之间的矛盾关系达到一定程度时，生产关系不再适应生产力的发展时，革命性的社会变革才开始，与之相适应的生产方式才得以创新。

生产力与生产关系之间的运动关系在工业文明和资本主义时代之前为什么没有形成现代化的运动状态，未来生产力和生产关系之间的运动将给现代化带来什么样的影响，是我们看待现代化的动力基础背后需要重点关注的问题。不同的生产方式决定了发展机制和特征。现代化作为近代以来世界发展的最主要特质，是由现代化的生产方式决定的，是生产力不断发展的最重要的表现。在过去的发展中，由于生产力水平较低，人类生产活动的规模和范围还未拓展到全球，人类基于生产活动的交流还未达到一体化的密切程度，各国的政治经济模式在各自地域之内针对出现的文明挑战通过自身政治经济社会的发展进行回应，还不能引起全球性的连锁反应。现代生产力的到来使得全球性的联系日益紧密，新的生产工具和科学理论的应用使得人类的活动和联系越来越世界化，尤其是全球性的贸易体系建立无形中将整个世界联系在了一起，打破了过去基于传统社会民族中心的文明发展模式，地球上绝大多数的地方卷入到现代化体系中，“开放”和“比较”成为每个民族必须要具备的新的发展的世界观。现代生产力带来的物质生产形式不再是过去的小规模的产品市场，随着机器化大生产的登台，更大规模的生产体系逐渐建立起来，随之而来的是对原材料的需求的上涨和对商品市场扩大的冲动，现代交换方式逐渐形成。现代交换方式催生新的市场体制和资源调控方式的形成，资本增值与统一世界把过去各民族之间的自给自足的发展模式打破,效率和利润成为发展的目标,追赶和引领成为现代化国家的发展动力。生产力发展具有不平衡性,资本主义生产方式的产生也不是同步进行的,先发资本主义国家通过殖民体系在生产方式的制高点向非资本主义国家展现了工业文明对农业文明的巨大差距,营造了一条工业现代化道路来实现赶超的道路,使得经济不发达国家和欠发达国家自觉不自觉、主动或被动的开始选择工业现代化来实现民族自强的目标,并基于此目标来探索新的发展道路。现代化通过近代以来科学技术知识逻辑体系的建立,大规模的公共教育和工厂式的学习场所的提供,使得现代化的价值理念得到全社会的共识。由此可以看出,生产力的发展为工业现代化模式从萌芽到成熟提供了土壤,使其盛开出灿烂的文明之花。随着生产力的不断发展,生产工具、劳动对象和劳动者在发生着变化,人类社会生产同自然环境的关系也在不断发生着变化,生产力发展所提供的动力形态与工业现代化体系所需要的动力类型出现了不匹配,就像一台燃烧汽油的汽车不能够燃烧氢气能源一样,一方面是动力的变化要求新的发展模式和系统的建立;另一方面是传统的现代化模式已经无法再继续从生产力变革中汲取足够的动力,已经无法继续维持原有的高速发展甚至走向衰微,这就是生产力发展的动力转化,在生态现代化语系中也就是生产力的绿色化转向。

三、现代化与社会制度变革

按照唯物历史主义和阶级斗争的观点对人类社会发展的阶段性划分,马克思主义中人类社会发展的一般框架是封建主义社会、资本主义社会和共产主义社会。俄国十月革命之后,建立了社会主义的国家,马克思在《哥达纲领批判》中把共产主义社会分为共产主义的初级阶段和高级阶段,列宁在《国家与革命》中对苏联的模式置于马克思的社会发展框架中用恩格斯的科学社会主义的观点来定位,将共产主义的初级阶段描述为社会主义阶段。因此,按照马克思主义唯物主义历史观可以把人类社会发展的制度演进为封建主义社会、资本主义社会、社会主义社会和共产主义社会，这符合社会制度下马克思关于生产方式的科学划分，就是封建主义生产方式、资本主义生产方式和共产主义生产方式。马克思的社会制度发展理论和西方的现代化理论一度曾经出现了理论上的冲突和不兼容，西方现代化理论着重从西方经济学和社会学的逻辑出发，将现代化看作是一个过程，也就是欠发达国家追赶现代化国家的过程，而对更高层次和更深层次的生产关系以及阶级斗争下的社会制度关注不多。要摆脱这种狭隘的浅层的现代化认识，需要把现代化进程统一到马克思的社会发展关系中，才能跳出资本主义下的工业现代化逻辑，以一种更为深邃和广阔的视角来看待现代化的历程和未来。

马克思的社会发展的理论给我们提供了一种更为客观和纯粹的观察人类社会的工具，有其科学性也有条件性，只有全面理解才能够正确使用。首先马克思关于社会发展的理论是在相对静态的纯粹形态下考察的，不同于现实社会发展过程，尤其是新旧发展模式交替时的多种生产方式的混合和社会制度的交替形态，但不妨碍我们从中把握最基本的规律。其次关于不同的社会制度之间的演变，只有旧的生产关系不再适应生产力的要求的时候，社会革命才会产生，社会制度才会质变，而新的生产关系确立后所显示出的与生产力发展的契合性，要通过经济和社会的快速发展而显示出来。因此，从现代化发展的过程可以看出，资本主义生产关系相对于封建社会生产关系更加具有适应生产力发展的优势。因此当封建生产关系不再适应生产力的发展并日益成为束缚生产力发展的桎梏的时候，社会革命就开始，新的资本主义制度建立，资本主义生产关系迅速释放自己适应生产力的要素，推动生产力的发展，表现为工业文明对于农业文明在经济和社会发展中的优势，工业化成为生产力发展的显著标志。而随着资本主义生产关系日益成为束缚生产力的重要原因，不仅仅表现在资本主义内在不可调和的矛盾，还表现在资本主义生产方式反生态化，而生态因素正是即将到来的生态文明时代中生产力最为活跃的因素，因此社会主义制度和共产主义制度下的生产方式是更为适合人和自然和谐共生的生产方式，也就体现了生态文明与工业文明具有更科学更全面的经济社会效益。现代化不仅是一个过程，也是一个目标，还是一个状态，所以从生产方式和生产制度的层面来看，现代化虽然开始于工业文明的兴起和资本主义生产方式的确立，但现代化模式和道路不是专属工业文明和资本主义生产方式的，在共产主义和生态文明时代，现代化仍然是社会发展的形式，而其中的要素和内容随着生产方式和生产力的变化而发生了改变。

第二章　生态现代化理论兴起与创新

工业文明带来的现代化在全球化过程中出现了一系列的问题，尤其是工业文明后期的生态危机给人类社会带来巨大灾难，使得已经完成工业化和现代化的西方国家开始反思经典现代化，以生态环境意识的觉醒、生态政治力量走上舞台、生态经济模式的尝试为特征的反思经典现代化的生态现代化学派开始逐渐兴起，试图以生态现代化的方法来实现对于工业文明的救赎，从而进一步维护资本主义制度的世界图景。

第一节　生态现代化理论基本内容

生态现代化理论包含着“生态的现代化路径”和“现代化的生态文明”两层含义，“生态的现代化路径”是指在实现现代化的模式构建上，人类文明向现代化的演进应当从原有的工业文明的发展逻辑向生态文明的发展逻辑转变，“生态的现代化”实际上是将人类社会的现代化进程生态化，既考虑了社会系统自身的特征和发展需求，同时还将自然系统与之形成的关系环境做出考虑①；“现

① 薄海、赵建军：《生态现代化：我国生态文明建设的现实选择》，《科学技术哲学研究》2018 年第 1 期。

代化的生态文明”指的是人类未来的现代化社会是人和自然和谐相处的社会状态，是基于生态文明基础之上的现代化。

一、生态现代化的内涵

生态现代化指的是在现代化进程中充分发挥生态优势，通过实现经济发展和环境保护的双赢，来实现现代化的过程。建设生态现代化是一种新的发展理念，是从过去的先污染再治理向着生态亲和型的发展转变，是对经典的工业现代化的超越，是生态文明时代推动现代化建设的新路径。生态现代化认为科技水平的不断提高是实现现代化路径转移的核心力量，也是推动社会绿色变革的基本动力，通过工业的绿色创新来引导经济和市场推动实现环境保护。生态现代化认为环境问题不能被单纯地认为是人类社会的威胁或者挑战，而应当看到其中蕴含着的发展机遇，尤其是后发国家可以通过生态现代化的发展提升经济增长的效能，而且通过前期的预防干预，能够实现从对环境保护的末端治理向前端预防转变，从而能够降低经济发展对环境的压力。消费的生态结构性变化使得生产的可持续性不断提高，生态意识觉醒和环境问题在政治上的影响不断凸显，可持续发展作为国家战略，现代化社会呈现出可持续的环境友好型社会形态。

问题导向的生态现代化理论是承认生态环境问题的客观存在性，反对忽视甚至漠视生态环境问题，主张应当从文明存续的高度和人类未来发展的前景来看待环境恶化的威胁，认为应当采取积极有效的行动来协调社会和环境之间的关系。生态现代化理论对社会经济和环境的未来发展持一种积极向上的态度，倡导用系统协调的观点来看待环境因素和经济增长以及社会进步之间的关系，不同于政治经济学和风险社会理论，它更注重从问题解决推动历史进步的进程来看待生态环境问题。生态现代化理论本质上是对现代化理论的反思，注重个体与社会、个体与自然、社会与自然之间的关系的反馈在社会实践和文明演进中呈现出的状态，是在反思的基础上对人类社会的发展要素和发展结构的重构,包括了环境治理结构、产业发展结构、政治参与结构、技术创新结构等,通过结构的变化和调整实现对于解决环境问题的潜能激发。因此生态现代化理论不是简单的讨论环境和社会之间的关系,也不是采取一般性的静态方法来对社会系统进行解读,而是采取动态的角度来看待社会发展,倾向于关注利用科学技术的生态化创新形成可推广的模式来实现环境和社会之间的良性互动。早期的生态现代化理论虽然是以反思的姿态来主张对人类的活动进行改良,但是改良应当是循序渐进和因地制宜的,反对激烈的、根本性的社会变革,是在维护资本主义制度前提下采取的“修补”,认为资本主义制度是在不断发展变化的,可以通过技术改良和必要的制度修饰来实现同资源和环境和谐发展的“绿色资本主义”。“绿色资本主义制度”在意识形态上有很强的新自由主义倾向,强调市场机制在社会的生态化过程中的重要作用,而国家在环境治理方面起到的是一种监督和引导的作用,市场是比国家更有效的解决生态环境问题的主体,通过技术革新、主体竞争、资本投入等手段引导经济绿化,充分调动市场的作用,政府只是提供政策的激励和规范的平台。

二、生态现代化的特征

生态现代化理论本质上是一种关于社会变革的理论,关于揭示其本质属性的理论体系一直没有形成,但是从生态现代化的特征,可以把握其发展的脉络和重点。

(一)生态现代化是历史发展必然

随着人类社会的不断发展和人口的不断增长,对于自然界所需要的物质资料也将不断增加,人类活动所产生的废水废气废物排放规模呈几何级数增长,人类活动对于自然界的影响的范围和力度也必将加大。地球已经进入到“人类纪”,自然承载和提供服务的能力也将面临压力,虽然不断进化的技术发展将会在某种程度上缓解人类活动对于自然界的影响,但是仅仅依靠技术创新我们是无法解决人和自然之间的冲突的。我们需要对人类生产生活方式进行生态化转型,需要对人类社会的现代化进程进行生态调试。生态危机已经是全球性的问题,无论是发达国家还是发展中国家都需要面对并解决发展和环境之间的关系问题,随着发达国家率先开始生态现代化进程和不断全球化的生态现代化浪潮,生态现代化已经成为历史发展的必然趋势,是人类应对环境危机,重构社会发展结构的必然选择。

(二)生态现代化的发展是曲折的

虽然生态现代化是人类面向未来的明智选择,但是生态现代化必然要对已有的工业文明逻辑进行生态化创新,必然要对资本主义制度进行批判性超越,就必然会触及到工业文明以来形成的利益格局和利益集团。尤其是在当今世界,经济危机影响下的逆全球化浪潮开始兴起,经济衰退时,生态环境保护的意识必然受到影响,而且生态现代化显示出自己在推动社会发展过程中的优势也是需要时间和实践来验证的。因此,虽然生态现代化的发展前景是光明的,但是在发展过程中还是充满争议和曲折。实践中无论是在发达国家还是在发展中国家,都出现了生态现代化进程的曲折和探索,也正是这种曲折和探索促进了生态现代化理论体系的不断完善。

(三)生态现代化的核心是创新

生态现代化本身就是人类对发展模式的创新,生态现代化的要素就是在经济、技术、制度、文化、社会等全方位的生态化创新,所以创新是生态现代化的核心要义。在生态现代化的创新当中,观念的创新是最关键的。观念是行动的先导,生态现代化的发展历程就是从观念的创新向实践的创新的过程。创新不仅仅在元理论的构建,也存在于理论的吸收和本体化过程中,对于发展中国家来说,面对发达国家尤其是西方国家首先构建的西方生态现代化理论同本国的实际情况相结合的时候,也需要不断地进行观念创新,不能照搬照抄脱离文化传统和实际国情。将理论同本国的具体实践结合而生成适合本国发展的生态现代化理论,这个过程本身就是一种再创新。

(四)生态现代化是系统性工程

生态现代化是发展模式的革命,是牵扯到经济、政治、社会、文化以及人的观念的全方位的生态转变。从推动人类历史发展的革命中我们可以看到,生产的革命必然带来社会的剧变,社会阶级的变动和社会利益的重新分配必然引起巨大的冲突和博弈,生态现代化同样将对社会发展带来极大且深刻的变化。政府的运作模式、企业的生产经营、社会的各项活动、人们的心理和行动都将在生态现代化系统中实现变革和演进。因此需要系统性的协调和优化各类关系,例如在过去,生态环保运动是一种极端的社会运动,同生产的关系是激烈冲突的,但是在生态现代化的体系中,生态环保和生产活动就需要达到共赢状态,就需要调节政府、市场、企业、非政府环保组织和个人等要素之间的关系,就牵扯到新的系统的构建;再比如生态现代化的环境政策制定机制,也不再是过去的仅仅依靠政府来运行,而需要更多元化的主体的参与,这就需要构建新的决策系统,来适应生态治理现代化发展要求,因此生态现代化整个系统的构建其实是无数个新的子系统的生态化建设的集合体,是典型的系统性工程,因此推进生态现代化进程需要坚持系统观念。

(五)生态现代化是全球性运动

生态现代化之所以能够受到越来越多的关注,就在于强烈的问题意识将人类凝结在了一起,温室效应、环境退化、污染加剧和能源危机等问题不再仅仅是某几个国家和地区面临的问题了,它已经超越了国界和民族,成为世界性的问题。人类历史当中形成的疆域的划分和民族性国家的边界其实是在统一的自然界环境中形成的,因此从更宏观的层面上来看,人类其实就是生存在唯一且统一的地球环境中。所以生态现代化的建设不能是污染和责任的转移,不能是局部改良的方案,因为当整个系统出现了崩塌的时候,没有任何一个部分是能够幸免的,因为整体就是部分存在的前提,所有对整体的影响最后还将以其他的形式体现在对于局部的影响之中,所以生态现代化应当是全球性的运动,是建立在人类命运共同体之上的对人类社会发展的整体性生态推进,目标是建设一个更加适宜人类生存的环境。

(六)生态现代化是方案的集合

生态现代化理论在同处于不同发展阶段和历史传统的国家和地区的结合中构建出了不同的发展方案,我们不能以简单的标准对不同的方案进行优劣的判断。自然界的多样性是它自身存在的形态,遵循自然规律的生态学也强调在多样性中才能把握规律性,运用生态学原理的生态现代化的方案也应当是多样性统一的。西方发达国家率先完成工业化,并且工业化的负面影响也首先在西方国家产生,所以它们形成了在工业化完成基础之上的超工业化理论,就是超工业化理论在不同的国家也出现了不同的方案。比如在国土面积比较小的欧洲国家,通过欧盟的相对统一的管理,推动了环境合作主义和生态现代化金融化,并不断向其他国家和地区推广;而幅员辽阔资源丰富的美国,则率先提出了工业生态学,以一种更为实用的方式在推动环境立法、环境治理和经济增长质量方面做出了尝试。在第二波工业化浪潮中完成工业化的韩国,则在传统文化、现代工业和生态现代化理论中找到了结合点,构建了适合本国传统的生态现代化的改造。而更多的发展中国家,则希望在工业化和生态化之间找到结合路径,既能发挥工业化在推动经济中的作用,又能通过生态化避免走传统工业化的老路。所以就像生态现代化的理论没有确定一致的理论概念一样,生态现代化的建设方案也是一个多元的集合体系。生态现代化理论虽然源于西方但是并不局限于西方,生态现代化理论就是更倾向于理论的集合体,生态现代化理论在不同国家的实践又使得生态现代化理论本身不断形成新的分支,构成了生态现代化理论的集合体。

第二节　西方生态现代化理论概述

生态现代化理论最先从西方发达国家产生并发展起来,一方面西方发达国家率先完成了工业化和现代化,经典现代化理论指导下的西方发达国家也最早面对严重的生态环境问题,例如直接催生西方生态反思的"八次环境危机事件",使得西方现代化进程中首先开始反思和修正现代化道路;另一方面新自由主义传统和生态环境问题对政府政权的影响(绿党政治和环境政府),使得现代化理论与后现代主义、过程哲学、生态女权等生态思潮相互影响,提供了西方生态现代化理论萌生的土壤。西方生态现代化试图在不改变现有政治经济基本框架的前提下,将生态元素融入现代化理论,突破发展与保护之间的两难困境,它是现代化理论面对全球性生态难题所作出的一次自我完善。虽然生态现代化所开出的药方未必有用,但其本身将环境保护与现代化发展这两大主题融为一体进行综合考虑的尝试却是值得称赞的。

一、西方生态现代化理论的发展历史

西方生态现代化理论产生于20世纪80年代的欧洲,主要研究的是工业化国家在进入后工业化时代后,对支撑工业文明的生产模式和社会制度的生态化改革。生态现代化本质上可以认为是系统性的经济技术革新与扩散,是迄今为止西方国家对于工业文明以来自然环境改善最积极的发展理论。在生态现代化理论发展的早期,主要强调的是国家层面的技术创新和市场因素在推动解决环境问题方面的作用,采用的方法都是强调在环境政策研究中引入技术革命、市场方法和跨国比较等,倾向于对于改造工业化的应用型研究,同时也关注着技术扩散理论和环境政策理论。后来随着绿党的兴起并在一些欧洲国家成为执政党或者有很大政治影响的新兴党派,生态现代化成为环境主义的主要学派,技术创新在生态现代化中的作用开始逐渐淡化,而制度和文化

的作用在不断凸显。技术革新、市场机制、环境政策和预防性原则被看作是生态现代化的四个核心要素，其中环境政策的制定和执行能力是最为关键的要素，现代化和革新的市场逻辑与生态环境需要的市场潜力则是推动生态现代化的重要推动力。① 到了20世纪90年代，生态现代化理论开始在全球兴起，随着西方现代化理论的不断扩散，对于其理论的普遍性实践路径开始不断地探索，生态现代化理论是否具有其适用的条件和背景，不同地区和国家的生态现代化如何与本土化的理论研究相结合，是否全过程全要素的生态转型需要在全球展开等问题一度是关注的焦点。“生态现代化理论主张通过技术革新、成熟的市场机制和环境政策等工具手段的组合运用，实现生态与现代化过程的联姻，从而克服生态危机。”②西方生态现代化理论在研究生态环境与经济发展、技术创新与绿色发展、市场要素与环境政策等问题的研究上，经历了从单一层面向多角度，从单一主体向多元主体，从技术中心向多要素等逐渐深入的研究过程，成为20世纪末对现代化理论和实践发展影响最大的学派。

二、西方生态现代化理论基本特征

西方生态现代化理论是对于工业现代化的反思，在生态资源承载能力承受巨大压力之下，人和自然关系日益对立之后采取的修补和调试，西方生态现代化理论经过了不断的理论建构和实践推进逐渐系统化，具有以下特征。

（一）技术乐观主义的特点

西方生态现代化理论在承认生态危机客观存在的前提下，倡导以技术的革新来实现对于现代化发展的纠正，实现对于环境恶化情况的扭转和实现经

① 郇庆治、马丁・耶内克：《生态现代化理论：回顾与展望》，《马克思主义与现实》2010年第1期。

② 申森：《福斯特生态马克思主义视域下的生态现代化理论批判》，《国外理论动态》2017年第10期。

济的可持续发展。通过不断绿色化的技术发展体系能够缓解经济发展对生态带来的负面影响,技术创新、经济发展和生态环境之间的关系不是对立的,环境问题不是制约经济发展的要素,而应当成为经济发展的最主要的动力,要实现经济发展和环境保护的双赢,技术创新是关键。

(二)新自由主义的调控体系

西方生态现代化理论虽然关注政府在现代化过程中应当发挥更加积极的作用,但是不局限于仅仅从政府层面来实现对于现代化建设的生态化转向,反而强调更加多元化的因素参与到生态现代化的建设中,尤其是在政策制定和市场调节中。西方生态现代化理论力图构建多主体的政策制定平台,将政府、企业、组织和个人聚集在平台上,来克服政府在生态政策制定上的僵化和滞后。同时突出市场在经济社会生态化中的作用,要充分发挥市场在引导生产和消费绿色化过程中的作用,同时也认识到市场的调节也不是万能的,除了重视市场的作用外,政府也应当充分维护环境友好型的政策环境。

(三)改良主义的前提

西方生态现代化的过程被认为是对现代化发展的一种道路改良,而不是激烈的社会变革,由于生态现代化理论起源于西方,更多的是在西方资本主义话语体系下的分析,因此还是在坚持资本主义制度上的一种改良主义。提出资本主义并不是僵化的,而是可以通过不断的改革来实现对制度的完善,从而能够实现环境友好型的“绿色资本主义”。

(四)强烈的实践导向性

西方生态现代化理论是建立在对于工业现代化实践的反思之上的,但是却不是仅仅停留在了反思,而是力图一种更为积极的实践指导来推动生态现代化的发展。通过环境政策的制定和环境治理水平的不断提高,来实现政府、企业、组织和个人能够利用相关的环境知识和环境技术来改良社会生产，围绕制度建设来探索生态现代化实现的实践路径。

（五）从生产到消费的全过程

西方生态现代化倡导对经济活动的干预和改造不仅仅只从生产入手，还应当在消费环节中实现去物质化，应当从消费入手来引导对于生产的生态化影响。通过重塑生产和消费的结构性链条，从而促使生活消费的生态现代化，这不能单纯地期待用生产来修正消费的简约化处理方式，而应当在消费者和生产者之间建立一种信息反馈机制，能够实现信息交换的最大化，使得消费偏好能够最大限度地引导生产，两者之间形成共构体系。这样生产的绿色化过程和消费的生态化偏好能够良性互动，在互相促进的过程中可以实现环境和消费的效率的不断提高，从而达到对于工业化的生产主义所带来的生产无节制倾向的规制。

第三节　西方生态现代化理论的类型派别

生态现代化理论起源于西方理论界，我们构建中国特色社会主义生态现代化理论之前需要先回顾一下西方现代化理论的发展脉络，我们从西方生态现代化理论的进路当中，可以看到现代化理论的生态转向，也可以从西方现代化理论中借鉴有益的成果，克服西方生态现代化理论的缺陷，从而结合中国的传统智慧、马克思主义生态观和中国特色社会主义生态文明和现代化建设实践来构建中国特色社会主义生态现代化理论体系。

西方生态现代化理论的创始人一般认为是德国的社会学家约瑟夫·哈勃，他明确地提出了现代化发展要进入到一个新的历史阶段——生态现代化阶段，生态现代化的发展是工业现代化的结构调整，是工业社会发展的新阶段。从工业革命以来，工业现代化要历经工业突破阶段、工业社会建设阶段和

"超工业化阶段",在"超工业化阶段"中,工业系统将会发生生态转换,这种转换是由技术的生态化创新所带来的。同属德国生态现代化学派的马丁·耶内克学者提出是他首先在柏林州议会辩论中使用了"生态现代化"这一概念,随后运用在了 1983 年第 4/5 期德文版的《自然》杂志中,并在 1985 年的"预防性环境政策:生态现代化和结构性政策"的研究报告中也使用了生态现代化的概念。① 也有国内一部分学者把耶内克作为生态现代化概念的最早使用者。生态现代化理论开始于 20 世纪 80 年代的欧洲,是受 60 年代开始逐渐兴起的环境保护运动和环境改革运动以及绿党登上历史舞台的政治影响不断发展起来的。虽然西方的生态现代化理论已有近 40 年的历史,但是关于生态现代化理论始终还未形成统一的定义和研究范式,由于涉及复杂的环境问题和发展模式,不同的研究者从不同的研究视角和文化背景出发,就生态现代化的价值、动力、发展阶段等展开了激烈的争论,形成了不同的流派。就目前来看,在西方生态现代化理论界比较有影响和成熟的研究范式的学派主要有德国生态现代化学派、荷兰生态现代化学派和英国生态现代化学派和美国生态现代化学派。

一、德国生态现代化学派

德国的生态现代化学派主要是集中在柏林自由大学社会学研究中心,这是 20 世纪 80 年代逐渐组建起来的一个以约瑟夫·哈勃为核心的生态现代化学术研究共同体,该学派主张约瑟夫·哈勃是最早开始使用"生态现代化"概念的学者,并且随着马丁·耶内克等人的加入,对生态现代化的研究从过去传统的行业内研究向民族国家和世界范围扩张。

约瑟夫·哈勃的生态现代化理论聚焦于经济生态化和生态经济化,经济生态化就是对工业经济生产模式的生态化改造,而生态经济化就是把生态因

① 郇庆治、马丁·耶内克:《生态现代化理论:回顾与展望》,《马克思主义与现实》2010 年第 1 期。

素作为经济因素纳入到经济发展体系当中去。约瑟夫·哈勃把生态现代化作为人类工业化发展的最高阶段,是通过创新尤其是技术创新来实现工业生产的转型,再通过工业生产的生态化转型来进一步地引导消费的生态化转型,最后能达到经济的生态化,进而实现了生态的现代化的观点。约瑟夫·哈勃将生态现代化的实现寄托在了技术开发和创新之上,希望通过新技术的出现来实现对于传统技术的"先污染再治理"的改良,使工业生产能够在全过程中实现生态化。同时他还倡导应当在生产核算成本的过程中,将自然资源、生态环境等生态要素作为成本要素纳入到经济体系之中,生态系统本身是具有价值的,只有把生态资源和生态系统的价值性在经济发展过程中体现出来,经济才能够更加生态化。约瑟夫·哈勃的生态现代化理论随着全球一体化的世界发展进程也不断扩大研究视野,他认为随着工业生产体系的世界化,对于工业经济的生态化改良也应当世界化,因为不同国家都面临着共同的生态危机,所以需要将工业生产的生态化推广到更大的范围中。通过生态现代化国家的示范作用(技术上、经济上和制度上),形成新的生态现代化浪潮,对发展中国家和地区进行生态技术创新辐射,同时要十分重视跨国公司的作用,跨国公司作为工业现代化生产的重要载体,是新技术能够不断推广应用的关键因素,通过跨国公司实现生态技术的转移和利用,就能够在世界范围内建立起一个超工业的发展体系,从而实现生态经济的全球化。

马丁·耶内克从1996年起开始进入到环境政策研究,是德国生态现代化理论界比较活跃的学者,也是德国生态现代化学者中与约瑟夫·哈勃齐名的又一个十分重要的旗手。马丁·耶内克长期在柏林自由大学环境政策研究中心工作,不同于约瑟夫·哈勃将生态现代化的推手集中在科学技术层面,他更多的是在政策层面来考虑推动生态现代化的发展,这与他深厚的生态环境政策研究背景是息息相关的。他在《作为生态现代化与结构政策的预防性环境政策》和《国家失灵:工业社会中的政治无效》等著作中提出了基于环境问题解决的环境政策设计方案,提出应当在政策的制定上更为积极和前瞻,对于环境政策的制定应当按照功能分为补救性政策和预防性政策,并根据政策来进行相关制度和策略的设计。马丁·耶内克的补救性政策有生态补偿制度的雏形,他认为补救性政策分为两种,一种是对生产过程中所带来的环境破坏和生产出来的产品本身所具有的环境破坏性所造成的损失,应当进行修复或者补偿,这就是我们所说的谁使用、谁破坏、谁付费;第二种是在生产过程中需要将清洁生产和环境保护的手段和技术应用其中,以来消除生产过程中所带来的污染物,例如他倡导在进行煤炭发电的时候,发电厂应当在管道中设置脱硫装置,来提高对于造成酸雨类的物质的预防。预防性策略则是通过微观层面的更加绿色的技术创新方法和宏观层面的社会转型引导绿色消费,这些方法和策略包含了技术创新(在发电厂采用更高效的燃烧技术、添加更清洁的助燃剂等)、经济制度(通过经济调控手段来补贴或者奖励清洁生产企业)、社会制度(城市大规模的公共交通网络来代替私人小汽车出行)等。此外,在宏观层面上,他还倡导要改革现代性中的政治科层式的管理,减少自上而下的指挥式的管理,对于社会运动的调节应当是更加简化和分散,社会治理应当是协商民主的,才能更加适合生态现代化下的社会运行特点。马丁·耶内克虽然是从环境政策入手来分析生态现代化,但是他还是带有德国生态现代化研究的技术特点,仍然还是秉持着技术创新推动着社会结构的发展和经济方式的转型,他的补救策略和预防策略其实立足点还是技术结构的生态化,只有技术结构的生态化实现了,补救策略和预防策略才有实现的可能性,只有策略实现了,生态现代化才能够真正的实现。马丁·耶内克强调政府在生态现代化中扮演着不可替代的责任,因此生态现代化下的政府应当是遵循着"精明政府规制"的,之所以不同的国家在生态问题全球化的背景下采取了不同的生态政策,就在于不同国家在技术和制度层面来解决生态问题的能力不同,这种能力包括对于新生态科学技术的运用、对生态政策和生态法规体系的完善、对运行着的经济社会进行生态调控和生态监督的能力等。因此生态现代化不仅仅是一种技术革新,更是一种政治理念。我们可以看到,往往经济政策和劳动市场政策比较成功的国家，对于环境政策的制定和使用的积极性比较高，生态问题解决的效果比较好，生态现代化政策的实施比较有力。马丁·耶内克还试图构建了分析国家生态现代化的能力框架，从定量和定性上研究国际层面的生态现代化建构能力。他认为，生态现代化能力包含了四个基本的变量，分别是问题压力、共识能力、创新能力和战略精熟性。[①] 问题压力指的是经济上的绩效压力，经济绩效其实反映了一个国家的经济效能，就是在单位能源消耗基础上所带来的经济效益的差异，这对这个国家在环境战略中所采取的态度息息相关，它一方面决定了这个国家的污染状况，另一方面也决定了这个国家能够投入多少来解决环境问题或者促进经济生态化转型。我们从现实当中来看，有着好的经济绩效的国家往往是更多关注环境问题和促进生态现代化比较积极的国家。共识能力指的是国家机构对环境政策的敏感程度以及达成一致行动的能力。国家政策的风格是对生态现代化能够在社会层面取得共识的重要因素，如果国家的政策风格偏向保守，应对风险和危机的态度比较僵硬，在面对生态危机的时候就表现得较为被动，对生态现代化理论接受缓慢；而如果国家的政策风格偏向开放积极，则面对生态危机的影响时就比较主动，而更愿意从政策层面来推动生态现代化理论在国内的实现。国家政策的偏好直接影响了国家、企业和个人协作解决生态环境问题能否及时达成共识，耶内克通过实证研究荷兰、瑞典等生态现代化实践比较好的国家，得出了这些国家实行了“精明政府规制”，所以在共识层面能够对生态环境保护作出积极反馈，从而形成了生态现代化的建设合力。生态现代化相对于工业现代化来说就是一种创新，创新能力指的是国家对于新的发展要素组合形式的接纳能力，在生态现代化能力体系中的创新能力就是国家的法律政策、政治系统、信息系统对于新的环境政策的接纳能力。因为生态现代化是对传统的工业现代化体系的全方位的更新，是整个社会系统的创新，所以对于一个国家的创新能力的要求也是非

① 洪大用、马国栋：《生态现代化与文明转型》，中国人民大学出版社 2014 年版，第 8 页。

常高的，有着较好创新能力的国家在生态现代化推进过程中就会表现得效能较高。战略精熟性就是指对于政策要素和政策结构进行调整和调试的能力，对于新出现的事物所采取的措施制度化的能力。生态现代化中出现的新的技术体系、新的运行规则和新的市场模式等，在实践中如果想要获得成功，就需要通过制度化的方法来实现固定化和常态化，如果国家能够熟练的进行制度化建设，那么从工业现代化向生态现代化的转换速度就会加快，如果制度化输出缓慢的话，那么国家在生态危机的处理中往往就陷入了末端治理的困境。马丁·耶内克认为，从实践中来看，首先，生态现代化相对于工业现代化来说，更能够缓解甚至改变现代化对于生态环境的负面影响；其次，生态现代化必然伴随着生态理念的大众化，这将促使新的生态技术能够被更广泛的接受，生态资本、生态技术、生态创新将进一步地市场化。但是生态现代化的实现过程也不是一帆风顺的，既有的利益集团尤其是工业化利益集团在生态现代化过程中必然会受到经济损失，也必然会抵制和防抗生态现代化，虽然生态现代化在现有的政策体系中已经呈现出了越来越强大的先进性，但是还是在某些阶段会受到来自不同方面的政策阻力，因此需要从国家层面进行结构调整，才能够真正地实现生态现代化。

德国生态现代化学派体现了德国技术创新的传统，强调技术的生态化对社会生态化转向的基础作用，也看到了政策等其他因素对生态现代化社会化过程中所占据的重要意义。

二、荷兰生态现代化学派

（一）重点学术观点

荷兰生态现代化的研究团体主要集中在了荷兰瓦格宁根政策系的环境政策小组，荷兰生态现代化理论重点放在了社会变革中的制度体系与技术体系的融合与进化问题。将生态现代化置于制度协同进化的背景下来进行研究。

代表学者是亚瑟·摩尔、马腾·哈吉等。

亚瑟·摩尔是荷兰生态现代化理论的核心人物，也是国际知名的环境社会学家，他擅长将现代化理论内嵌到社会发展与环境互动的框架中，对环境因素在社会转型与变革、社会运动与治理、信息化与全球化中的作用进行分析。不同于德国生态现代化学派将生态现代化聚焦于技术创新，亚瑟·摩尔更把生态现代化作为一种社会变革来看。社会变革的动力在他看来就是社会本身对于外界对社会结构所产生的负面评价与效应之下的一种内在调试，所以生态现代化从社会变革的角度来看，就是现代化社会在发展过程中的负面效应尤其是生态负面效应累积所带来的调试，也是工业现代化发展中的现代性负向评判所带来的。在亚瑟·摩尔看来，虽然现代性必然对社会产生副作用，现代性所带来的对经济增长的狂热追求，对科学技术的无节制使用，对军事权力的迷恋崇拜，必将对人类赖以生存的地球圈带来灾难性的破坏。但是对现代性仍然要采取辩证的看法，现代性有其合理性，现代性在推动神权社会向市民社会的社会变革中所起到的作用是巨大的，而且他认为经济发展不一定必然带来环境的恶化，两者之间不是相互排斥的。亚瑟·摩尔认为现代化的本质就是社会的变革，资本的积累和环境恶化只是发展过程中的表象，而这种表象是可以通过不断推进和深化社会变革从而消除社会发展中对于生态的负效应因素，以达到优化社会机构，推动社会的生态化转向。

亚瑟·摩尔虽然没有强调技术因素在生态现代化中起到决定性的作用，但是他对生态现代化技术还是抱有很大的兴趣和关注。他认为在生态现代化下的社会变革会进一步激发出技术的生态效应，在生态社会下，技术不再是环境破坏者和问题制造者，而是有力促进生态变革的重要力量，生态友好型的技术在社会选择中会比非生态友好型技术获取更多的社会资源和支持，因此在社会变革中如果引导向生态转向，就能够在技术创新和组织的设计层面来推动科学技术的生态化。亚瑟·摩尔秉持着科学技术的价值中立观点，充分认识到科学技术和社会之间的互动关系，从社会制度变革中来说明现代科学技术有生态化转向的应然性。

社会变革中经济因素将发挥重要作用，因此在社会变革下进行生态现代化建设需要充分发挥市场经济以及市场机制的作用，必须对市场要素配置、市场运行规律和市场调控机制作相应的调整才能够适应和推动生态现代化的进程。亚瑟·摩尔对经济发展和生态环境之间的关系持一种更加积极的态度，他认为经济发展不是必然会带来生态环境的恶化，两者之间的关系应当是相互依赖和相互生存的。社会变革中对现代经济制度的建立和运行提出了新的要求，要求发生根本性的变化才能适应生态现代化的发展要求，生态现代化过程不是对资本积累的否定，而应当进行生态资本的不断增值，是生态资源能够进入到市场经济体系中，能够体现生态环境在经济发展中的作用和价值，能够通过经济制度和价值体系的改变来实现经济活动的生态化，从而调节经济发展和生态环境之间的关系，从而使整个经济体系运动得更加生态现代化。

除了市场经济要素外，政府在社会变革中也占据着十分重要的位置，但是亚瑟·摩尔认为在生态现代化建设中，政策应当从过去环境保护和改良过程中的中心位置退出来，因为在新的社会革命过程中，恰恰是政府的功能和权限逐渐专业化和缩小化的过程，政府功能退出的领域则需要非政府组织、企业和公众等参与进来，改变过去的单纯依靠政府的行政权力来推动生态环境保护和生态改良，从而实现推动生态现代化的主体多元化。政府应当积极倡导和建立合作参与机制，尤其是在国际性的生态保护实践中，国家之间应当建立长效的互助机制。同时政府在推动生态现代化过程中的主要作用是在环境政策方面充分发挥自己的作用，政府在制定环境政策的时候应当是更加积极灵活的、更加具有战略前瞻性的，而不是机械封闭的和应急的。在生态现代化建设体系中，应当是多层次的，而不是仅仅依靠政府的单层级的作用。在推进新的生态现代化的制度体系建设中，应当更多的建立多元渠道，一方面给政府的现代化建设提供更为广泛的社会基础；另一方面也能够吸收更多的生态因素进入到制度建设体系中来，因为不同的主体对于生态现代化建设的认知和着重点是不同的，建立共识并且提供最广泛的联合就能够克服过去的仅仅只依靠政府来推动生态现代化建设的弊端。

公众在社会变革中的作用在生态现代化建设中也发生了重大的变化，过去公众更多的是参与到生态环境保护运动中，尤其是在生态环保运动初期，往往具有很鲜明的暴力性和冲突性，而现在公众在生态现代化建设过程中，应当是以一种更加积极的建设性的角色参与到其中，是一种更加正向的支持的力量。生态环保运动也从过去的对于社会制度的反抗和颠覆逐渐变为一种社会内部的规制。公众的联合将进一步地促进非政府组织的成长，这体现了公众运动逐步走向了联合化和规制化，非政府组织将有着更多的机会来承担过去政府在生态环境保护中的职能。

马腾·哈吉不同于关注社会学的生态现代化理论，他从语义学的角度来分析了生态现代化理论，他辨识了生态环境问题的机构性特征，他从福柯那里吸收了话语分析路径，假定了现在的制度条件之下其实涵盖了环境保护的要素，所以通过现存制度的运行可以达到促成环境改革的目标。他在生态现代化理论体系中构建出了一套生态话语，也就是一个由大量行动主体的主张以及关注共同构成的关于环境的意义的集合。马腾·哈吉的生态现代化理论分析更具有语义建构学的特征，他从故事线索的复杂性入手，分析了环境与发展之所以出现了问题，就是在定义难题、制定方案、分析因果和考量优先这一系列的常规化议程中出现了混乱，缺失了生态要素的考量。因此生态现代化理论其实就是这种理论逻辑的重新建构，是将“环境”内嵌到主体的主张和行动去，重新来界定生态难题，来制定生态化方案，分析生态危机的因果并把生态要素作为最重要的考量因素。通过重新塑造生态的话语逻辑达到对于主动行动的生态价值背景的确认，并在话语展示过程中发挥对社会行动的认知引导作用，达到通过生态文化来塑造社会选择的作用。我们看到马腾·哈吉试图在哲学上或者文化学上构建生态现代化的精神内核，从而给生态现代化理论提供分析框架和逻辑工具。

马腾·哈吉同时也关注着社会变革中存在着的结构性变化,这体现了作为荷兰生态现代化学派的研究特点。他从更为动态的过程来考察在资本主义政治经济结构调整的过程中,生态现代化如何更有效的来实现经济发展和环境保护的正向促进。他认为生态现代化理论涵盖了社会发展的多重要素,这些要素之间的联系和结构是多样化的,要充分发挥系统的整体效能,需要进一步的系统化和重建这些要素之间的关系,要进行充分的整合,来达到对于社会结构中的不合理的政治、经济要素的剔除。如何实现这种剔除,则需要不断的对于社会变革进行创新,这种社会变革的本质就是一种整合,过去传统的末端治理不是一种全系统的整合,而只是简单的局部调整,这无法实现对于整体性的创新,也不能从根本上来解决问题,因此作用是十分有限的。马腾·哈吉十分重视科学家的作用,他认为在社会变革的过程中,科学的力量是十分巨大的,而掌握这种力量的科学家的定位不应当是作为破坏环境的"帮凶",科学家也不仅仅只是国家决策的工具,科学家应当在国家政策的制定、实施、评估中发挥更为积极的作用,尤其是在对生态环境问题的反思和推动生态现代化的过程中。因为生态问题的出现和其内在的原因有时候是十分复杂的,普通民众无法理解,行政人员有时候也无法正确认识,所以需要科学家从本体论和认识论的整体上引导整个社会结构向着生态自然观进行转变。马腾·哈吉认为只有充分的理解和掌握了生态现代化的话语逻辑,才能够为良好的社会活动,也就是在实践中不断地推进生态现代化提供更为准确的生态文化支持。文化因素在整个话语体系中作用是十分重要的,过去社会变革多是从社会的经济结构、技术体系、制度构建等方面来研究,而没有将文化的话语逻辑作为考察社会变革的基本因素来认识。生态现代化之所以能够有巨大的制度推动力,就在于其内在的文化逻辑和文化话语是同人类所追求的真正的幸福所契合的。

马腾·哈吉构建了生态现代化的社会化框架,也就是他所倡导的"技术—组合主义",因为现代化是一个在国家、企业、环境保护运动以及倡导环境变革中的话语联盟,所以需要确立一个指挥中心,这个指挥中心是集权的,是由科学家来维护其权威并对合理性作出解释。这种观点其实内涵的是从现有社会制度下进行政治框架的改造来实现生态现代化的过程,将生态现代化理论同政府决策过程相融合,就能够推动实现社会变革的生态化。按照马腾·哈吉的话语分析的观点,这个融合的过程其实就是建立一种话语联盟,这个话语联盟秉持着叙事线索,那就是环境保护和经济发展其实可以建立一种正和模式的联系。现在的零和模式下,双方体现的是污染和经济效率的下降,我们应当从自然界的平衡来入手,将这种平衡性嫁接到环境和经济的关系中,所以可持续发展将是最好的发展模式,对于生态环境问题,消灭在萌芽状态总是比亡羊补牢更有效率。马腾·哈吉既从哲学话语体系中探寻最为抽象的生态现代化发展内核,也关注在经济运动实践中如何来推动生态现代化的落地。他将"环境退化可计算和量化"的概念带入到了经济运行中,这是具有十分重要的意义的。过去对于生态环境问题的描述多是感性的、现象的甚至带有很多主观色彩的,而量化的、客观的、数据的、货币的描述则是很薄弱的,因此在制定经济政策和分析经济影响的时候,由于缺乏相应的量化手段而无从下手。马腾·哈吉将环境的公共物品属性提取出来,认为在经济向度之下,自然资源的任意使用造成的成本其实是由全社会来承担的,将过去隐藏不见的附加成本摆在了经济决策的桌面上,而解决这种"隐形"的外部化成本的最重要的方式就是外部成本的内部化,也就是让市场主体为污染活动买单,付出相应代价。而且他将自己的预防总比治疗好的理念同环境保护的市场化结合起来,认为在生态现代化下,应当通过市场机制把原有的"环保是成本的增加"的惩罚性措施转变为"防止污染是有报偿"的鼓励性措施,这种就会促使市场主体在选择生产方式的时候更为乐意和积极地去选择生态环保政策。同时对于市场主体的衡量要采取更为多元的标准和模式,并不能简单的仅以经济效益来衡量,还应当把资源利用效率、生态影响等纳入到考核体系中去,这样无形之中就有了一个生态的约束机制,能够在指引企业的市场行动时,向着更好地去保护环境去转变。其实我们从他的一系列基于经济体系的观点分析来看,马腾·哈吉的很多经济观点都带有新制度经济学的味道,更多地从经济运动过程中出现的问题来入手,把生态现代化看作是一种新的制度变革所给经济发展提出的新的要求。

在对待环境保护运动的观点上,马腾·哈吉提出了一种反省式的生态化观点,即对现代化过程中的反生态性进行反省,还要对以后的现代化进程进行监督和反省,而监督的主体就是公众。生态现代化的出现是对过去现代化下的政府和环境运动之间对立局面的缓解,是一种通过发展来驳斥传统的反现代观点的话语体系。但是并不是生态现代化发展过程中就会没有任何的反生态因素的出现,因此需要采取一种更为开放的态度来吸引更多的主体参与到生态现代化过程中来,从而提高生态现代化的创新性和自我完善性。他倡导公众要不断提高生态意识,要不断参与到政府的决策中来,环保组织要作为积极的主体参与到政府的咨询活动中来,社会要形成广泛关注环境事件、广泛讨论环境问题、广泛参与相关对环境会带来影响的重大事件的决策,公众的话语权利尤其是在生态现代化过程中的话语权利的提升将会大大减少社会发展同环境保护之间的矛盾和冲突。

荷兰生态现代化理论对西方生态现代化理论的影响很深刻,带有社会变革的研究视角显示出更强的政策指导性和实践操作性,尤其是马腾·哈吉的社会变革建构的路径对其他生态现代化研究学者的研究有着重要的先导作用。马腾·哈吉的理论看到社会变革中生态现代化的发展趋势,启发了其他学者进一步地对马腾·哈吉的理论进行了完善和补充,通过"弱化论"和"强化论"两种方式对马腾·哈吉理论在社会变革中的实现路径做了清晰的论证。世界各国的现代化发展存在不同的特点,处在不同的发展阶段,因此对于生态现代化的实现过程,也应当采取不同的方式。生态现代化在理论上是具有统一性的,但是在真实的世界中是有着不同的路径的,提出了在不同的发展条件下的弱现代化过程和强现代化过程。"弱化论"更多的是在技术层面,是在政府、社会、团体、市场之间形成建立在生态技术体系之上的一种发展模式，是对发展尤其是现代化发展的路径一种创新，要充分发挥技术的作用，进而实现社会各要素之间的协同演进。弱现代化过程适用于发达国家，而且在发达国家实现了封闭单一的解决路径，其建立在政治界、学术界、经济界的经济主义基础之上，目的是为了发达国家采取生态现代化而能够进一步的来巩固自己的全球的经济利益，因此它显示出了一种更为封闭和单一的特性。而“强化论”的视野则扩大到了世界范围，是建立在社会结构优化的基础之上的，通过引入更多的主体参与到社会变革和社会政策的制定之中，经济和社会结构将发生重大的变革和重组，政府对生态环境问题的响应更加的迅速高效，各国间基于生态环境的国际合作更加紧密，民众在更加广泛的、公开的、民主的决策体系中更能发挥对于生态问题的关注性，政治、经济、文化、社会和生态多领域不断结合，使生态现代化从发达国家的选择变为世界发展的趋势，也使得生态现代化理论能够为发展中国家提供更多具有指导性和开放性的行动方案。可以看出，西方生态现代化学者更迫切地想要更多的国家参与到生态现代化的过程中，虽然弱现代化和强现代化有着不同的特征，但是两者之间不是相互排斥和相互冲突的。对于生态现代化的过程来说，不能评判哪一个是更具有优势的，对于发达国家来说，基于技术创新的弱生态化其实是十分必要的，因为发达国家的制度创新的成本过高，对于发展中国家来说，也不能一味地只追求制度的改革而放弃对于技术革命和经济体系的关注。

我们可以看到，荷兰生态现代化理论学派更多的将生态现代化集中在社会变革的层面去考察，虽然不同的学者就社会变革的内在原因做了阐述，亚瑟·摩尔的市场经济要素推动、马腾·哈吉的语义逻辑的社会化等，但是在通过社会变革来实现现代化的生态转型上还是一致的。同时除了理论上的思辨之外，学界也将对现实问题的解决做了学术研究的重点，提供了更多行之有效的建议。

(二)荷兰基于法律与政策工具的生态现代化实践

荷兰是典型的富裕发达工业国家,人均国内生产总值世界上排位较高,但是也是世界上人口密度最高的国家之一,同时也是生态足迹和生态压力较大的国家之一。高度集中的农业生产、资源密集型的工业体系和现代工业文明的负效应累积使得荷兰国内出现了严重的环境退化危机。为了治理环境问题,提升经济发展质量,荷兰政府将荷兰学者生态现代化理论纳入顶层设计中,开始探索生态现代化之路。

首先将分散的环境执法部门整合到统一的环境管理法。20 世纪 70 年代,荷兰已经建立起了一整套的法律体系,是根据不同的生态环境要素进行管理,如《地下水》《海域污染控制法》《土壤污染治理法》《噪声治理法》和《核能法》等,但在具体的适用过程中仍出现法律法规适用冲突和真空情况。为了提高治理的效能,荷兰政府开始对不同生态环境要素的环境法律法规进行进一步的整合,于 1993 年制定了《环境管理法》,为开启生态现代化转型提供了坚实的法律基础。

其次是制定环境战略改革。生态现代化治理体系强调生态治理从传统的政府包办到多元主体参与,随着生态公民社会的形成以及绿色运动的压力不断增加,政府开始认识环境治理的主体应当广泛吸收多方力量,尤其是公众和工商企业界。因此荷兰政府开始大规模地进行了立法协商活动,同时建立了"住房、自然规划和环境部",来加强制度执行能力。将生态环境治理和生态现代化上升为国家战略,1989 年,荷兰颁布了第一个环境治理计划《国家环境政策计划》,作为补充,后续又增加了《环境展望》和《关注未来》版本。

最后是打造政府、市场和社会系统治理的生态现代化整体系统。荷兰将生态现代化治理和发展工具整合进政策框架中,以《国家环境政策计划》为指导,提高不同生态现代化主体的责任感,推进生态现代化建设。改变经典现代化中的政府主导企业被动式的环境治理模式,在政府和企业中订立自愿式的契约，契约的内容和履约责任由政府和企业共同来商讨和遵守，将过去对立的政企状态转变为合作的政企模式，降低了制度成本，提高了治理效率。政府把过去传统的收取生态环保相关费用改为设立生态税，同时根据不同阶段来调整生态税率和覆盖面。充分发挥市场的调节作用，通过设立生态标签，引导企业生产者更加注重生产过程的生态化和产品的绿色化。荷兰住宅、自然规划和环境部（The Ministry of Housing, Physical Planning and Environment）以及经济事务部（The Ministry of Economic Affairs）于 1992 年创立了环境检查基金会（The Environmental Review Foundation），并由其负责创建了荷兰生态标签。自 1995 年环境检查基金会开始制定有关食品的生态标签准则以来，荷兰国家农业、自然管理及食品质量部（The Ministry of Agriculture, Nature Management and Food Quality）开始介入生态标签的管理，并在环境检查基金会中占一席之位。政府同私有企业主和公民签订绿色协议，帮助生态理念能够进入到实操层面的实体中，提高政策的执行力。《绿色协议》涵盖了能源、生物经济、流动性、水、食品、生物多样性、资源、建筑和气候 9 大领域，《绿色协议》不同于带有政府强制力的法律法规和政策调控，更加灵活，能够上下通达细致有效，它进一步打通了中央和地方、政府与企业和公民的通道，解决了政策堵塞问题，已经成为荷兰生态现代化政策计划的有机组成部分。

通过构建适应荷兰发展阶段和模式的生态现代化模式，荷兰在改善生态环境、推进绿色发展、建立生态治理模式方面取得很大的效果，实现了经济增长和环境保护的双赢。2010 年荷兰被评为“在环境治理引领者的位置上等待欧盟其他国家的追赶”的极高评价。①

三、英国生态现代化学派

英国作为现代化进程开始最早的发达国家，在经历了工业化时代严重的

---

① OECD Environmental Review, The Netherlands, 2015 (https://read.oecd-ilibrary.org/oced-environmmental-performance-reviews-the-neterland02015_9789264240056-en#page24).

污染危机之后，开始积极的探索超工业化时代的生态环保与经济发展协同的路径，绿党政治在英国蓬勃兴起，与此相适应的是学术界对于生态现代化理论也有一大批学者开始关注，例如约瑟夫·莫非、墨里·科恩等人。

约瑟夫·莫非认为生态现代化的实现需要从宏观和微观两个方面来进行转变，在宏观方面，主要是依靠政府的作用，政府要充分发挥好政策引导作用，通过政府看不见的手来对经济发展的战略进行绿色化的调整，政府在出台相关的产业政策和制定经济运行制度的时候，需要把对环境的影响作为政策制定的重要因素，把生态环境同经济发展模式融合在一起，经济结构应当从工业时期的重工业为主向知识型和服务型转变，相应的产业比例从过去的工业在国民经济体系中占主导向第三产业逐渐成为国民经济的主体转变，由此来减少资源密集型的重工业化给自然承载能力带来的巨大压力，并且通过技术升级和产业淘汰，逐渐将高污染高能耗的行业淘汰出去，提高经济活动主体的生态化水平。在微观上，应当建立多元主体的政策制定机制，改变过去单纯依靠政府来制定经济政策的局面，通过扩大行业性组织、修改行业性规定等，引导更多的市场主体参与到新技术政策体系的制定中，通过不断推广绿色技术和可持续的生产管理方式，通过经济主体的多渠道参与和生态技术的普及化来不断促进生态现代化的实现。

墨里·科恩的生态现代化理论关注的是运行的原则，他提出了实现生态现代化应当遵循的六个最主要的原则。第一是超工业化原则，生态现代化是对工业现代化的一种超越，是通过现代技术尤其是绿色技术创新和使用，来减少经济发展带给自然生态系统的压力，能够使经济发展进入到同环境相协调的良性生态轨道。第二是政府管理原则。由于市场存在着调控的滞后性和缺陷性，如果经济主体只单纯受市场规律的调节，那么不可避免地将会带来生态保护的滞后性结果，那就是企业在选择生态环保的新技术和花费更多成本在治理污染上缺乏相应的积极性，很难做出有效的预防。所以对于政府来说，一方面应当在生态现代化的推进当中发挥更加重要的作用，既要防止环境恶化，对环境治理应当增加更多的公共支出;另一方面也应该出台更为积极的政策,来引导市场主体能够选择更加绿色生态的技术和经济行为,从而内生出可持续的绿色经济。第三是综合污染管理原则。现代工业生产通过更为复杂的分工将生产活动中所产生的环境污染转移到其他环节或者地域,而生态现代化则需要从整个生产过程中来整体设计,用以克服污染在生产环节中的转移。第四是预防性原则。相对于污染出现后的处理,对于污染的预防则更为重要。因此对于政府和市场主体,在经济活动开始之前应当制定更为可操作性的预防措施,减少生产活动带给自然环境的负面影响,同时在生产全过程中应当建立相应机制,来实现对于全生产过程中环境问题的预防与处理。第五是环境责任制度化原则。由于生产活动中的社会成本有外部性,生态环境经常会受到“公地悲剧”和“破窗效应”的影响,因此需要将生态环境保护的原则和权限明确下来,建立责任机制,明确行政部门和相关主体在生态环境保护当中的职责,明确对生态破坏的追责体系,来提高行政和法律手段对于生态现代化的保障。第六是决策多元化。生态现代化需要的是更加多元的决策主体参与,应当涵盖政府、组织、企业和个人,应当建立相关决策平台,能够在平台上实现汇集广泛主体,能够实现生态决策的共识最大化。政府与工业企业、非政府组织和公众要建立更为建设性的关系,能够在生态环境保护、生态技术推广和生态制度运行过程中建立良好信任和实现信息的自由交换。墨里・科恩的生态现代化建设的原则,是在对欧洲先发国家相应的生态现代化理论和实践的总结基础之上的归纳,对于生态现代化的发展和实践有着重要的指导意义。

四、美国生态现代化学派

美国的生态现代化理论是美国生态哲学的衍生理论,美国生态哲学开始于环境伦理学的研究,1970 年首届世界地球日确立,生态环境保护者呼吁生态社团中的哲学家应当更加关注生态伦理学,标志着生态哲学研究的开端。其实早在 1960 年后期,一些学术团体就开始关注环境哲学,这其中两篇文章的影响最大，一篇是 Lynn White 的《我们生态危机的历史根源》（1967 年 5 月）和 Garrett Hardin 的《公地的悲剧》（1968 年 12 月）。当时对美国环境哲学影响最大的是 Aldo Leopold 的《沙乡年鉴》，其中提出了“大地伦理学”，首次将人们面临的生态危机的根源归结是哲学上的问题。《沙乡年鉴》是美国新环境理论的创始者、“生态伦理之父”Aldo Leopold 一生观察、经历和思考的结晶，它是一本描述土地和人类关系的著作，被誉为土地伦理学开山之作和生态哲学的启蒙号角（虽然首次出版于 1949 年，但是到 1970 年再版时才引起巨大影响）。

1970 年的生态哲学学术活动多集中在对于 Lynn White 的《我们生态危机的历史根源》和 Garett Hardin 的《公地的悲剧》的讨论，但是这种讨论多是从历史的、理论的和种族的角度，不是从哲学角度。在那个时期，大量的美国哲学家都在试图寻找生态伦理学应当关注的领域和内在的学术体系结构。美国第一届生态哲学会议于 1971 年在美国佐治亚大学召开，这次会议的会议记录在 1974 年以《哲学与生态危机》为题出版。1972 年，John B.Cobb 出版了《是否太迟？一种生态神学》，这是首次由哲学家所写的关于生态哲学的理论书籍，也奠定了 Cobb 作为美国生态伦理与生态哲学奠基人的地位。1979 年，Eugene C.Hargrove 创立杂志《生态伦理》（*Environmental Ethics*），成为美国首个研究生态哲学的专门性期刊，也开创了美国生态伦理学的哲学研究领域。《生态伦理》杂志首个五年大部分时间在讨论自然的权利以及生态伦理和动物权利之间的关系。1980 年，Cobb 和 Charles Birch 出版了另外一本书《生命的解放》，这本书采用了怀特海的过程哲学的研究方法，并将这种方法引入到了环境哲学的研究范式之中。与此同时，一系列有影响力的书籍在美国出版，包括 Paul Taylor 的《尊重自然》、Holmes Rolston 的《环境理论学》、Mark Sagoff 的《大地经济学》以及最为重要的著作 Eugene C.Hargrove 的《生态伦理学基础》。J.Baird Callicott 将其研究的生态哲学问题的一系列文章集结出版为《捍卫大地伦理》一书，Bryan Norton 出版了《为什么我们保持多样性》。

20世纪80年代，随着生态哲学引起广泛关注，以哲学家Karen Warren为代表的女性生态主义的讨论成为研究热点，1989年《地球伦理季刊》创刊并成为美国生态哲学主要刊物。90年代，美国环境哲学研究呈现出新的生命力，一大批在国际上有着重要影响力的环境哲学期刊创立，比如1990年创刊的《生态伦理的国际社会》、1992年的《环境价值》、2001年的《生态与伦理》《环境哲学》。同时美国环境哲学在理论构建方面也呈现出百花齐放、百家争鸣的局面，Taylor和Rolston是客观非人类中心本能价值论的代表，Callicott是主观非人类中心价值论的代表，Hargrove是弱人类中心主义内在价值论的代表，Bryan Norton是弱人类中心主义者，并且强调用务实价值理念来替代内在价值理念。

当前美国生态现代化研究的两大阵地分别是美国北德克萨斯州大学生态哲学研究中心和克莱蒙大学过程哲学研究中心。北德克萨斯州大学生态哲学研究中心的生态哲学专业的硕士和博士专业排名是世界第一，汇集了Eugene E.、C.Hargrove、J.Baird Callicott、Holmes Rolston、Adam Briggle等一大批美国生态哲学家，并且该中心的刊物《生态伦理》(*Environmental Ethics*)是美国最高的生态哲学专门性期刊，具有强大的学术影响力。美国克莱蒙大学的过程哲学研究中心汇集了世界著名过程哲学家、建设性后现代思想家和领军人物、美国著名生态经济学家John B.Cobb，美国著名生态经济学家、社会公共政策、可持续发展研究与土地问题专家，西方世界绿色GDP概念的最早提出者之一Clifford Cobb等一批以后现代主义和过程哲学为研究方法的生态哲学家，该中心近几年和中国生态哲学学者交流紧密，多次举办中美生态哲学论坛，影响力巨大。

关于生态现代化研究，美国威斯理安大学宗教学院的Anna Peterson教授在《生态伦理与社会建设》(*Environmental Ethics and the Social Construction of Nature*)一文中提出自然环境可以按照社会建构的方式来理解，这种理解方式可以分为两层，不同文化观对于非人类世界的解读和人们对他们所认为的自然的心理学上的解读。这两种解读方式对于生态伦理学来说都非常重要,因为它彰显了对于如何生活在自然界以及如何看待自然界的观点的多样性。然而社会建设观点认为除了人类发现和实践的自然之外不存在任何自然,这种观点在逻辑上是有问题的,首先他没有真正的解构自然的本质,其次将人类的活动和特性赋予了高于自然的特权。①

爱荷华州立大学宗教与哲学学院的 Kevin de Laplante 教授在《生态炼金术:如何将生态学转变为生态哲学》(*Environmental Alchemy:How to Turn Ecological Science into Ecological Philosophy*)一文中论述生态学一直被很多哲学家认为是抽象的、认识论的、规范的认识人和自然之间关系的基础,而这种抽象的、认识论的、规范的认识人和自然之间关系的哲学被称之为生态哲学。但是从生态学到生态哲学还需要很长的一段路要走。原因在于首先从生态学中抽象出唯一的哲学认识是非常困难的,其次生态哲学所关注的人类同自然环境之间的关系被隐藏在传统的生态学关注的是非人类的有机体与它们所处的环境之间的关系之中,这就需要我们从生态学中抽象出生态哲学。但是我们也应当看到尽管生态学并没有必然且唯一的抽象出生态哲学,但是它为生态哲学的产生提供了研究的对象和基础,在一定范围内催生了生态哲学,其次生态学中一些非传统的学科分支在很早之前就开始探索人类和自然之间的关系,为生态哲学的产生提供了研究素材。②

美国东北大学哲学与宗教学院的 Ronald Sandler 教授在《生态美德论》(*A theory of Environmental Virtue*)一文中指出,生态美德的定义不仅仅是修辞学意义上的,生态美德概念的行程是有一定基础和标准并且是长期进化而来的。对于生态美德来说,它是自然主义的、目的论的、多元论的和包容论的集合体,

---

① Anna Peterson,"Environmental Ethics and the Social Construction",Environmental Ethics,1999,21(4),pp. 339-359.

② Kevin de Laplante,"Environmental Alchemy:How to Turn Ecological Science into Ecological Philosophy",Environmental Ethics,2004,26(4),pp. 361-381.

这种特性的集合成为判断一种伦理主张是否是生态美德的标准。生态美德是自然主义的,是因为它的产生与发展始终伴随着科学自然主义的发展;生态美德是目的论的,是因为判断一个美德是否是生态美德需要在实践中得以判定;生态美德的多元论在于其是相关性和独立性统一的;生态美德的包容性因为它融合了生态正义、生态责任和生态生产美德三个部分。生态美德理论包括可持续性美德、尊重自然美德、与自然融合美德、环保行动美德和生态管理美德等。①

美国纽曼大学人学与艺术学院的 John Mizzoni 教授在《生态伦理:天主教的观点》(*Environmental Ethics:A Catholic View*)一文中认为在美国许多天主教会中,可持续发展生态伦理已经被作为正式的教义纳入其中。生态哲学的强大力量在于其把人的生命和尊严作为天主教宗教伦理和社会教育最为神圣的基础和信条。天主教生态伦理是生态伦理学的重要组成部分,也被看作是人类中心主义和非人类中心主义的连接桥梁。尤其是教皇保罗二世对于生态伦理的支持,1987 年教皇就在他的著作和演讲中提及日益兴起的生态意识,以及教堂的伦理教化中应当包含有生态伦理,因为在人和自然之间的统一关系上,教会伦理和生态伦理是高度统一的。②

随后,美国的生态哲学从象牙塔走出,开始转向生态现代化的建设实践。北德克萨斯州生态哲学研究中心的 Adam 教授在《新自由主义时期的哲学》(*Philosophy in the Age of Neoliberalism*)一文中写到,生态伦理学在上世纪 80 年代有一个巨大的实践转向,原有的生态哲学只是关注生态修复和外来物种的入侵,这与 20 世纪所发生的哲学领域的剧变和社会实践的问题离得太远。传统的生态哲学家在回应具体的社会问题时显得有些有气无力,他们的著作

① Ronald Sandler,"A theory of Environmental Virtue",Environmental Ethics,2006,28(3),pp. 247-265.

② John Mizzon,"Environmental Ethics:A Catholic View",Environmental Ethics,2014,36(4),pp. 405-421.

总是显得有些太理论化，从而导致理论被束之高阁，不能够产生更加积极高效的现实性的社会推动力。很少的生态哲学家关注他们的思想是否真正的有实质性意义，是否真正关注到了社会性的问题。①

《生态伦理》杂志的创始人美国北德克萨斯州生态哲学研究中心主任 Hargrove 教授也强调生态哲学家需要发挥社会影响力。1998 年他在《20 世纪的生态哲学》(*Environmental Ethics at 20*)一文中批判与生态哲学创立初衷相背离的问题，指出现在大多数的生态哲学家都沉浸在学术象牙塔中，只进行理论上的争辩。2003 年，他在《错在哪里？谁应当被责问》(*What's Wrong? Who's to Blame?*)一文中发问，为什么生态哲学家在影响社会政策的制定过程中没有发挥出自己应当发挥的作用。许多生态哲学家的思想和工作为生态科学的分支保护生物学的创立做出了学术上的贡献，但是他们的成果并没有进入到政策分析中去，相反，经济学家在这方面起到了很大作用。

北德克萨斯州立大学生态哲学研究中心的 Adam 教授认为生态学家过多关注于学术探讨，学术著作的对象也多是专业学术群体，生态哲学专业毕业的研究生也大多数从事学术研究，只看到了哲学在人类思辨能力上的贡献，而没有发挥哲学在推进人类实践发展中应当发挥的作用。②

20 世纪 90 年代，生态哲学家开始更多地在生态环境问题和生态政策制定领域发挥作用。生态女性主义、生态正义理论、生态实用主义开始出现在一些通俗易懂的哲学科普读物中。1991 年，Bryan Norton 教授在《生态哲学家走向统一》(*Toward Unity Among Environmentalists*)一书中指出，我们应当把生态环境论更多的作为一种社会政策，而不是仅仅局限在生态哲学的讨论之中。③1994 年，Norton 教授和 Hargrove 教授对应用哲学和实践哲学做了区分，应用

① Robert Frodeman, Adam Briggle, J.Britt Holbrook, "Philosophy in the Age of Neoliberalism", Social Epistemology, 2012, 26(4), pp. 311-320.

② Robert Frodeman, Adam Briggle, J.Britt Holbroo, "Philosophy in the Age of Neoliberalism", Social Epistemology, 2012, 26(4), pp. 311-320.

③ Bryan Norton, Toward Unity Among Environmentalists, OXford University, 1991, p.26.

哲学关注的是从理论问题到现实问题,实践哲学是指从具体实践中产生,将哲学的观点通过改善和适应的方法映射进这些具体实践中去。同样的观点,Light 教授和 Katz 教授在《生态实用主义》(*Environmental Pragmatism*)一书中倡导“用多元论和非还原主义来解决生态环境问题,通过这样的方法可以找到更加贴合实践的方法,来缩小生态哲学理论、生态环境问题、生态政策分析、生态环保运动和生态环境意识之间的鸿沟。”①1994 年出版的《生态伦理与政策:哲学、生态与经济》(*The Environmental Ethics and Policy Book*:*Philosophy*,*Ecology*,*Economics*),标志着生态哲学的实践性转向的完成。

生态哲学与生态正义。美国基督教兄弟大学宗教与哲学学院的 Paul Haught 教授在《生态美德与生态正义》(*Environmental Ethics and Environmental Justice*)一文中指出生态美德伦理学应当与生态正义结合起来。相比较于白人社区或者高档社区,许多贫困社区和非白人社区的人们正在遭受着日益严重的生态危机所带来的环境问题,这就需要引起生态正义所关注和解决,环境权利已经成为人权的重要组成部分,比如说作为平等的人需要享有干净的水和空气的权利。哲学需要面向现实问题,生态美德的研究方法应当回应现实的需要,这将是生态美德得以存在的基础。生态正义和生态美德来自于人们天赋的权利,生态正义解决的是人和人在自然层面的深层次的关系,生态美德解决的是人和自然深层次的关系,这两种关系构成了人类社会发展的两个方面,人和自然以及人和人,而哲学所关注的正是这两种关系的发展与互动。②

美国田纳西州大学环境与资源中心的 Ralph M.Perhac 教授在《生态正义:比例失调的问题》(*Environmental Justice*:*The issue of Proportionality*)一文中指出,生态危机在不同的种族和社会经济体系中的比例失调现象已经成为一个不争的事实。这种比例失调的生态危机可以看作是深层次的程序非正义的

① Andrew Light,Eric Katz,Environmental Pragmatism,Routledge,1996,p.96.

② Paul Haught,“Environmental Justice:The issue of Proportionality”,Environmental Ethics,2011,33(4),pp. 357-377.

结果,也可以被定义为环境种族主义。Perhac 教授认为这种比例失调的结果或者本身是否构成不正义是生态伦理的核心问题。三个最为主要的公平正义理论(功利主义、自然权利理论和罗尔斯的契约论)都反对在未经个人同意的基础上将危险强加给个人,但是都未涉及削减这种比例失调也是确保正义的一种方式。所以生态正义应当认识并重视这种在不同种族和经济社会体系中存在着的生态危机比例失调问题,这将是未来生态伦理需要关注的热点。①

美国纽卡斯尔大学政治与社会学院的 Derek Bell 教授在《生态正义与罗尔斯差异性原则》(*Environmental Ethics and Rawls' Theory of Justice*)一文中指出民主社会的低收入和少数群体遭受着不成比例的生态环境问题。Bell 教授质问生态不公是不是自由社会的必要特征,生态不公在自由社会的流行是不是因为正义原则在当今社会的失陷。罗尔斯的"作为公平的正义"观点可以扩展到更为广泛的生态正义。因此,罗尔斯的生态正义比当前的生态正义概念要具有更加重要的意义。②

生态危机与环境伦理,美国生态伦理学家 Hargrove 认为气候变化问题毫无争议是人类伦理史上最为重要的伦理问题。它是一个有着明确的时间底线的问题,是一个影响着世界上绝大多数人口存在和发展的根本性问题。之所以说气候问题是一个根本性的道德问题,在于目前我们不能通过技术手段来解决这个问题,如果说别的问题我们还能思考应该干什么或者能干什么,但是在气候变化问题上,我们的预测和技术能力显得更加局限,我们唯一能做的就是讨论一下在可见的未来我们要承担的恶果。在这个技术的困境中,我们不仅仅缺少技术上的工具来解决这个问题,更缺少概念上的、哲学上的、学理上的工具来形成一个伦理与道德上的关于我们该如何去做的

① Ralph M. Perhac, Environmental Justice, "The issue of Proportionality", Environmental Ethics, 1999, 21(1), pp. 81-93.

② Derek Bell, "Environmental Ethics and Rawls' Theory of Justice", Environmental Ethics, 1981, 3(2), pp. 155-167.

共识。气候变化危机昭告了我们人类空间所形成的传统的熟悉的伦理道德开始变得与自然不协调了。[1]

美国缅因大学哲学院的 Roger J.H.King 教授在《生态伦理与构建生态环境》(*Environmental Ethics and the Built Environment*)一文中论述构建生态环境应当是生态伦理的核心部分。整个社会应当形成一个生态责任文化氛围,在这个文化氛围之内所有的公民都应当对他们所生存的环境以及没有人类涉足的自然承担我们应当承担的责任。人类如何建设自我存在的世界揭示了自然界发展的可能性和人类对于未来的姿态。人类对于自我存在世界的建设和愿景包含着人类同自然界未来发展的可能性。生态责任要求人类对于未来世界的构建应当更加尊重自然。而我们现在所面临的生态危机,就是人类生态责任缺失的恶果。[2]

第四节 西方生态现代化理论的缺陷

西方生态现代化理论是资本主义制度话语体系之下的对于工业现代化发展的反思和改良,虽然在实践中不断地推进了西方生态现代化的进程,也在一定程度上对资本主义制度进行了建设性的调试,力图追求生态环保与经济发展实现共赢,有着其积极的意义,但是西方生态现代化理论也在一定程度上存在着不同的看法和争议。尤其是对于生态现代化理论建构的哲学核心——人类中心主义的批判声音从未消失过,很多学者认为西方生态现代化理论仍然是建构在自然作为人类社会附属的价值判断基础之上的,突出强调生态环境的工具价值,也就是在推动社会发展中的价值,而对于生态系统的内在价值关

① Eugene C.Hargrove,"Toward Teaching Environmental Ethics:Exploring Problems in the Language of Evolving Social Values",Canadian Journal of Environmental Education 5(2000),pp. 1-20.

② Roger J.H.King,"Environmental Ethics and the Built Environment",Environmental Ethics, 2000,22(2),pp. 115-133.

注很少。同时由于西方生态现代化只是一种改良主义,所以更多的是在浅层的技术层面和制度层面上来关注现代化进程,没有从更深层次的现代性上来看待现代化发展中出现的问题,没有从制度变革层面去审视现代化的问题,因此西方现代化理论在世界化的过程中也有很多批判的声音,这也从一个侧面反映了西方生态现代化理论仍然是不成熟的,仍然需要不断地发展。西方生态现代化理论一直强调其普适性,但面对发展中国家在实现工业化追赶和生态现代化同步发展时,社会主义国家探索将生态制度优势转化为生态发展效能时,显现出了理论的僵化,这对西方现代化理论的普遍性和适用性提出了新的挑战。

一、缺乏资本主义制度深层次反思

西方生态现代化理论是资本主义话语体系下的改良主义,是建立在资本主义制度基础之上的对环境问题的一种调试,没有从根本上看到资本主义制度的反生态性,因此对于现代化建设没有跳出西方惯有的逻辑,虽然承认资本主义的生产方式对以往出现的生态环境问题负有责任,但是本质上认为资本主义的生产方式同生态问题的出现并没有必然的联系,资本主义本身也具有绿色能力,能够通过自我完善和进化来实现“技术—经济”体系的生态和谐,因此对现代化应当采取资本主义的改良模式,而不是去选择更为激烈的社会变革,所以在这样逻辑前提下,使得西方生态现代化理论缺乏批判的精神。实质上来看资本主义试图倡导更为循环可持续的发展举措来掩盖资本主义逐利性对于劳动和环境的风险,只要资本主义的增值逻辑不改变,资本主义制度就会存在经济增长狂热下的对自然之利的榨取,会带来更加消极的社会和生态后果。西方生态现代化理论从提出到践行发展了这么多年,自然环境并没有变好,反而出现了更多的生态不公和更大的生态压力,这就说明只要不打破资本主义的世界化统治,西方生态现代化所倡导的那种经济发展与环境保护的共赢局面就很难实现。因此,生态现代化进程要继承环境运动的传统思想,走上可持续发展的道路，就必须从根本上重新对现代社会的核心体制（工业化生产体系、资本主义经济体制、中央集权的国家）进行革命性的创新。

二、缺乏对现代化中的现代性批判

现代性是现代化过程中逐渐形成的思潮，也是资本主义发展过程中的精神支柱。西方生态现代化理论没有触及资本主义制度的深层次矛盾，也就无法对现代性进行深刻批判和反思。西方生态现代化理论是建立在现代性的既得性之上的，没有看到现代性正在催生的不可持续和碎片化的趋势，没有看到现代性本身所带来的环境风险和不确定性，这种风险和不确定性如果不从哲学和文化层面上进行反思，就无法实现真正的生态现代化。人类经过启蒙运动和文艺复兴之后，将神权和自然赶出了舞台，仅仅留下人类在自言自语，西方生态现代化的论调就是人类中心主义的延续，不从更深层次上来清算现代性的反生态传统，就无法实现生态现代化对人和自然关系的重塑和达到人和自然的和解。西方近代哲学复归毕达哥拉斯学派传统，解构式的观察世界的方法和一分为二的割裂自然的观点，使得对现代性的批判无从下手，使得西方生态现代化理论缺乏哲学内核上的革命性。

三、带有普世性质的僵化性

西方生态现代化理论最大的批评其实来自西方中心论传统之下与生俱来的普世性质传统，从而造成了理论体系自身和理论应用的僵化。从理论层面来看，西方生态现代化理论虽然尝试着在政府政策层面、技术体系层面和社会文化层面来重新定位，并通过国际化合作的方式来进行不断的世界化，但是西方生态化理论却没有关注到现代化条件的差异性从而缺少了普遍性。西方生态现代化理论更多地在自身的高度发达的工业化和成熟的现代化体系中来建构生态现代化理论，而对于广大的发展中国家来说，却没有去关注他们的现代化发展的阶段性特征，没有意识到西方现代化理论同发展中国家的文化传统和实践模式的契合性,因此缺少普适性,仅仅从几个个案或者少数国家的实践性中去推广,有时候就会显得水土不服。在实践层面上,有的学者指出西方生态现代化过程是一种"伪生态",如果仅从发达国家的体系中来看,好像通过产业升级和技术创新形成了生态现代化,而从世界体系来看,生态现代化是建立在发达国家将肮脏的工业化污染通过世界分工体系出口到了贫穷的国家而营造出的发达国家的生态现代化。

对于西方现代化理论的批评和建议,一方面提升了生态现代化理论的被关注度,尤其是在发展中国家推动现代化进程的初期,就在考虑现代化发展在未来可能出现的负面效应,并对西方的现代化理论同本国发展的结合做更加深层次的思考,为生态现代化理论在不同的国家能够不断的演化和发展提供了可能性,也为现代化道路的多重选择提供了更多的理论支撑;另一方面对于生态现代化理论本身的理论构建和发展也起到了推动作用。生态现代化理论从环境社会学中逐渐发展起来,并成为哲学、政治学、经济学、伦理学多学科关注和交叉的新兴理论,生态现代化理论在发展过程中也在不断吸收合理化的批评和建议,生态现代化理论本身也在发生着变化。例如在推动生态现代化理论的世界化过程中,注意到了关于欧洲中心主义的批判,现在对于亚洲和南美洲的生态现代化进程的研究也在逐渐兴盛起来。

第五节　生态现代化理论发展趋势

生态现代化理论从欧洲起源时就受到来自不同领域的学者的关注和争议,随着生态文明建设作为人类文明发展的新形态取得越来越广泛的认同,生态现代化理论在全球的影响也与日俱增。生态现代化从西方生态现代化理论出现到现在不同国家有不同类型的生态现代化本土理论和模式,呈现出强大的影响力。如何看待生态现代化和生态文明之间的关系,生态现代化从生产力层面如何来理解,从工业现代化到生态现代化之间的转变背后的动力来自哪里，是生态现代化理论发展所面临的新问题。

一、生态的现代化

生态文明是人类文明演进的新的形态，无论是作为文明发展的过程还是文明发展的结果，无论是从观念形态考察还是从制度形态建构，生态文明的实现都需要借助具体的发展战略和方法路径。现代化是近代以来人类社会不断进步的最为主要的表现形式，是实现文明跃进的最主要的方式，所以生态文明的实现需要的路径就是现代化，但是这种现代化不是工业文明逻辑下的现代化，而是在生态文明体系中的现代化路径构建，也就是生态现代化路径，通过寻求生态优势，激活自然资本，创新生态技术来推进现代化进程。从全球实践来看，虽然生态现代化理论在不同的国家和地区有不同的发展模式和理论体系，但是寻求生态现代化下的可持续发展已经成为人类应对生态危机，保持经济社会稳定和谐发展的必要选择。生态现代化其实内涵了一种全新的发展理念，内生出一种全新的资源利用方式和预设了一种全新的发展模式，是对传统的工业化的现代化发展模式的全面超越。传统的工业现代化是在工业文明体系下推动社会发展而建立的现代化模式，虽然在历史中推动了生产力的发展，但是长期累积下来的生态负效应，导致了发展模式中出现的反生态性，给人类社会带来了大量的生态危机。工业现代化模式的衰落显示出了工业文明已经不再适应生产力发展要求，新的生态文明形态是不可能在传统的现代化模式下得到发展和壮大的，它必然要求一个具有生态因素和内涵的现代化发展模式来给生态文明的建设提供资源和动力。而且文明演进是需要动力的，新的文明模式是需要展现自身的优越性的，生态文明的优越性就要通过其发展体系下的现代化模式的先进性展现出来。这种发展是超越了工业现代化的发展模式的创新，克服了工业发展的生态缺陷，是实现了经济发展与环境保护共生的发展模式；是实现了将生态建设纳入到发展中，把发展从过去的单纯的经济资本的增长拓展到全方位的生态可持续的发展的生态文明现代化路径，也就是生态的现代化。

由于生态现代化理论起源于西方，西方的资本主义制度话语体系对生态现代化理论的理论基础、发展模式和评价体系有着深刻的影响，生态现代化是对工业现代化的扬弃，必然是从工业现代化发展的母体当中产生并发展起来的，但是它最后也必将超越工业现代化。所以西方工业现代化从工业文明和资本主义制度体系中产生出来，也必然带有资本主义和工业文明的影子，这也是很多专家学者对于西方生态现代化理论的批判之处，认为生态现代化理论只是对资本主义工业文明的修正和完善，是对工业文明的调试，是局部改良的方案，并不能导致走向一个生态可持续与社会公正的社会，没有从本质上来批判和重构生态文明建设所需要的系统，只不过是“20 世纪后期资本主义适应环境挑战并强化自身的战略”。一个理论体系的成熟是需要不断地保持开放性的态度和进行更大范围的实践化检验并完善，生态现代化理论从西方开始，但是目标是构建一个全球性的发展模式或者系统方案，来解决人类共同面对的生态环境问题，就像生态文明被世界广泛接受的过程中实现了同本国的发展阶段和发展文化的交融一样，生态现代化理论同样面对着这样的本土化和实践化的过程。并在这个过程中，生态现代化理论实现了理论体系的发展，逐渐地褪去了西方生态现代化的标签，而逐渐能够和其他有关生态文明建设相关理论相结合，从而不断完善生态现代化理论本身。现代化是人类文明从低级向高级演化的过程，现代化理论考察了人类文明的发展路径、发展状态和发展目标。从三次现代化的浪潮来看，现代化遵循着从先工业化国家向后工业化国家，发达国家向发展中国家扩散的总体规律，而后发国家的工业化绝大多数属于被动接受型，在传统现代化过程中出现了不适应性。因此从广大的发展中国家的现代化探索发展历史来看，呈现为在工业发达国家设定的传统现代化发展的范式中不断被裹挟前进，而“传统现代化或称为经典现代化是以工业化、城市化、富裕化和高消费、高浪费为显著特征的，其发展模式是一种以征服自然和改造自然从自然界获取生产资料与生活资料，推动经济高速增长和财富迅速积累进而支撑人们的高消费生活方式的发展模式”①。这是我们在分析工业现代化的扩散过程中所得出的规律性认识，那就是无论哪种现代化的理论模式都需要同本土的发展过程相结合，才能真正地融合为本国的发展模式。在世界发展的过程中，不同的国家和民族存在于统一的历史发展演进逻辑中，即人类文明从原始文化、农业文明、工业文明到生态文明的演进顺序基本相同，不同国家在同样的历史时间中处于不同的文明时间也存在着，例如在当今社会，欧洲一些国家正从工业文明向生态文明转换，而在同样的时空下，非洲的一些国家还在处于农业文明向工业文明甚至是原始文明向农业文明发展的时期，因此我们要根据历史时间轨迹来确定现代化道路选择，而不能简单地采取同一个标准来推动生态现代化。

西方生态现代化理论认为“生态现代化认为我们已经进入一个新的工业革命时期，其特征为按照生态原则对基本的生产过程进行彻底的结构调整，作为一种政治计划，生态现代化主张通过协调生态与经济以及超工业化而非去工业化的途径来解决环境问题”②。传统工业现代化赛道已经人满为患，发展中国家在追赶过程中付出了很多代价，这种代价有自然资源的代价也有现代化进程中的去本土化的代价，正如工业现代化在欧洲产生并不断发展成为席卷整个世界的发展模式，一方面我们看到了它在推动欧洲和北美社会发展中的巨大作用；另一方面我们也要看到，一些传统国家和地区在面对工业现代化理论时所遇到的理论和现实的不契合而导致的现代化中断或者畸形的现代化进程。同样对于生态现代化的发展来说，我们仍然也面临着同样的理论本土化的过程，它将决定生态现代化的实现程度和过程，也将决定生态现代化理论自身的不断发展和丰富。

现代化是一个系统工程，它不仅仅表现为经济模式或者生活方式的改变，

---

① 方世南：《建设人与自然和谐共生的现代化》，《理论视野》2018 年第 2 期。

② ［荷］阿瑟·莫尔、［美］戴维·索南菲尔德：《世界范围的生态现代化：观点和关键争论》，张鲲译，商务印书馆 2011 年版，第 126 页。

更会触及深层次的文化领域,需要重构文化世界。如果说工业现代化将人类的现代性带给了全世界,那么我们就需要审视生态现代化所带来的文化特性将如何同本国的传统文化相结合。现代性的传统思想的完全抛弃和否定在历史的发展中已经显现出了诟病,而对于生态现代化来说,如何实现多现代性的纠偏而达到同传统文化的系统结合恐怕是生态现代化理论发展过程中遇到的文化问题。无论是全面生态现代化还是综合生态现代化抑或是经典现代化的生态修正,都是需要以社会作为承载来进行生态化建设的。文化是什么?文化是相对于经济、政治而言的人类全部精神活动及其产品。文化是智慧群族的一切群族社会现象与群族内在精神的既有、传承、创造、发展的总和。它涵括智慧群族从过去到未来的历史,是群族基于自然的基础上的所有活动内容,是群族所有物质表象与精神内在的整体。从文化的定义来看,它是人类文明从起源到现代化过程中最抽象又最具体的符号,是凝结在人类智慧中并不断传承的结晶。不同的历史发展,不同的地理环境和气候条件所塑造出来的文化是不同的,不同的时空转换和传承创新所蕴含的文化内涵也是不一样,人类世界的多样性在人类文化的异彩纷呈中表现得淋漓尽致。但是任何文化的发展都不是凭空产生的,是在人的活动,在基于自然基础上的活动的内容的集合与抽象,是离不开提供给人类存在的环境的自然界的。就如同人的活动给自然界打上文化的烙印一样,自然界也会在人类文化的长廊中留下自己的杰作。文化是来自于社会的复杂集合,社会的抽象展示,现代化作为人类社会发展的一个过程或者说一种手段,是必须同文化做到相互融合系统发展,才能够真正地融入到社会发展的深层结构中去。因此我们可以说,如果说现代化是人类追求更美好生活的方式的道路化,那么文化则是现代化道路铺架中最为坚实的地基。如果现代化建设脱离了文化载体,或者悬浮在文化载体之上,那么它的发展是缺乏牢固的根基的,是空中楼阁甚至是海市蜃楼。工业现代化强调的现代性对传统文化的抛弃在强大的文化传统国家所带来的一系列问题正是如此。虽然存在着文化因为现代化的进程而发生了自我改变与调试,来迎合现代化的发展的现象，但是我们仍然可以看到这种发展的内在机理中还存在着传统文化的基因。所以对于生态现代化理论的世界化过程来说，在面对本土国家的传统文化时所采取的态度是决定生态现代化理论是否能够更好融入到本国的发展过程中的决定性因素。

人类文化在发展中虽然表现形式各不相同，但是在人类社会发展的初始，对于自然界的依赖和对于自然的尊重却是惊人的一致的，我们从世界各地的遗址、习俗或传统文化活动中还能够看到凝结在其中的对于自然和人关系的朴素认识，对于人和自然和谐的向往。因此生态现代化理论要注重同传统文化中的生态思想相结合，才能转变为适合当地文化结构的现代化语言，才能够更加深入理解多样化的发展道路同相对一致的发展目标之间统一的内在价值。人类对于美好幸福生活的追求是相同的，更好的生存环境是人类所共同向往的，但是不同的国家在不同的文化理念下对于达到美好幸福生活的方式不一样，对实现人和自然的和谐相处的途径也是不一样的。生态现代化作为指导人类追求美好生活与良好生态环境相统一的理论，只有同文化传统中的生态因素相结合，才能显示出理论更大范围的共识性和开放性，才能够扎根在不同国家的现代化实践中，显示出强大的生命力。

现代化过程从工业现代化到生态现代化是两个截然不同但是在时间空间上有所重叠的现代化路径，有的学者把工业现代化称之为第一次现代化，把生态现代化称之为第二次现代化，以来凸显现代化发展的不同阶段下的不同选择。但是无论是第一次还是第二次现代化，又或者是工业现代化还是生态现代化，是否需要把演进顺序作为发展的必经之路还是现代化的道路是可以跃升的是我们在推进现代化过程中不可回避的问题。有的学者把这种现代化选择称之为现代化的航路。对于具体的国家和地区，选择什么样的发展路径，无论是从现代化发展的路径模式还是现代化发展的实践进路来看，我们能够发现现代化发展路径的选择是与国家的不同发展阶段密切相关的，这就需要我们有更为广义范围的生态现代化模式。

我们可以看到,欧洲生态现代化理论向世界扩散并形成不同国家的应用模式,同时又对西方生态现代化理论提出了更多的争议,从而促进生态现代化理论不断完善,从西方相对狭义的生态现代化理论走向了世界性广泛的现代化理论。由于各个国家的生态现代化实践发展的不同,生态现代化理论还存在着很多的流派和争议,所以我们不能以现代化理论的规范来形成确定性的理论概念和体系,只能从基本原理和基本范畴上对广义的生态现代化理论做一个描述。

广义的生态现代化模式认为生态现代化是现代化过程中的一个重要领域和路径,是传统的工业现代化向生态现代化的转型,开始于20世纪70年代的欧洲,并逐渐的全球化,它包括了生态质量的改善、生态效率的提高、生态经济的转型、生态科学的普及、生态技术的应用、生态制度的构建以及生态观念的营造。生态现代化是现代化过程中一种新的实现路径,促使人类社会从工业经济向生态经济、工业技术向生态技术、工业文明向生态文明的历史转向过程,而且还包括对这一历史过程的追赶、达到和保持生态现代化世界水平的国际竞赛。从欧洲开始进入生态现代化到21世纪以来世界范围兴起的各种生态现代化,基本包括了进入到生态文明阶段的生态现代化、横跨工业文明和生态文明阶段的生态现代化以及停留在工业文明进行改造的生态现代化三种主要的类型。生态现代化追求的结果是对现代化的反生态性进行剔除,将现代化发展同环境保护统一起来,人类社会和自然界的协同进化关系确立,以自然资本的可持续利用和增值作为现代化发展的动力来源,实现非物质化、绿色化、生态化发展。

广义的生态现代化以社会的生态质量全方位改善、生态经济的建立、生态社会的形成作为主要特征。生态质量全方位改善是社会发展在自然承载能力范围之内并不断提高自然承载能力,生态环境不断改善,生态资本不断富集;生态经济的建立包括了生态科学技术体系的建立,基于自然资本的可持续发展模式的建立,新能源的广泛使用和生产的绿色化;生态社会是生态意识不断觉醒，政府、企业和个人在环境决策中发挥系统效应，生态评估和生态监测制度完备，生态质量成为考核政府工作的重要指标，生态消费理念和生态环保理念成为社会文化，等等。广义生态现代化最后体现为生态转型的完成，人和自然达到了互利共生，自然环境得到普遍改善，人类活动对自然环境的压力逐渐减少，生态效率不断提高，资源和能源的可持续性加强，社会的生态机构和生态制度日趋完善，生态观念日益成熟和普及，生态不公逐渐消失，生态现代化水平在各国逐步实现。

广义生态现代化模式的理论和实践体系的不断形成说明了生态现代化理论在工业文明话语体系下的缺陷在生态文明时代下得以完善和发展，生态现代化理论与生态文明制度是契合性高度一致的。

二、文明模式和社会制度的契合

文明模式和社会制度之间存在着相互磨合与相互影响的关系，文明模式和社会制度的契合度决定了两者之间是否能够相互促进而推动人类发展。如果两者之间出现了冲突，则会产生推动文明模式演进或者社会制度更迭相分离的力量。在不同的国家和地区，文明模式的出现与社会制度出现的顺序会存在着共生共长和顺序差异两种情况。共生共长是指文明模式和社会制度在相对成熟的环境中开始共同萌芽，相互促进并走向成熟，体现了文明模式和社会制度之间有着高度的契合性，会产生巨大的社会推动力。例如西方资本主义制度萌芽的时候也正是工业文明在欧洲开始出现并逐渐成长的时期，两者相互促进融合，带来的是资本主义制度工业化体系，这个体系迸发出了强大的力量，推动了社会发展，最终带来的是资本主义制度世界化和工业文明全球化，西方国家实现了对于世界的霸权统治。文明模式如果和制度体系出现了差异，就需要调解文明模式和社会制度之间的关系。文明模式有强大的制度依赖性，它必然要求通过制度不断地变化来维护自身发展的合理性并提供发展的资源，表现在通过制度维护生产的合法化，通过价值导向和创新导向来发展适合自身模式的技术并抑制有可能推翻自身模式的新技术因子,通过社会文化的建构来营造适宜自身发展的环境等;社会制度模式自身具有强大的扩张冲动,通过不断的展现自身制度优势,来获取更广泛的制度资源,而这种展示自身优势往往通过文明模式所创造的物质和精神财富来体现。因此当两者并不是在同一环境中共生共长的时候或者发展出现了不同步的时候,就会出现文明模式的发展不适合社会制度的需要,就无法继续为社会制度彰显优越性提供文明支撑,无法发挥制度效能;如果社会制度不适合文明发展模式的需求,则会出现文明模式发展无法获取发展要素和条件,出现发展乏力并逐渐萎缩的情况。因此人类社会出现新的文明模式和社会制度的选择时,不同国家和地区都面临着文明模式和制度文化在本国的契合性问题。从这个角度我们就不难理解发展中国家在面临资本主义制度和工业文明过程中的不适应性,其本质原因就在于无法实现文明模式和社会制度之间的契合性。例如在资本主义世界化的过程中,工业文明展现了巨大的威力,体现在西方列强征服亚洲落后国家的战争中的坚船利炮,让他们意识到需要工业化这个巨无霸才能实现国家的富强。但是工业化引入后却发现它还需要社会制度的供给,而不同的社会制度的构建与促进工业文明的契合在不同程度决定了不同的发展命运,例如日本迅速地实现了现代资本主义制度的建构并推动与工业文明的契合,从而实现了脱亚入欧并跻身世界资本主义强国,而中国由于资本主义制度萌芽发展缓慢和半封建半殖民地的特殊国情,所以迟迟没有建立资本主义制度,从而导致了工业文明生产缺乏制度支持而逐渐萎缩,工业现代化发展模式也没有建立起来。

因此我们按照文明模式和社会制度的契合性原理来看生态现代化理论的世界化过程和未来的发展趋势就能够得出更为深刻的分析。对生态现代化理论的批判中最为尖锐的观点是认为西方生态现代化理论过分强调技术创新和市场因素,对于社会变革只在社会的政策层面予以讨论,而没有深入到资本主义生产模式,没有触及工业文明的深层次原因,没有从辩证唯物主义和历史唯物主义的哲学层面来看待生产力和生产关系之间的运动，以及所带来的生产力绿色转向推动的生态文明和生态现代化，因此无法跳出资本主义的逻辑体系去看待生态现代化，造成了西方生态现代化只在技术、市场和政策等层面进行资本主义工业文明的“末端治理”。而这种末端治理同所谓西方生态现代化强调的全过程创新是截然相反的，这就是西方生态现代化理论的内在矛盾，就是西方生态现代化理论同资本主义制度之间的“悖论”。生态现代化理论好像只是资本主义制度和工业文明生产的润滑剂，减少两者之间的冲突摩擦，而不在于真正去解决两者之间的冲突。所以，我们应当看到生态现代化理论作为人类反思工业文明的理论体系，在同资本主义制度进行结合时遇到了矛盾和冲突，“社会化生产和资本主义占有之间的矛盾表现为个别工厂中生产的组织性和整个社会中生产的无政府状态之间的对立”①。其实深层次的原因就是资本主义制度的反生态性与生态文明建设之间存在着冲突，生态文明建设已经无法从资本主义制度中吸取发展的要素，资本主义制度同生态文明建设之间存在着越来越多的冲突和不和谐，因此我们可以打一个不太恰当的比喻，西方生态现代化更像生态文明与资本主义制度强行结合而产生的“畸形儿”，其出现就带有先天性的缺陷。生态现代化被视为一种不可避免的社会变化过程。这种决定论式观点的前提就是现代化历史演变过程的三阶段划分：首先是主要建立在农业基础上的前现代时期，继而是以工业生产为核心的现代化阶段，最后是以生态现代化为发展顶点。② 当前生态现代化理论在世界化的过程中与社会主义制度相融合，会呈现出极大的契合性，因为社会主义制度和共产主义制度是追求人和自然和解的，是抛弃了资本增值性这个资本主义工业文明体系下的反生态性因素，它同生态文明建设在价值上是一致的，这在马克思关于共产主义的设想中就已经清楚的论述了。因此将生态现代化

① 恩格斯：《社会主义从空想到科学的发展》，人民出版社 2018 年版，第 68 页。

② ［荷］阿瑟·莫尔、［美］戴维·索南菲尔德：《世界范围的生态现代化：观点和关键争论》，张鲲译，商务印书馆 2011 年版，第 80 页。

理论同社会主义制度相结合，才能够激发出生态文明模式的巨大动力，也能够激发出社会主义制度在推进社会发展中的巨大的制度优势。因此社会主义制度下的生态现代化实现了现代化建设的生产力的巨大增长的目标，又实现了社会主义制度和共产主义制度所追求的人和自然、人和人之间的和解。所以生态现代化的理论并不能看作是资本主义来掩盖和延缓自己矛盾的学说，应当看到西方生态现代化理论之所以出现这些问题，正是因为生态现代化理论的先进性已经超越了资本主义制度的承载，资本主义制度已经从孕育生态现代化理论的摇篮变为遏制生态现代化的牢笼，我们只有采取一种更为积极的建设性的方式，才能够深刻认识并积极发挥生态现代化的理论优势和实践威力，推进社会主义制度与生态文明建设协同发展。到了那时候，就如恩格斯所说的："人们周围的、至今统治着人们的生活条件，现在受人们的支配和控制，人们第一次成为自然界的自觉的和真正的主人，因为他们已经成为自身的社会结合的主人了。"①

三、生态现代化的中国逻辑转型

从整个世界的生态现代化进程来看，无论是西方的生态现代化还是广义的生态现代化，从工业文明走向生态文明，从传统的工业现代化走向生态现代化已经成为历史发展的必然趋势。生态现代化理论同制度体系的结合与贯通，是生态现代化论在实践推动中面临的首要问题。中国作为世界上最大的发展中国家和社会主义国家，完成现代化是近代以来中国人民最迫切的期待，是实现伟大复兴最重要的战略选择，中国特色社会主义现代化的生态化转型，既要考虑到我国自然资源的属性和公有制社会基本制度的特性，又要考虑到生态现代化中基于自然资本和生态技术之间的协同关系。因此明确中国特色社会主义生态现代化的逻辑转型，以及社会主义现代化建设的突破现实困境

---

① 恩格斯：《社会主义从空想到科学的发展》，人民出版社 2018 年版，第 79 页。

的战略谋划，也是探索中国特色社会主义生态现代化的理论前提。

（一）亟待突破现代化发展悖论

现代化的一个显著特征就是经济的高速增长，但是过分追求经济发展而忽视生态环境保护使得社会随着现代化进程不断加速从而累积了大量的环境问题，致使现代化水平提供与生态破坏之间出现了悖论。虽然以环境库兹涅茨曲线来解释生态环境问题在经济发展中的阶段性，通过发展可以实现跨越这种阶段性，但是随着人类生态足迹已经接近地球承载能力，库兹涅茨曲线与增长的极限之间也产生了悖论。人类经济活动如果超越了地球的承载能力，将会给生态环境带来无法挽回的损失，造成生态环境破坏的不可逆性，因此现代化发展在不同的生态环境的阶段性语境中是否使用库兹涅茨曲线，经济增长是否必然会带来生态环境经历破坏到修复的过程，是现代化发展过程中不容忽视的问题。中国特色社会主义现代化所取得的成就是举世瞩目的，近 30 多年的 GDP 高速增长积累了现代化建设的物质基础，但也必须看到，中国现代化发展兼具着经典现代化追赶与生态现代化探索的双重语境，一方面是工业现代化进程由于发展起步晚，需要补足发展的过程，从而追赶先发国家；另一方面，全球性的生态环境问题已经不允许中国继续按照传统现代化的经济发展模式与环境治理理念来推进现代化，而且现代化的概念范围也从过去传统的经济快速发展上升为全方位的现代化，即生态现代化。因此就需要中国在探索现代化尤其是生态现代化的过程中，来实现对于传统现代化发展悖论的突破。

（二）现代化水平提高与生态需求的满足

现代化水平提高的目标是为了满足人类的需求，资本主义体系下的经典现代化是以人的物质需求的满足和确保人的物质权利为前提的，因此现代化水平不断提高的重要标志就是物质供给能力的不断提升和物质需求的不断满足。中国特色社会主义进入新时代，需求已经从过去的物质文化需要转化为对美好生活的需要，美好生活的需要包含着生态需求，供给和需求的矛盾也从落后的社会生产力转变为不平衡不充分的发展，不平衡不充分的发展既包含着地域之间发展的不平衡，也包含着不同发展阶段不同发展诉求的不平衡，即生存需求和生态需求交织在一起。生存需求是经济社会发展对自然生态系统的生存环境资源的需要，是社会发展所需要的基本物质材料；生态需求是对良好的生态环境所带来的生态服务的需要，基于自然资本的现代化是对人的全面发展以及全面需求的不断满足。从社会发展的供给和需求的逻辑来看，解决它们之间矛盾的方法就是不断地发展生产力，所以现代化发展就是社会生产力向前发展，生产力的发展需要依靠科学技术的进步。工业现代化发展与近代科学技术的不断演进密切相关，随着现代化的浪潮席卷全球，科学技术的逻辑成为支配社会的逻辑，也带来了科学技术的负效应，尤其是造成了人性的简单化和人与自然关系的模式化。一味追求科学技术的工具理性，最终导致人成为单向度的人，科学技术从工具沦为人的发展的目的甚至人成为机器的奴隶。“如果我们不首先清楚地了解得到拯救的唯一通路是通过我称之为用新的人道主义来指导的人的革命，并达到较高的人类素质的发展才能实现，那么，摆脱人类困境就是一句空话”。[①] 异化的技术造成了人的需求的异化，人的需求的异化必然带来人的行为的异化。因此要消除人和自然之间关系的异化效应，就需要从人的需求入手，将异化的需求转变为人的全面发展基础之上的需求。生态需求是人的根本需求，也是人和自然关系的最根本的体现，人是物质、精神和生态三个方面的统一，人的本性的完全实现，是需要这三个方面得到满足并维持相对的平衡的。中国在推进现代化过程中提出了科学技术就是第一生产力，但是科学技术是第一生产力而不是科学技术的唯一标准，科学技术的发展是围绕生产力发展，生产力的发展是为了人的全面自由的发展，中

① [意]奥雷里奥·佩西：《人的素质》，邵晓光译，辽宁大学出版社 1988 年版，第 165 页。

国在推动现代化进程中需要有效克服资本异化问题，这是现代化发展同生态需求之间矛盾的深层次原因。中国共产党领导的中国特色社会主义现代化是实现为人民谋幸福为民族谋复兴的初心使命，是为了追求人的自由全面发展的共产主义的必然过程，因此中国的现代化过程不仅仅是满足人的生存需求，更是要立足于生态需求，才能够消除现代化过程中的技术异化和资本异化问题。中国特色社会主义生态现代化的技术逻辑转型就是以人的全面发展为技术导向，以人和自然和谐相处为技术标准，来实现推动现代化发展与满足人的生态需求和谐统一。

（三）生态现代化中国转型的逻辑架构

中国生态现代化的发展就是要融入中国的发展战略格局和逻辑框架，生态融入指的就是将生态理念、制度、技术和标准引入到中国的政治、经济、文化、社会的四大建设之中，以生态尺度和生态监督来推动中国特色社会主义的“五位一体”建设格局中。将生态观念融入到经济建设之中，从空间范围和时间范围来看，就是把生态理念融入到经济发展的各个方面，实现经济发展理念、目标、方式和道路的融合发展；从时间进度来看就是融入到经济建设全过程。生态和经济的关系就是发展是第一要务，环境是重要支撑，中国生态现代化就是把生态观念融入到经济发展中，实现经济发展和生态保护的“双赢”。生态观念融入到政治建设中，就是促进生态政治的现代化转型。所谓政治建设的生态转型，是指将生态观念融入政治之中，根据可持续发展的战略要求，反思现有政治体系的欠缺并进行调整，推动生态政治理念范式的全新建构。[①]从世界范围来看，生态文明建设和生态现代化推进过程中必然会带来政治体制的变化，欧洲绿党的兴起就是典型的例子。所以生态文明建设和政治建设之间呈现出相互促进的耦合关系，是现代化生态转向在政治上的体现，政治生

---

① 夏静雷、王书波：《中国特色社会主义生态现代化逻辑转型研究》，《治理现代化研究》2019 年第 5 期。

态化和生态政治化在现代化的开放性和包容性中实现了统一。中国的生态现代化与政治建设的融入就是如何看待生态理念同执政党执政理念之间的契合,生态理念同政府职能转变、生态现代化与治理能力与治理体系现代化建设。中国已经将生态治理体系和生态治理能力建设作为国家治理体系与治理能力现代化建设的重要内容,对公职人员的考核体系中,生态环境保护和生态治理现代化相关内容也占据着很大比重,提出了"以最严格制度最严密法治来实现对生态环境的保护",不断强化对于生态现代化建设的制度创新和制度供给。同时将生态安全提升到总体国家安全的层面,生态安全不仅关系着国家发展的物质基础保障,更关系着执政基础的稳固。生态政治安全观的全新价值诉求,折射出生态文明建设和政治建设之间的耦合关系,这种耦合关系在深层次上又推动着执政党执政观、生态服务型政府、生态型公民社会教育及生态型制度体系的生成。生态的政治化和社会化必然会带来生态化的社会文化环境,生态治理现代化同中国的文化建设相结合,激活传统文化中的生态智慧与当前中国文化强国建设的生态逻辑,将生态文明建设同文化建设辩证统一起来,从而为生态现代化的建设提供健康的社会氛围。生态文化概念最早是罗马俱乐部的创始者佩切伊提出的,他认为"生态文化是人类通过技术圈的入侵、榨取生物圈的结果,破坏了自己明天的生活基础,人类自救的唯一选择就是要进行符合时代要求的那种文化革命,形成一种新的形式的文化"①。社会文化的和谐有序是评价社会运转的重要表征,生态文明反映的就是社会运行同自然生态之间的内在契合的关联状态,资本主义社会的病态发展在当今世界的表现之一就是无法同自然生态有机的统一在一起,并表现为相互之间的对立和冲突,而社会主义文化追求的和谐包括人和自然之间的和谐,也是马克思恩格斯所指出的人和自然的和解。生态现代化同中国特色社会主义深层次的融合首先是文化的融合,生态现代化的价值理念和制度规范,能够引导

① 佩切伊:《21 世纪的全球性课题和人类的选择》,《世界动态学》1984 年第 1 期。

人们改变自身同自然的相处方式,人是自然界的一部分,人在自然界中才能够实现全面的健康的发展,因此人的全面发展需要在和谐的人与自然的环境中才能实现,人类社会的健康发展只有正确处理人和自然的关系才能够实现。良性互动的生态文化解决的是人的自身发展、人与人的发展和人和自然发展的统一性,"当人类社会与自然世界在本质上融合成为一个不可分割的整体后,关爱社会亦是关爱自然,关爱自然亦是关爱社会,保护自然环境就成为生态社会不得不承担的道义"①。文化自信是中国特色社会主义文化建设的目标指向,在中国共产党第十九届五中全会研究全面建设现代化国家问题中对2035年建成文化强国也做了战略安排,生态现代化本身就是人类文化进步的重要表现,生态现代化在理念、价值、机制方面同中国复兴传统文化、弘扬新时代文化相结合,将美丽中国建设同文化强国建设相统一,是中国推动生态现代化的逻辑转型中的要义。

从中国的现代化道路选择来看,面临着追赶工业现代化和引领生态现代化两条道路,要实现现代化的生态和生态的现代化的双重效果,需要处理好生态现代化同经济、政治、文化等要素的现代化的关系。现代化是社会的整体进步,是各要素相互协调的发展过程,需要将生态现代化融入到党的建设、经济建设、政治建设、社会建设、文化建设等各方面和全过程,实现中国特色社会主义生态现代化的全新理念提升和实践探索,这是生态现代化在中国转型的逻辑架构。

① 曹孟勤:《试论解决生态危机的根本出路》,《南京师大学报(社会科学版)》2007第4期。

第三章　现代化进程中的“技术—经济”范式转换

恩格斯曾经说过：“以往的全部历史，除原始状态外，都是阶级斗争的历史……都是自己时代的经济关系的产物；因而每一时代的社会经济结构形成现实基础，每一个历史时期的由法的设施和政治设施以及宗教的、哲学的和其他的观念形式所构成的全部上层建筑，归根到底都应由这个基础来说明。”① 从历史发展的长周期来看，人类社会的阶段变化都形成了与其相适应的“技术—经济”范式。从农业文明时代的“农业技术与土地经济”到工业文明时代的“工业技术与资本经济”再到生态文明时代的“生态技术与绿色经济”，“技术—经济”范式背后是一套通用的科学技术和组织原则，是一种最优的惯行模式，是一系列的社会制度安排和共同的价值理念。②“技术—经济”范式的存在意味着一套强大的包容排斥机制，影响着科学技术的发展和人类制度的演进，不同范式之间的更迭是文明演进的外化形态，也是推动发展的内生动力。在人类社会发展历史中，每当出现文明模式的转换时，新的文明模式以自己对生产力的强大推动作用来显示自己的优越性，表现为经济模式的转变对

① 恩格斯：《社会主义从空想到科学的发展》，人民出版社 2018 年版，第 59 页。

② 郭晓杰、刘文丽：《科技创新、金融资本与经济增长相关性的研究综述——兼论卡萝塔·佩蕾丝的〈技术革命与金融资本〉》，《科技管理研究》2014 年第 10 期。

科学技术创新的需求，科学技术的创新又推动构建了新的经济模式的形成。在“技术—经济”范式转化的过程中更新了人类的政治、法律、艺术等社会制度和文化体系。“一切重要历史事件的终极原因和伟大动力是社会的经济发展，是生产方式和交换方式的改变，是由此产生的社会之划分为不同的阶段，是这些阶级彼此之间的斗争。”①文明模式对生产力的作用体现在经济体系与科学技术的互动，“技术—经济”范式的创新就是文明模式在推动着社会不断向前发展中彰显着对于社会生产力的推动。

第一节　现代化背后的“技术—经济”范式

“技术—经济”范式的形成与更迭是我们观察人类文明发展的一种线索。不同的“技术—经济”范式的产生、发展、成熟、消解、创新的过程背后都有政治、经济、社会、文化、生态等多种要素博弈的影响，但起到决定性作用的是社会生产力因素。“技术—经济”范式需要适应社会生产力发展的要求，按照马克思的理论，生产力可以分为劳动者、劳动对象和劳动工具，在不同社会形态下的生产力的要素内容和存在形式都在发生着变化。生产力与生产关系的运动决定着社会的发展，生产力决定着人类文明模式的演化，而这种演化在社会发展的层面我们看到的是科学技术推动社会发展，社会发展选择科学技术的表现形态，因此从“技术—经济”范式视角下，我们能够更加清晰地分析出社会发展中生产力与文明模式的选择的相互关系。为了更好地理解“技术—经济”范式，我们从库恩的“范式”概念中出发，整体化地观察“技术—经济”的发展，从而能够以新的视角来看待生产力和文明模式、社会发展和科学技术之间的互动关系，并探索现代化发展道路。

---

① 恩格斯：《社会主义从空想到科学的发展》，人民出版社2018年版，第21页。

一、范式的概念及其发展

“范式”概念的最早提出者是美国的著名科学哲学家托马斯·库恩,他在《科学革命的结构》一书中系统阐述了“范式”的定义,即运用于科学研究的共同理念和方法的分类。库恩所处的时代正是科学哲学界流行批判主义的时代,批判主义中的科学证伪主义过分强调科学的批判和理性精神,为了对这一观点进行反思与完善,库恩使用“范式”概念将科学发展的非理性因素和图景展现出来,以来认识科学理论的形成,并试图用更加社会性的过程来描述科学及科学共同体。“范式”概念在库恩的《科学革命的结构》一书中有着多重含义,体现出了不同层次的概念汇通,有着不同的意义指向,我们总结归纳起来主要是三个方面,分别为哲学层面、政治制度层面和心理层面。哲学层面强调的是科学研究的元范式,就是科学研究的信念、逻辑规范或者某种形而上学的思辨;政治制度层面就是社会学的范畴,就是科学发展在制度体系中被规范和引导,体现的是社会对科学的选择;心理层面指的是心灵的格式塔,就是科学共同体成员的主观的统一以及共同体成员之间的心理的相互影响。因此理解库恩的“范式”概念,要把它放入“科学范式”中理解,因为这是库恩使用“范式”概念的本源环境,所以库恩讲的“范式”多是指一门学科或者一个理论体系下维持其能够存在下去的信念、逻辑规范以及保护其稳定性的制度体系及团结科学主体的心理共识。

1982 年意大利技术创新经济学家乔瓦尼·多西将“范式”概念引入到了技术学研究体系之中并提出了“技术范式”的概念和方法。他将技术范式定义为基于自然原理之上的解决技术经济问题的方法。如同库恩在哲学、政治、心理三个层面上理解“范式”概念一样,我们对技术范式也可以从三个方面来解构,分别是技术共同体的技术观,也就是哲学层面上的基本规范;技术共同体的制度维系,就是制度体系中内嵌的技术“维护”,可以理解为技术的产生、使用、创新、发展能够由制度体系来进行选择、维护、引导,从而保持技术体系结构的稳定性；技术共同体的心理格式塔，技术体系和技术共同体形成后会形成相对稳定的技术价值观，无法认同技术价值观的技术人员就无法融入相应的技术共同体。乔瓦尼·多西作为经济学家，更多的是从经济发展的角度来运用技术范式的概念，从而来分析技术创新和经济发展之间的关系。他认为技术范式的转化不仅仅指的是某一项技术或者某几项技术的进步，技术范式的转化的根本性在于技术的指导思想的革命性的、根本性的转变。技术范式转换的原动力来自市场对于技术的需求和产业间竞争导致的技术比拼。技术范式转化的过程就是新旧技术的交替，是技术的巨大跃升，这种跃升包含了技术设计、技术理念、技术价值、产品资源、产品性质、产品市场定位和产品价格等因素。技术范式的转化不是一帆风顺的，技术范式的建立和转化是建立在其破坏性的基础之上的。技术范式的转化伴随着原有的技术体系和技术思想的抛弃，原有的设备、标准、产品的淘汰，在市场上表现为不能适应技术范式转换的企业的退出以及旧的市场结构与技术标准的消亡。随着新的技术范式取代旧的技术范式成为技术体系的主流，新的技术范式必然会带来新的市场、原材料、标准和产品，能够引领或者适应新的技术范式发展的企业则能迅速地占有市场，进一步的推动社会的不断进步与发展。更广义的“技术范式”可以从支撑技术的科学体系、技术选择的社会影响和技术主体的价值观的三重要素来看待技术的创新与社会的互动关系。

无论是科学范式还是技术范式，我们可以看到“范式”概念能够从过程中来分析系统的运动和变化。范式由“硬核”和“保护带”组成，“硬核”就是范式中最为核心的部分，是整个范式中的基础性的要素，“硬核”发生了变化，范式就发生了转换，“保护带”是围绕在“范式硬核”周围的辅助性体系，以来维护范式的稳定，克服范式中出现的问题。新旧范式的转换可以理解为现有的范式出现解决不了的问题，称之为“反常”，系统的“反常”越多，范式结构就越不稳定，范式就需要发生转换。由于“范式”概念注重整体上的研究方法，并将主客体视角、自在规律和外在因素统一起来，因此选用“范式”的方法来研究人类社会的发展,更能够从整体上来把握事物发展的规律。科学和技术的发展虽然不同,但是我们运用"范式"的方法可以将两者的发展统一起来,寻找共同的影响因素(哲学、制度和心理),来分析科学技术发展及其同社会发展之间的规律,也可以分析出社会发展过程对于科学技术的选择和影响。库恩的科学范式和多西的技术范式从本质上来看都是基于一种整体性的认识方法,通过要素的抽离可以将"范式"的基本研究思路提炼出来,为研究"技术—经济"背后的逻辑提供方法和工具。

二、文明转型背后的技术范式演进

最开始将"范式"概念引入社会学观察中是为了研究不同的技术范式的更迭对文明转型带来的影响。法国技术史专家布鲁诺·雅科米说:"唯一与生命有关的不可辩驳的人类标准是工具的出现。"①技术起源于人类对于自然的改造活动,技术工具是人类历史的见证,技术从诞生之日起,就一直处于不断演化的过程之中,人类文明的缩影可以通过考察技术发展的历程来显现,不同时期的文明模式的背后有着不同的技术范式的支撑。"由粗笨的石器过渡到弓箭,并与此相适应而由狩猎生活过渡到驯养动物和原始畜牧;由石器过渡到金属工具,并与此相适应过渡到种植植物,过渡到农业;金属的制造工具继续改良,过渡到冶铁风箱,过渡到陶器生产,并与此相适应而有手工业的发展,手工业脱离农业的分立,独立手工业生产以及后来手工业工厂生产的发展;由手工业生产工具过渡到机器,手工业工厂生产转变为机器工业;再进而过渡到机器制造,以及现代机器化工业的出现,这就是人类史上社会生产力发展的一个大致而远不完备的情景。"②从人类文明发展的长周期来考察,技术始终是社会系统演进的工具性力量。在不同文明模式中形成了不同的"技术—经济"系统,而不同的技术范式有着不同的科学知识内核,农业文明中建立的土

---

① [法]布鲁诺·雅科米:《技术史》,蔓君译,北京大学出版社2000年版,第78页。

② 刘世佳:《论自然环境与生产力的发展》,《生产力研究》1996年第2期。

地增值的传统技术范式是基于传统的农业科学知识体系，工业文明中建立的资本增值的工业技术范式是依赖近代科学体系，生态文明中建立的自然增值的生态技术范式则根植于人和自然和谐的绿色知识体系。基于不同的社会需求形成的市场机制与技术体系协同进化，构建了不同的具有文明特色的技术范式演进系统。

农业文明是人类社会的初级性文明，是人自我对象化以及自然对象化的朴素的载体。在农业文明中的技术范式是在遵循甚至盲目崇拜自然的前提下形成的，技术范式的科学知识内核是在对自然的感性认识和劳动经验总结的基础上而构成的。在农业技术范式下，人和自然的朴素的关系决定着技术主体的意识，即技术的发展需要建立在人和人基于满足生存需求的生产联合以及对于人是生态系统参与者的自我定位上。农业文明下的技术主体意识的薄弱和科学知识的经验化决定了人的农业文明技术范式是绝对建立在对自然承载范围之内的，是服从于人的自我发展需求的，技术的发展是基于人不断追求对于自在自然的认识、对于人和人关系的构建以及人与自身关系的设定之上的，是蕴含着“朴素”的循环经济思想理念的。

黑暗中世纪对基督教的重新思考以及启蒙运动下的人性空前解放对人的主体性意识产生了极具冲击性的影响。社会生产模式随着资产阶级这一股新的社会主体意识集团登上历史舞台也产生了巨大的变化。工业文明与资本主义的增值链条相结合，形成了单向度的技术异化路径。欧洲中世纪的劳动力短缺与大航海时代的资本积累之间的矛盾推动了工业经济萌芽在欧洲资本主义国家落地生根，圈地运动催生的产业工人浪潮和全球性奴隶贸易的兴起，解决了工业经济发展初期的劳动力问题，原始资本积累不同的流向，决定了资本的不同属性，封建经济体制无法形成资本完成自我繁殖的进程，而新兴资本主义国家则成为工业经济支配下的技术异化的单向度温床。随着资本主义从自由资本主义进入到帝国主义，建立起全球性的资本主义话语体系，技术在资本全球流动的影响下，资源配置呈现出亲资本的异化趋势，人类随着科技的进步没有起到自我的解放,反而被束缚在异化的技术之中。资本主义所推崇的资本至上观念腐蚀人的主体意识,资产阶级把人的主体性同财产私有性等同起来,取消了人的主体性,把人的自我意识同财产的资本化嫁接起来。资本主义的逻辑从抽象的人性出发,将资本主义私有制的合法性建立在人的自私本性上,从而论证了资本主义的普遍性和永恒性。在完成了资本对于人的主体性意识的异化之后,主体性所支配的技术范式也开始嵌入到工业技术范式异化的过程之中。在工业经济与资本主义的畸形推动下,技术偏离了其作为人的自我主体性显现的初衷,成为资本增值的工具。工业文明的发展伴随着资本走上神坛,卷裹着资本外衣的异化技术范式成为新的社会标准,农业的资本化带来了更大的粮食危机和食品安全,无规制、媚资本的转基因技术挑战自然和人类社会的底线;工业的资本化冲击着承载人类生存的自然生态系统,资源枯竭和环境危机宣告了增长的极限;生活的资本化如猛兽一般践踏人类精神家园,打碎高尚的道德情操,物欲淹没了人的发展初衷,人沉醉在所谓的自然主人的宫殿中无法自拔。

三、"技术—经济"的价值硬核

成熟的范式是由"硬核"和"保护带"组成的,"硬核"是指范式的核心以及组成核心的要素系统,规定了范式的最基本的功能,决定了范式的特性和发展方向,而"保护带"是围绕在"硬核"周围的辅助性和保护性要素。从刀耕火种到机器生产,从嫦娥奔月到探月工程,人类社会的演进伴随着科学技术的发展。人与自然、人与人、人同自身的三大关系是人类在哲学层面的基本关系,它们在对自然运动规律进行认识的科学过程和对自然面貌进行改造的技术过程中实现不断的解构与重塑并构成了文明的脉络。人类文明的不断演化尤其是高度组织化的文明(从农业文明开始到生态文明时代)始终贯穿着技术范式的转变,而技术范式选择的背后是以生产来解决经济发展中的"稀缺"和"增值",这就是核心的组成要素。用经济学的视角来看,效用是构成价值的基础,所以经济价值必然体现在三个方面,分别是“有用”“稀缺”和“难以获取”。稀缺是价值的前提,而增值就是价值的最大化。所以我们说的经济活动实现最大化增值就意味着通过某种途径实现价值的增加的最大化。人的生存和发展需要一定的物质资料,人类社会的存续和演进需要资源的支撑,由于资源的地域性和季节性,使得会在不同时期、不同地域出现稀缺,所以资源就具有了价值的前提,经济发展就是为了不断给人类社会发展提供资源,就是满足稀缺性的需求,满足稀缺性可以通过资源的有效利用,也就是最大限度实现资源的增值来实现。“稀缺”和“增值”一直是人类所关心的问题,围绕解决资源的稀缺形成了不同时期的价值追求,价值的最大化诉求需要生产能够最大程度地实现价值转换,而科学技术的发展将会提高生产水平,促进资源价值的最大化,从而给社会演进提供动力,这就表现为了“技术—经济”体系。人类在不同的文明发展阶段形成了不同的“技术—经济”体系,在“技术—经济”体系的逻辑下,人类文明的发展史可以看作是“资源稀缺—价值最大化—科学技术—社会发展”的链条,其基础就是围绕价值最大化的生产力发展。不同文明时期的价值是有附着物的,也就是价值的最主要的承载形式,如农业文明时期的土地、工业文明时期的工商业资本、生态文明时期的自然资本等,不同时期的生产力发展就体现为生产活动集中作用于价值附着物,促使价值附着物能够实现增值最大化,生产力的标志是技术工具,价值附着物的社会化形态表现为经济形态,这就形成了不同的“技术—经济”范式。“技术—经济”范式下的社会发展系统要不断对要素进行吸纳和整合,自然界与人及人类社会的政治、经济、文化、社会要素等都要内卷到逻辑体系之中,对要素进行整合并转化为生产力的效能就决定了“技术—经济”范式是否能够满足生产力发展的要求,是否能够不断推动人类社会的发展。文明的发展背后就是“技术—经济”范式的演变,就像技术范式有着“技术硬核”一样,“技术—经济”体系也有“价值硬核”,范式的改变就是对经济价值附着物形态也就是“价值硬核”的改变,价值附着物形态的改变带来了价值增值方式的改变,价值增值方式的改变必然要求技术范式的创新,因为技术范式就是人类在生产过程中价值增值的直接工具,而技术范式改变的过程又要受外在制度环境的保护和参与主体的价值认同的影响。"人类应用技术改造自然生态,使自然生态按照人类的价值取向发生变化,体现为在天然自然的基础上人工自然地产生与发展的历史过程。"①人类通过劳动,运用技术手段对自在自然进行改造,形成能够给人类生存发展提供基础的人工自然,并在这一过程中实现了人自身及其人的自身的延展——技术的发展。所以在"技术—经济"范式更迭的过程中,发展目标、发展理念、发展方式和发展评价方式都将发生根本性的变化,而这种变化发展是从原有系统中发展来的,是一种破坏性的系统涌现,被看作是文明模式的变化。"技术—经济"范式就是以价值附着物作为"硬核",以科学技术和经济制度以及文化观念作为"保护带"的社会生产力发展的系统。

第二节 农业文明的"农耕技术—土地经济"范式

人类从原始文化演进到农业文明经历了漫长的历史,技术工具的不断变化就像年轮记录着森林的历史一样承载着人类的发展。现在我们可以从博物馆的史前文化展厅中看到,原始文化从事劳动生产的人所采用的工具多是为了适应采集和狩猎等原始劳动的初级技术工具,更多的是人对有限的身体自然能力的一种拓展和延伸,例如打击石器对于手来说更加锋利、坚硬,磨尖的木棍可以增长人手臂的长度,等等,使用这种工具对于自然界的改变和影响是非常小的。相对于原始社会人类的所谓生产工具,其对于人类社会的发展影响(生产力有一定提高,剩余物出现之后导致的新的社会关系的产生,等等)要远远大于其对生态环境的影响。原始文化后期,随着生产的不断发展,劳动

---

① 毛牧然、陈凡:《技术异化析解》,《科技进步与对策》2006年第2期。

对象和生产区域相对固定，生产工具不断发展，生产出的劳动成果除了满足基本需求之外还出现了剩余，推动人类社会的组织形态不断发生变化，人类逐渐从蒙昧的原始状态进入到农业文明时代。农业文明可以看作是人类文明的原起点，人类社会组织形态在漫长的演化进程中与不断进化的生产实践相互作用，形成了农业文明时期人类社会的第一个“技术—经济”形态。在农业文明时代，人们使用的技术工具从淬炼到合成，从简单的打磨到相对复杂的组合，技术作用对象从较为随意的采集到有组织的大规模种植，使用技术的人的生产联合体从简单的合作到更为复杂的政治统治形态，生产和生活的状态发生了天翻地覆的变化。从世界范围来看，农业文明时期人类的活动主要集中在陆地，除少数地区的渔业发展之外，土地是人类最为直接的劳作对象和最为直接的产品供给来源，围绕稀缺的土地资源（尤其是优质生产环境形态土地）和土地增值，人类的农耕文明时期的“农耕技术—土地经济”范式开始形成并推动人类社会的发展。

一、土地资源的稀缺与价值

从原始社会的狩猎采集到农业文明的农耕畜牧，是人类文明划时代的发展，人类劳动的方式逐渐固定到农业生产的基本物质载体——土地之上，土地划分的需要孕育了人类最早的政治组织形态，土地也成为最重要的生产资料。农业文明诞生于一万多年前，虽然世界农业是多中心起源的，但是都离不开土地，肥沃适宜耕种的土地是农耕文化得以生成的最基本的条件。东亚作为世界文明的重要摇篮，其农业起源位于黄河流域、长江流域、恒河流域和东南亚地区，河流的常年冲击形成的平原地区，是最适宜持续耕种的土地，具有良好的农业生产的基本条件，所以农耕文明在此萌芽并发展起来。原始狩猎采集的生产方式之所以维持不住，在于不断增长的人口与有限的生存环境之间出现了矛盾和冲突，而相对固定到土地资源上的农耕业与畜牧业，提供了人们生存和发展的大部分资源，从某种程度上缓和了这种矛盾和冲突。因此农业革命直接带来的效应就是引起了人们对于土地价值的认识,因为农耕生产需要土地,而且农耕生产相对于大范围的采集和狩猎,其劳动的集中性更高,土地集中了劳动力同时又产生了粮食,谁占有了土地谁就占有了生存的机会;土地的肥沃程度不同,谁占据了优良的土地,谁就能够在同样的单位投入中获取更多的产出,因此土地成为农业文明时期最重要的价值基础。较稳定的土地生产还减少了人的流动性,更多的人固定在相应的区域并且不断提高区域的人口密度,人与人之间的关系更加复杂,社会组织日趋成熟,围绕土地分配形成了政治发展的高级形态国家和依附于土地上的剥削阶级。在封建时代,农民需要向地主纳租,土地增值是农业生产的价值主形态。"普天之下,莫非王土;率土之滨,莫非王臣"就是最生动的写照。土地资源作为最重要财富,是农业文明时期价值的最高象征,据史料记载在公元前200年,罗马帝国每个罗马公民都有1.8—6.1公顷的土地,这是罗马强盛的象征,但是随着罗马帝国灭亡,农民不得不将自己最重要的财富——土地贡献给贵族,以寻求保护,可见土地是当时最为珍贵的财富。提供给社会发展和社会成员更多的物质资源成为从事农业生产的根本目的,所以农业文明时期对技术的创新和发展的评判基础和标准就是是否能提高农业生产能力,即土地增值的最大化。所以在农业经济价值体系下,以土地经济增值为基础的价值体系是属于单一价值体系,农业经济赖以发展的主要是原始的自然资源,从种植到畜牧到狩猎等以土地资源为主要生产资料形成的生产方式,是单纯的解决自然资源的稀缺性,其成品部分可以转换为交换价值,因此其价值形态主要是以实物价值为主导的价值体系。建立在土地增值基础之上的农耕文明促进生产力水平不断提升,土地单位面积的生产规模不断扩大,能够获取丰富的食物。农业文明下的最大资本是土地,土地作为农业社会的经济来源和最主要的财富等价物,其提供了能够支撑人类社会组织存在和发展的基本前提,技术是人在认识尤其改造世界中所运用的工具与方法,土地在农业社会是人的对象化活动最为重要的标的物和载体,因此农业社会灿烂的文明古国多是农业大国。因此土地资源是“农耕技术—土地经济”的“范式硬核”。

二、“农耕技术—土地经济”范式中的技术体系

农业文明下的生产方式是直接作用在土地上并主要在有机物形态上的自然生产，所以农业文明的技术体系形成为依托经验型的技术创新模式与土地资源为主的增值模式相结合的技术形态。由于农业生产的有机性和当时科学与技术发展的分离性，技术创新更多的是技术体系的内生演化与经验认识的相互碰撞，缺乏对于自然的科学的认识，人类在意识上更多的是对自然的依附和崇拜。所以概括起来，土地经济下的技术体系是基于自然资源的有效利用的模式，经验型的技术创新模式以及同科学知识的初步互动，使得人类农业技术范式在发展中天然的同土地等自然资源建立起依附关系。同时技术对生态环境的巨大影响在农业社会还没有显现，农业文明的“技术—经济”范式还是在生态环境的约束下进行发展，多是强调在自然发展的规律下进行有条件的人造自然的创造，例如农田水利灌溉与防洪多是采用顺应自然，“多疏少堵”，农业生产“种田无定例，全靠看节气”，但是一旦生态环境系统有了巨大的扰动，农业文明的“技术—经济”范式往往很脆弱无法抵挡，就成为了很多高度发达的农业文明国家在自然灾害的影响下湮灭的原因。

农业文明是人类社会的初级性文明，是人自我对象化以及自然对象化的朴素的载体。在农业文明中的技术范式是在遵循甚至崇拜自然规律的前提下形成的，技术范式的知识内核是在对自然的感性认识和劳动经验总结的基础上而构成的。在农业技术范式下，人和自然的朴素的关系决定着技术主体的意识，即技术的发展建立在人和人基于满足生存需求的生产联合以及对于人是生态系统参与者的自我定位上。农业文明下的技术主体意识的薄弱和科学知识的经验化决定了人的农业文明技术范式要建立在自然承载范围之内。技术发展根源是服从于人的自我发展需求的，技术的发展是基于人不断追求对于自在自然的认识、对于人和人关系的构建以及人与自身关系的设定之上的。

农业文明时期的经济发展是蕴含着“朴素”的循环经济思想理念的,农业文明孕育了较小的生态足迹的农业技术范式,农业技术范式在自然观上把自然看作充满神性的自然,人和自然朴素的和谐发展的神圣自然观,在生产方式上,通过大量培育自然物来支撑社会的经济发展。对于自然的顺从与科技水平自身发展的阶段性,使得传统的农业技术范式呈现出一个较低的水平的循环,从而导致了社会发展中技术整体出现了落后于生产力发展要求的停滞状态,这种停滞状态必然产生从传统的“土地—劳动力”演进到“资本—土地—劳动力”的工业农业化阶段。因此,基于土地的自然生产力的发展推动了农业技术范式的不断演化。

三、“农耕技术—土地经济”下的自然观

人类不同于自然界的其他物种的一个特点就是人类有意识,就是人类在进行活动之前在意识中就有了对活动的认识。“蜜蜂建筑蜂房的本领使人间的许多建筑师感到惭愧。但是,最蹩脚的建筑师从一开始就比最灵巧的蜜蜂高明的地方,是他在用蜂蜡建筑蜂房以前,已经在自己的头脑中把它建成了。”①意识可以帮助我们认识自然界和自然界运行的规律,并在此基础之上指导人的活动。从原始的打击石器到青铜时代,从采集和狩猎进入到饲养和种植,农耕文明蕴含着人类对自然界的朴素认识,农业生产活动就是人类在这种认识之下开展的活动。科学和技术是人类在认识世界和改造世界的过程中形成的观点以及运用的方法,从历史发展来看,科学和技术不是同时出现的,就他们先后顺序来看,技术的产生要早于科学。人类在探索改造自然的过程中形成了最早期的认识,但是缺乏系统性的阐述和理论性的体系,甚至很多认识是不正确不完备的,因此还不能称得上是科学。人类在不断改造自然的过程中形成了原始的技术工具,并随着改造自然的范围和深度不断拓展,技术体

---

① 《资本论》第1卷,人民出版社2004年版,第208页。

系不断成熟与发展，形成相对稳定的技术共同体。所以原始文化阶段人类对于自然界更多的是朴素且敬畏的感官认识和简单意识加工，围绕着对自然从原始的图腾崇拜逐渐形成到经验化的逻辑认识。到农业文明时期，随着人类社会自身的结构不断进化和稳定生产模式的形成，对于自然的认识开始进入到规律性总结，对于自然的改造开始进入到根据规律性认识进行统一性和固定性改造，但是科学和技术在农业文明时期是一个相对割裂和隔离的状态，科学探索形而上的规律，技术总结形而下的实践。人类技术体系开始在农业社会形成，农业文明模式作为人类改造自然活动的体系开端，开始规模化有建制的在自然界打上人类的烙印，农业文明的产生和演进伴随着农业技术范式的形成和演化，而科学还处在萌动阶段。在土地等资源相对稀缺和人们认识自然的知识匮乏的情况下，关于人和自然之间的关系更多的建立在顺应自然服从自然的认识上，这种自然观的指导下的生产则更加强调在天时地利之下的物质资料的供给是有着极限的，而这种极限是由自然界的某种神秘要素支配的，我们看到农业文明时期人类眼中的自然的规律的创造者和守护者是神秘主义的“天”“道”“元素”等。正是朴素的自然观的影响，古代人的物质消费观和伦理道德观显示出抑制贪欲节制生活和追求天人合一状态的伦理道德，这种伦理道德不仅规范着人的自我行为和社会交往，也成为调节社会发展包括技术发展的基本准则。

农业文明“技术—经济”模式的基本结构是以实践经验总结为基础、以土地增值为目标，以与自然界天然的联系为纽带。农业文明技术的知识内核多是从事农业生产的人在基本的农业活动中形成的经验总结，是对自然存在物及其运动形式和规律的直观感受。从原始打击制成的生产工具到农业社会生产工具的精细化和分工化，体现的是人类在实践中对于人的自身能力延展的需求和满足，所以我们可以看到工具的演化多来自于人类器官功能的扩大和功能的进一步精致。在农业社会，尤其是由于缺乏科学认识自然的知识储备和能力工具，人类对于自然带有天然的崇拜与畏惧，再加上维系人类存在的基本生产方式的农业生产受自然条件的影响较大,人和自然的关系纠缠在自我认知与未知自然之间。人类虽然开始以一种更为宏观和抽象的观点来接触和认识自然界,从古希腊的物质本源哲学争论到东方哲学中天人合一的论述,从原子论到道法自然,人类思索自然的组成、运动的规律和人与自然的关系,但是更多的是不可知论和神权论。农业文明时期的图腾文化与占卜活动,节气计算与祈福诵经,体现的是对自然及其运动规律的崇拜。“农耕技术—土地经济”模式的兴起为人类政治文明的形成提供了基础,基于血缘和宗法关系的社会体系逐渐形成,宗教和皇权成为统治的主要形态,城市开始出现,手工业者和商业开始萌芽。

第三节　工业文明的“工业技术—资本经济”范式

农业社会末期,生产不断地发展促进了手工业和商业的发展,资本主义萌芽开始出现在城市的生产中,资本主义经济要素的出现开启了人类社会演化的新形态。随后科技进步带来的工业革命催生了席卷全球的现代化浪潮,资本主义的生产方式和工业技术逻辑相互影响,裹挟着人类进入到以化石能源为标志的黑色文明时代,“工业技术—资本经济”成为工业文明的范式,其组成是工商业资本的“范式硬核”、科学技术、资本主义制度和现代性文化的“保护带”。他们相互融合形成工业文明的力量,成为代表生产力发展的新生产模式,人类的工业技术力量达到了前所未有甚至人类所无法控制和承受的新高度。人类在工业技术座驾中完成了对于人和自然关系的重新定位,工商业资本将人类社会与生态系统全部卷入到资本增值的生产逻辑链条中。工业文明的发展得益于近代科学与技术的巨大飞跃,这种飞跃不是简单的经验型工匠和研究型科学家所推动的,而是巨大的工商业资本推动的。资本主义带来的全球市场、工业化、金融资本与科技创新营造了工业文明的长期辉煌,但随着工业化的进程加速和技术的负面累积效应显现，工业文明内在的系统矛盾开始出现，尤其表现为生态危机和资源枯竭，环境因素日益成为桎梏工业文明发展的障碍，科学技术范式的创新作用已经不能消除技术的反生态影响，经济增长动力匮乏，陷入滞胀时期，“工业技术—资本经济”范式中的“反常”开始不断出现并无法克服，新的“技术—经济”范式的出现是历史的必然。

一、“工业技术—资本经济”范式的硬核

“资本是什么？”恩格斯曾经自问自答，“是一宗货币，这宗货币把自己变成商品，再从商品变成比原先数量更多的货币”。[①] 资本是如何产生的？马克思回答：“资本来到世间，从头到脚，每个毛孔都滴着血和肮脏的东西。”[②]公元1300年，封建社会末期出现了劳动和劳动的客观条件的分离，生产资料开始游离出来成为商品，农奴丧失生产资料变为了无产者，积累了大量货币的商人和高利贷者则用货币购买生产资料并雇佣劳动者，通过生产以获取更多的货币，由此可见资本就是用在市场上赚钱的货币，赚钱的人就是资本家。对资本逐利的渴求促成了新航路的打通，新大陆的发现又开辟了巨大的市场释放了巨大的需求，同时这个需求反过来刺激了商业、工业和科学的进步。欧洲文明从黑暗的中世纪进入到荣耀的文艺复兴时代，近代科学技术的发展、技术成果的市场化以及近代科技范式的形成背后都是工商业资本在推动，从某种意义上说，工商业资本拉开了近代史的序幕。资本主义在自由阶段，私人资本在市场上购得生产资料，雇佣产业工人，生产出商品进行买卖并获得利润，投入到生产中的产业资本的规模一般决定了竞争的优劣，谁拥有更多的货币，就能够以更低的价格购买更多的生产资料，雇佣更多的产业工人。随着资本主义进入高级阶段，也就是产业资本变为股份资本，私人生产便成为更大规模的社会生产，货币资本成为生息资本，资本的力量不断扩大，更是成为争相占有的稀

① 《马克思恩格斯全集》第21卷，人民出版社2003年版，第309页。
② 《马克思恩格斯全集》第44卷，人民出版社2001年版，第871页。

缺资源。“它再生产出了一种新的金融贵族,一种新的寄生虫,——发起人、创业人和徒有其名的董事;并在创立公司、发行股票和进行股票交易方面再生产出了一整套投机和欺诈活动。”①通过银行、金融和信贷,在一定期限内拥有别人的资本,来实现对别人的劳动的占有。资本规模越来越集中,少数人通过占有资本实现了对于整个社会资源的占有,“把资本主义生产的动力——用剥削别人劳动的办法来发财致富——发展成为最纯粹最巨大的赌博欺诈制度,并且使剥削社会财富的少数人的人数越来越减少”。② 资本成为工业文明时代最为抢手和稀缺的资源,谁拥有资本,谁就拥有了对生产和财富的控制。19 世纪 50 年代到 60 年代之间,早期资本主义国家英国,也是工业革命最早开始的国家,通过资本优势对世界市场内的仍然在以农业为主导的国家进行控制,使这些国家始终围绕在当时巨大的工业中心国英国周边。英国消耗其他国家的原料,同时供给他们工业品,英国的贸易占到了当时全球贸易的19%,之所以能够占据这样的地位,正是依赖于英国的资本主义制度孕育的工业革命的力量。资本主义制度的发展同工业革命的历史总是联系在一起,第一次工业革命,化石能源登场,确立了工业文明对农业文明的胜利。工业文明时期的资本主义经济发展建立在不可再生的化合物质资源基础之上,仿佛所有的生产过程都是围绕着化石能源的利用展开的,化石能源及相关化工产业是经济发展的支柱,推动化合物资源所产生的人造资本具有可分割性和排他性,因此可以通过货币资本表现,能够进行充分的市场定价,因此工业经济时代的经济体系是以货币为主的价值体系。货币资本的价值体系催生了货币增值的技术模式和资本逻辑,尤其是资本主义与科学技术相互缠绕形成了资本主义的异化效应。启蒙运动与文艺复兴和近代科学技术的发展确立了人是万物的尺度的人类中心主义,人类从被束缚的神坛中解放出来后却被资本异化俘获,人是万物的尺度变异为资本是万物的尺度,集价值与稀缺性于一体的资

① 《资本论》第 3 卷,人民出版社 1975 年版,第 496 页。

② 《马克思恩格斯全集》第 46 卷,人民出版社 2003 年版,第 500 页。

本成为工业文明的价值体系。资本主义的资本逻辑与单向度异化的解构的工业技术体系构成了人类工业文明的“工业技术—资本经济”范式，它的“硬核”就是资本。

在这种“工业技术—资本经济”逻辑的支配下，人类社会生产方式是从自然界中获取原材料；工人利用技术将这些原材料变成产品，产品被出售以创造利润，生产过程中的废物，被送往其他某些地方做某种方式的处理。单向度的发展是以自然界是无限供给的原材料库和无限消解的废弃物处理场地为前提的。工业文明发展到后期，呈现出经济发展的无限冲动与资源承载的有限性之间的冲突与矛盾，带来的是经济增长不断接近极限。《增长的极限》一书提出决定和限制经济增长的五个因素：人口增长、粮食供应、自然资源、工业生产和污染；“工业技术—资本经济”逻辑法只能到后期表现为五个因素都到了临界点，这就说明工业技术发展范式开始出现了创新滞后性，“反常”不断出现，技术范式硬核与保护带之间出现不匹配，“工业资本”的增值性被其外部性成本所覆盖，进入到一种“成本大于收入”的不可持续发展模式之中，“工业技术—资本经济”已经不能够再推动生产力的发展。

二、“工业技术—资本经济”范式中的技术体系

工业文明中“工业技术—资本经济”范式的产生是人类社会发展的必然产物，随着科学尤其是近代科学的不断兴起，突破了传统的神权统治，解放了人性并重新定义了人和自然之间的关系；旧的技术体系随着在封建社会瓦解和新的技术体系在资本主义社会萌芽并发展的历史过程中，持续受到社会需要的刺激而更新速度不断加快，科学和技术的融合迸发出改变世界的火花，化石能源的大规模运用和机器时代的到来宣告了工业文明的胜利，资本逻辑的内嵌和世界统一市场的形成，催生了工业化统治世界的格局，资产阶级和资本主义成为先进生产力的代言人。正如马克思、恩格斯在《共产党宣言》里所说

的:“资产阶级在它的不到一百年的阶级统治中所创造的生产力,比过去一切世代创造的全部生产力还要多。”①“工业技术—资本经济”范式中的技术体系在近代科学知识体系、化石能源与机器生产以及资本主义制度的多重包裹下,成为推动人类社会发展的中坚力量。

(一)现代科学的发展

从古希腊的毕达哥拉斯学派到近代科学的牛顿科学体系,西方科学的演绎传统和高度抽象始终贯穿其中,经过黑暗中世纪的科学寂静后,通过文艺复兴点燃了近代科学促使其不断发展。自然观是人类认识人与自然关系的总体性观念。人类自诞生之日起,就开始自觉不自觉地思索自己在自然界中处于什么样的位置,自然对于人类是什么样的存在,人类对于自然的看法随着文明的演进发生着变化。近代科学飞速发展的时代,从黑暗的中世纪解放出来的人类喊出了“知识就是力量”的口号,冲破传统的神学框架,构建起现代科学体系,重新认识和定义人和自然之间的关系成为当时最为重要的自然观思潮。资本主义的生产方式开始萌芽并以不可思议的速度席卷整个欧洲,科学和技术的飞速发展就是助燃剂。“中世纪的黑夜之后,科学以意想不到的力量一下子重新兴起,并且以神奇的速度发展起来,那么,我们要再次把这个奇迹归功于生产。”②恩格斯在《自然辩证法》中提到的能量转化、细胞学说和进化论这自然科学的三大发现,摧毁了传统神学体系的世界观,以牛顿体系建立的近代科学体系,成为人类认识和观察世界的新视角。科学技术体系的发展同人的劳动对象的层次是息息相关的,农业文明时期人的劳动对象是自然物,是肉眼可见的形态,而工业文明的劳动对象更多的是分子物,很多是要借助科学仪器才能观察到的。自然系统工业文明的自然观带有强大的唯心主义与形而上学的传统,唯心主义与神权思想相互交织构建的世界景象,是建立在“存在之

① 马克思、恩格斯:《共产党宣言》,人民出版社 2018 年版,第 32 页。
② 恩格斯:《自然辩证法》,人民出版社 2015 年版,第 28 页。

链”基础之上的，决定论将偶然性排除在外，世界按照造物主的旨意披着神秘的外衣不为人所知，这种神权解释的方法与沃尔弗的目的论思想结合在一起，构成了唯心主义的自然观。“这时的自然科学所达到的最高的普遍的思想，是关于自然界的安排的合目的性的思想，是浅薄的沃尔弗式的目的论”。① 哥白尼的日心说吹响了推翻神权的号角，能量转化定律揭开了物理学和力学中的物质运动定律面纱，细胞学说和进化论则是彻底将唯心主义自然观冲击得粉碎，物质和运动的概念引入其中，“现代自然科学必须从哲学那里采纳运动不灭的原理；离开这个原理它就无法继续存在下去”②。生物学的里程碑式的理论出现对于唯心主义的目的论是颠覆性的，偶然性是世界存在的物质的运动的客观规律的最真实写照，“在一定的地域，甚至在整个地球上，即使有种种永恒的原初决定，各种自然对象的纷然杂陈依旧是偶然的”③。唯心主义的根基开始垮台，唯物主义成为现代科学的第一性。近代科学建立在绝对分析与绝对抽象之上，无限的分解之后通过归纳演绎毕达哥拉斯学派传统来得到对于整体的认识，实验科学成为科学验真的主形态。18 世纪牛顿的永恒天体论和林奈的不变有机物种论将教会的“奥吉亚斯的牛圈”清扫干净，却又不自觉地陷入到了“机械学成为学问之王”的怪圈，形而上学成了近代科学解构式的观察世界方法的代名词。“形而上学的考察方式，虽然在相当广泛的、各依对象性质而大小不同的领域中是合理的，甚至必要的，可是它每一次迟早都要达到一个界限，一超过这个界限，它就会变成片面的、狭隘的、抽象的，并且陷入无法解决的矛盾，因为它看到一个一个的事物，忘记它们互相间的联系；看到它们的存在，忘记它们的生成和消逝；看到它们的静止，忘记它们的运动；因为它只见树木，不见森林”。④ 在机械的自然观的认识下，人类完成了对于自

---

① 恩格斯：《自然辩证法》，人民出版社 2015 年版，第 13 页。

② 恩格斯：《自然辩证法》，人民出版社 2015 年版，第 24 页。

③ 恩格斯：《自然辩证法》，人民出版社 2015 年版，第 94 页。

④ 恩格斯：《社会主义从空想到科学的发展》，人民出版社 2018 年版，第 54 页。

然的祛魅，为人类中心主义铺垫了基础，但缺乏整体性始终是其阿喀琉斯之踵。“英国的培根和洛克，德国的沃尔弗——为自己设置的，并且由此就堵塞了自己从认识个别到认识整体，到洞察普遍联系的道路。在希腊人那里——正是因为他们还没有进步到对自然界进行解剖、分析——自然界还被当作整体，从总体上进行观察。”①古希腊传统中的整体主义虽然带有时代的天才直觉性，但是它朴素的有机辩证却应当被保留下来，而这种整体主义正是人类对自然认识的应有之义。“如果说，形而上学同希腊人相比在细节上是正确的，那么，希腊人同形而上学相比则在总体上是正确的。”②农业种植的粮食作物和畜牧业养殖的动物，是以整体性存在着的，而工业文明面对的化石燃料、化学化工产业，更多的是从分子角度去看待，就更加强调了抽象和割裂。

（二）化石能源的革命

化石能源指的是煤、石油和天然气等不可再生的矿物，它们在工业革命时期被称之为支撑现代文明的“三大支柱”。工业革命首先在欧洲爆发，工业革命直接导致了农业文明进入到了工业文明。只有在能源上有了革命，经济增长才能够迅速提升。工业文明前期面临的最大困境就是能源的缺乏。1500—1800 年在资本主义初期，通过“圈地运动”式的驱逐和殖民化的掠夺积攒了更多的人力，但是科学和制度却没有直接催生经济规模增大和经济效率的增长。例如著名的工业革命的标志蒸汽机，刚开始发明出来的时候并没有得到广泛的应用，其根本原因就是无法获取足够的能源，虽然瓦特在 1769 年对蒸汽机进行了改良，但是能源还是靠消耗木柴，大量的木柴燃烧不是一般的机器拥有者能够承担的。几十年之后，随着煤炭的开采和利用，化石能源和人类社会紧密地联系起来了。从 1820 年开始，各个主要工业国家的煤炭相继被发现并开

---

① 恩格斯：《自然辩证法》，人民出版社 2015 年版，第 45 页。

② 恩格斯：《自然辩证法》，人民出版社 2015 年版，第 45 页。

采，1850 年起，煤炭的开采进入到高速期，例如法国的煤炭产量由 440 万吨上升到 1330 万吨，德国的煤炭产量由 420 万吨上升到 2370 万吨。从 1830 年到 1888 年，世界能源消耗体系中，煤炭的占比从过去不到 30%一下跃升到接近 50%。煤炭正是取代了木柴成为能源体系的支柱也成为工业文明的象征，为机器的大规模使用提供了动力。在交通、钢铁、电力、建筑行业，到处可以看到高耸的烟筒和隆隆作响的机器，整个世界的经济、政治、社会发生了连锁反应，煤炭能源时代的到来宣告了工业文明的胜利。资本主义从自由资本主义向帝国主义转变并形成世界统一市场阶段，石油作为主要能源开始登上工业文明舞台，促进工业文明的再一次跃升。第二次世界大战之后，中东地区首先发现了大量廉价的石油资源，石油比煤炭燃烧更加高效，建立在石油能源体系上的西方国家，迎来了超过 20 年的黄金发展期，完成了现代化和巨额的积累，实现了对世界经济格局的把控。煤炭文明是西方国家工业文明的基础，石油文明是西方国家工业现代化的基础，资本主义国家的工业现代化体系的最重要的资源就是能够获取和消耗庞大的化石能源。从人类进入工业文明开始，基于化石能源的技术体系和技术开发就从未间断，围绕化石能源的开采、利用、多样化处理的技术不断涌现，建立在化石能源基础之上的技术体系与技术革新不断地加速，人类进入化石能源的一百多年来，GDP 增长了 100 倍，技术更新速度更是日新月异。化石能源的形成是需要长时间的积淀的，地球几亿年的运动变化才形成了储存在地壳中的煤炭、石油和天然气，是短期内不可再生的，化石能源的稀缺性、不可再生性和有限性与工业文明和资本主义的无限资本增值的冲动存在着悖论。资本主义对于资本经济增长的无限需求与化石能源的有限之间的矛盾越来越对立，西方世界出现的石油危机以及带来的一系列的世界性问题，其背后都是化石能源日益枯竭造成的现代化系统的不稳定。化石能源革命带来的是机器时代。《世界通史》里描绘过这样一个场景，工业文明时代是一个“机器时代”，火车、轮船取代了马车、牛车和帆船，喧闹、拥挤、快节奏的城市取代了宁静、闲散的乡村，汽笛声长鸣盖过牧笛田歌，绿草地被黑煤屑污染,蓝色天空布满灰色的阴霾。① 机器化大生产是工业文明时代的标志,也是工业技术体系发展的必然结果。不同于农业文明的人工耕种,工业文明的生产方式是机器生产。随着中等阶级的兴起,科学也大大振兴了,天文学、力学、物理学、解剖学和生物学的研究又活跃起来。资产阶级为了发展工业生产,需要科学来查明自然物体的物理特性,弄清自然力的作用方式。在此以前,科学只是教会的恭顺的婢女,不得超越宗教信仰所规定的界限,因此根本就不是科学。现在,科学反叛教会了;资产阶级没有科学是不行的,所以也不得不参加反叛。②

(三)资本主导的社会体系

人的主体性被资本所替代,自我意识就没有存在的空间,人的自我意识的丧失,就意味着人的主体性产生了异化。异化消费带动异化生产,异化技术催生异化主体,技术范式和主体意识双双沦陷,资本在完成增值链条的过程中将人的主体性意识捆绑在工业技术范式之中,资本逻辑和技术异化在主体性意识的资本单向中实现了所谓的统一,“技术进步=社会财富的增长(社会生产总值的增长)=奴役的加强”③。因此在工业文明逻辑体系下的技术范式成为异化人的基本工具,资本动力引导科学发现的目标,成为评判科学技术发展的标准,人类文明在工业文明末期出现了目标迷失和发展动力的缺失。这是基于工业资本的技术范式的自反性的表现,资本异化的科学知识体系异化了人的主体性意识,人的主体性意识的碎片化决定了技术的碎片化,技术的碎片化又将人纳入到了单向度的异化之路,正如英国社会学家鲍曼所说的“像所有其他东西一样,现代人类也是技术的对象,他们已经被分解(分成碎片)并且被以新奇方式组合(作为排列或者仅仅作为碎片的集合)。并且这也不是技

---

① 王斯德主编:《世界通史》,华东师范大学出版社 2001 年版,第 20 页。

② 《马克思恩格斯全集》第 29 卷,人民出版社 2020 年版,第 372 页。

③ [美]马尔库塞:《爱欲与文明》,黄勇、薛民译,上海译文出版社 1987 年版,第 26 页。

术一次性的成果:分割和重新组装,不断地继续着并早已成为自我推进的了,因为(技术的后果)只能是对碎片另一种重新组装的综合”。①

三、“工业技术—资本经济”范式的困境

第一次现代化进程跨越 18 世纪工业革命到 20 世纪 70 年代这一历史变革时期,伴随着资本主义全球化格局的形成和世界性统一市场的建立,工业文明为技术演进提供了巨大的历史舞台。二元论与人类中心主义在科学话语体系中完成了对于世界规律的界定和自然身份的重塑,技术系统被定义为是人类最大限度最为广泛的利用自然界的工具,正如马克思所评价的,资本主义的现代性使得二百年的发展创造出了巨大的财富,摧毁了封建制,解放了生产力。布罗代尔在《文明史纲》中指出:“我们所说的‘工业文明’正处于合成一个能够容纳世界整体的共同文明的过程之中。所有文明已经、正在或将要受到它的冲击。然而,即使假定世界上所有文明或早或晚终将采纳相同的技术……我们在长时期内仍然将面对事实上非常不同的各种文明。”②但是在“工业技术—资本经济”逻辑下的技术的发展偏离人的有机体的本源,技术和劳动被异化,芒福德指出“我们时代的技术不把生命与水、空气和土壤以及他的全部的有机伙伴关系看作是他的一起关系中最古老最基本的关系,而是千方百计地设计制作出一些能控制的、能赚钱的蹩足的代替品来维持有机体的需要,这是一种愚蠢的浪费又是对有机体活力的扼杀”。③ 人的有机的、最终的目标是追求协调的、具有自我控制的能力,在大小、多少和快慢三个生命维度中形成人与自然、人与人和人同自身的关系。而工业现代化形成的巨机器,则是建立在对自然界无尽的掠夺和人类自身无序度的发展上,其结果将是最

① Zygmunt Bauman,“Postmodern Ethics”,Blackwell,1993,p.195.

② [法]费尔南·布罗代尔:《文明史纲》,肖昶等译,广西师范大学出版社 2003 年版,第 123 页。

③ [美]刘易斯·芒福德:《城市发展史》,宋俊岭等译,中国建筑工业出版社 2005 年版,第 399 页。

后世界成为只剩下人类的垃圾场。资源浪费、盲目生产、物欲主义、精神荒芜，都是人类脱离于自身有机体本源的倾向表现，工业文明后期单向度的发展使人被异化和物化，物质符号化的人类个体成为巨大的社会机器座架上的螺丝钉。

（一）发展理论的偏差

工业文明下的“工业技术—资本经济”范式支撑的资本主义工业化造成了人的活动与自然生态的对立，工业革命将人从土地依附上脱离，将人束缚进钢筋水泥丛林中，人的自然性被塑造为愚钝与落后，人要成为自然的主人的伦理模式“资本主义生产使它汇集在各大中心的城市人口越来越占优势，这样一来，它一方面聚集着社会的历史动力，另一方面又破坏着人和土地之间的物质变换，也就是使人以衣食形式消费掉的土地组成部分不能回归土地，从而破坏土地持久肥力的永恒的自然条件”。[①] 工业文明和工业技术同自然资源对立成为零和博弈的发展困局，悲观的技术者在工业“工业技术—资本经济”范式中看到的只有“增长的极限”，因为增长就意味着自然资源的减少与消耗，资本的升值需要自然资源的不可再生和不可循环的转化，技术的发展只是在自然资源利用侧和废弃物排放侧进行单向的革新，而没有从整个的生产逻辑中进行整合和重构，再加上“资本逻辑还会造成消费的异化进而导致资源和能源的浪费性利用”[②]，因此人类文明在这样的发展格局中最终就是一条“不归路”和没有前景的“断头路”。现代技术存在于工业文明的发展模式之中，这种发展的模式是“原料—产品和废料”的单循环、高耗能、高污染的不可持续的发展路径。现代技术的发展理念就是从社会物质中尽可能多的提取出人类所需要的物质，但是由于传统的经济模式的单循环性和机械性，造成了利用模式的单一性和不可循环性，造成了转换为产品的物质只占到原料的很少的

① 《马克思恩格斯文集》第5卷，人民出版社2009年版，第579页。

② 张峰：《马克思论资本逻辑及其现实启示》，《广西社会科学》2015年第7期。

一部分，大部分的被当作废弃物排放到了自然界中。现代技术发展理念集中在对于人类所需要的物质基础的非理性的索取和利用，技术存在的意义就是为了满足人类自身和社会的物质性的需求，是人类同自然界进行能量、物质和信息交流的工具，是人类用来征服、奴役地球的武器。这种发展理念必然带来“大量生产、大量消费、大量废弃”的生产模式，并最后导致全球性的毁灭性的生态打击。发展理念的片面性造成了发展模式的极端性，技术创造出一个依靠控制、应用和改进人工自然系统的手段和方法，经济发展使得自然成为一个取之不尽用之不竭的资源库的假象，这种发展理念最后的结果就是随着人工自然的发展，自然功能的不断退化并最终影响到人类社会的发展，体现在城市发展的过程中对于自然资本的无限索取和单向度的挥霍。

（二）发展目标上的缺陷

工业文明的技术范式追求经济增长的规模性，反映在发展目标上就是对于 GDP 的疯狂追逐。在这种技术范式目标的指导下，工业增长的速度和国家工业化水平被认定为衡量一个国家和城市的现代化的标志。这种发展目标的单向化必然引导着经济发展和人的发展的单向度化，人类社会的单向度化带来的最终结果就是对于经济的失去理智的、超过现实需求的无节制的发展，这种发展是以生态环境的退化、资源的极度匮乏、生物多样性的急剧减少作为代价的。发展目标上的先天性的缺陷将会影响经济和社会的正常发展，人类只能陷入到缺乏生态基础从而难以保持社会的可持续发展的境地中。

（三）价值观上的失衡

“技术—经济”范式的保护带中技术体系的核心在于技术价值观的构建，现代技术的价值观是人类中心主义。人类中心主义虽然在解放人类、推动社会发展方面做出了贡献，但是人类中心主义的先天性的对于自然价值和存在的考量的缺失，麻痹着人类陶醉在对于自然界的胜利之中。技术价值观存在于技术的开发、使用,现代技术范式鼓吹的人类万能、人类尺度的观点,过分扩大了人的主体性,放纵了人的无节制的理性,从而导致技术发展成为凌驾于自然之上的技术专制主义。现代技术范式的价值观致使技术摒弃了自然界的发展规律以及人类本身的道德规范和生存法则,以技术及技术运用的准则来作为价值评判的标准。技术圈通过人类改造自然建造出来了新的技术环境,将当代技术的价值观中的非自然、技术和机械性的因素灌输到人类发展的价值理念中。工业技术体系中的价值观不仅通过自身逐渐形成的独立完整的结构和功能,把对人类生存和发展最具根本意义的自然生态圈屏蔽在外,而且也对自然生态圈的过程、关系和秩序产生大规模的干扰和影响。

(四)技术累积和停滞的缺陷

技术的累积效应指的是在技术的发展过程中随着发展过程的连续性而产生的技术的复杂性与滞后性。人类对于技术依赖的越深,就需要采取并依赖更多的技术来加大对于现有技术的控制,人类最终将陷入技术宿命论的怪圈之中。技术的累积效应从本质上来看是指顺序相承的各种生存技术每隔一段时间就出现一次技术的革新,这种技术的震荡式的变革必然会对人类自身及社会的发展带来巨大的影响。① 技术的累积效应随着技术在大范围内被人类所利用,转化成为改造自然的现实生产力,技术累积效应中的非线性的、负面的、显性的因素将不断地被放大,其对人类的社会影响也不断扩大。同时,由于技术累积效应的滞后性,人们往往不能及时地认识到该技术被人类在较大范围内使用并转化为现实生产力的可能性,这种非线性的、负面的、外在的影响日益明显。这也是工业文明发展这么长时间,人类的全球生态性问题才得以被发现和反思的原因。技术的大规模的使用带来了人类征服自然能力的提升,但是技术累积效应的不断加强正是体现了人类在调节技术增长过程中所

---

① [德]弗里德里希·拉普:《技术哲学导论》,刘武译,辽宁科学技术出版社 1986 年版,第 76 页。

不能避免的过程。自然资本的缺失导致了“经济与技术”的演化的必然性失衡。我们可以从指导工业文明发展的工业经济理论的演变中看到，无论古典经济学、凯恩斯主义、“哈罗德—多马”模型的资本决定论、“索洛—斯旺”模型为代表的新古典增长理论、罗默和卢卡斯为代表的新增长理论，还是倡导合理并且有效率的新制度经济学以及强调技术进步的内生增长理论，都不认为自然资源是经济增长的决定因素，自然资源就不构成增长或发展的限制。[①] 自然资本被排除出去后，工业文明下技术范式的发展仅仅就是为缺少自然资本的工业资本服务的，工业资本的天性是追求增值的，从资源配置机制看，资本占据社会主导地位时，资源配置权与剩余索取权掌握在资本手中，资本的工具价值被看作成为增长的终极价值。技术的发展必须服从工业资本增值的需要，工业技术范式中只有有利于资本增值的技术才会转化为生产力。“机器可能做到的事非常之多，其中不少可能性都被资本故意地挫伤了，而不是发展了”。[②] 这就是工业资本下的技术异化。“工业技术—资本经济”范式虽有着自身调试和自我修复的机能，但为了缓和工业文明内在的矛盾，人类就需要又不得不投入更多的物质能量以削减环境污染和生态危害，意图通过技术的创新来实现人和生态之间的和谐，但是在利润最大化目标下的技术创新的导向仍然是资本逻辑的，工业资本在技术创新的目标、路径和评价之中发挥着决定性的影响作用，过度人工化控制的“技术异化”现象，是无法通过技术创新来彻底消除的，因为“合理的工艺和机器的设计在用于特定的目的之前，特殊社会体系的价值及其统治阶级的利益已经融入其中了”[③]。缺少自然资本的工业资本模式是“天生缺陷”的，近代解构化、碎片化的科学知识形成了线性的、

① 邢楠:《再评估作为发展基础的自然资本:对当代资本主义的一种批判》,《求是学刊》2012 年第 6 期。

② ［美］哈里·布雷弗曼:《劳动与垄断资本》,方生等译,商务印书馆 1978 年版,第 207 页。

③ ［美］安德鲁·芬伯格:《技术批判理论》,韩庆库、曹观法译,北京大学出版社 2005 年版,第 72 页。

单向度的技术范式，加上资本主义制度扩张性和评价体系的单一化，在资本逻辑中无法实现增值的生态技术获得不了资源配置，无法自然地在技术体系中形成技术体系的全面变革。

四、“工业技术—资本经济”范式的反常

“工业技术—资本经济”范式中的反常就是“异化”。“工业技术—资本经济”范式是资本主义制度的生产力表现形式，在资本主义的逻辑链条中，资本增值与单向度的技术发展相结合，构成了“生产—消费—废弃”的运作模式，在这样的链条中，“在各个资本家都是为了直接的利润而从事生产和交换的地方，他们首先考虑的只能是最近的最直接的结果。关于这些行为在自然方面的影响，情况也是这样。在今天的生产方式中，面对自然界和社会，人本主义的主要只是最初的最明显的成果，竟完全是另外一回事，在大多数情况下甚至是完全相反的。”①“工业技术—资本经济”范式在资本主义异化影响下使人类的社会制度不断失序。劳动，在猿转变为人的过程中产生了重要作用，恩格斯认为“劳动创造了人本身”。但在资本增值的裹挟下，生产脱离了本质，成为资本增值的工具，在这个异化过程中，人和自然界的关系也异化了，自然界不再是人类诗意栖息的场所和不可分割的一部分，而成为仅仅可以计算为利润的原材料和无所顾忌消解人类废弃物的天然垃圾场。例如恩格斯在早年观察资本主义社会的弊端时就发现了这样的现象：资本主义社会的穷困的工人总是伴随着恶劣的生态环境，人与自然关系的异化显现在了被异化劳动的对象——工人阶级身上。在《伍珀河谷来信》中他描绘了埃尔伯费尔德和巴门两个城市严重的环境问题和穷苦人民的生活场景，“下层等级，特别是伍珀河谷的工厂工人，普遍处于可怕的贫困境地；梅毒和肺部疾病蔓延到难以置信的地步”。② 在《英国工人阶级状况》中写到，“英国由于它的工业不但使人数

① 《马克思恩格斯文集》第9卷，人民出版社2009年版，第562页。

② 《马克思恩格斯全集》第2卷，人民出版社2005年版，第44页。

众多的一批无财产者成了自己的负担,而且使其中总是人数可观的一批失业者也成了自己的负担”。[①] 而这批人的生存环境就是“街道,到处是垃圾,没有排水沟,也没有污水沟,有的只是臭气熏天的死水洼”。[②] 无产阶级的生活困苦与环境恶劣同资产阶级纸醉金迷的生活形成了鲜明的对比,资产阶级占有无产阶级劳动的成果和价值,将资本异化生产带来的环境危机留给了本来就已经一无所有的工人阶级,这是无产阶级与资产阶级之间存在着的生态不公,恩格斯用一种白描的方式将这种不公展现了出来。当今世界,资本主义发达国家通过更为隐蔽的方式对发展中国家进行盘剥,将大量的危机留给了发展中国家,我们看到的许多环境优美的发达国家背后,却是将很多重污染重能耗的产业通过资本主义构建的全球体系转移到了发展中国家,以牺牲发展中国家的环境来换取所谓资本主义社会的清洁世界,这是资本主义发展到新的阶段而产生的更隐蔽却更广泛的生态不公。无论恩格斯所处的年代还是当今世界,资本主义的逻辑没有变化,“一个厂主或商人在卖出他所制造的或买进的商品时,只要获得普通的利润,他就满意了,而不再关心商品和买主以后将是怎样的。人们看待这些行为的自然影响也是这样。西班牙的种植场主曾在古巴焚烧山坡上的森林,以为木灰作为肥料足够最能盈利的咖啡树施用一个世代之久,至于后来热带的倾盆大雨竟冲毁毫无掩护的沃土而只留下赤裸裸的岩石,这同他们又有什么相干呢?”[③]

随着资本主义从自由资本主义进入到帝国主义阶段,建立起全球性的资本主义话语体系,技术在资本全球流动的影响下,把全球的资源配置置于异化的过程之中,人类被束缚在技术异化的座架体系之下。资本主义所推崇的资本至上观念腐蚀人的主体意识,马克思说:“恩格斯有理由把亚当·斯密称作国民经济学的路德。正像路德认为宗教、信仰是外部世界的本质,因而起来反

---

① 《马克思恩格斯全集》第3卷,人民出版社2002年版,第418页。

② 《马克思恩格斯选集》第4卷,人民出版社1995年版,第386页。

③ 《马克思恩格斯全集》第3卷,人民出版社2002年版,第280页。

对天主教异教一样，正像他把宗教的笃诚变成人的内在本质，从而扬弃了外在的宗教笃诚一样，正像他把僧侣移入世俗人心中，因而否定了在世俗人之外存在的僧侣一样，由于私有财产体现在人本身中，人本身被认为是私有财产的本质，从而人本身被设定为私有财产的规定，就像在路德那里被设定为宗教的规定一样，因此在人之外存在的并且不依赖于人的——也就是只应以外在方式来保存和维护的——财富被扬弃了。"[①]马克思认为资产阶级把人的主体性同财产私有性等同起来，取消了人的主体性，把人的自我意识同财产的资本化嫁接起来，从抽象的人性出发，认为资本主义私有制的基础在于人的自私本性，从而论证了资本主义的普遍性和永恒性。在完成了资本对于人的主体性意识的异化之后，主体性所支配的技术范式也开始嵌入到工业技术范式异化的过程之中。在工业经济与资本主义的畸形推动下，技术偏离了其作为人的自我主体性显现的初衷，成为资本升值的工具。"资本主义的抽象劳动力的建构在彻底去除人的能力的技术情境方面是独一无二的。资本主义的劳动组织不再嵌入在它所服务的各种社会子系统中，不再受像宗教或父系道德权威这些非技术的行动式的控制。资本主义将技术从这些内在控制中解放出来，在对效率和权力和组织工作和不断扩大到社会体系的其他领域。"[②]工业文明的发展伴随着资本走上神坛，卷裹着资本外衣的异化技术范式成为新的社会标准，工业文明从经济模式上陷入对资本的狂热追逐，资源的过度消耗和环境的不断破坏使得人和自然关系越来越冲突，资本主义异化了人和自然的同时也异化了人和人之间的关系，资本主义不可调和的内部矛盾体现为周期性的经济危机，"在资本主义社会，对技术的控制从工匠转移到企业的所有者及其代理人。资本主义企业在社会机构中间是非同寻常的，拥有很狭隘的目标：利润。追求这个目标的自由，不受尊重社会环境和自然环境的约束；忽视经验教训。

---

① [安]安德意·芬伯格：《技术批判理论》，韩连庆等译，北京大学出版社 2005 年版，第 223 页。

② 《资本论》，郭大力、王亚南译，上海三联书店 2009 年版，第 34 页。

在整个工业化的进程中，受其副作用影响的工人和其他人默默无声”。[①] 无止境的物质消费欲望把人引入到荒芜的精神世界。这些就是“工业技术—资本经济”范式的“反常”的体现，在这种系统中，技术则偏离为人类创造更美好生活的初衷，而是“建立在它所构建的对象的物化的去除情境的基础上。这些基本的技术要素是从特定情境抽取出来的，这些技术要素可以在设备中结合起来，并且可以重新嵌入到任何可以促进霸权利益的情境中。资本主义就是从技术的这些特征的普遍化中出现的，但却是以劳动和自然环境为代价的”。[②]

马克思指出：“正像本质、对象表现为思想本质一样，主体也始终是意识或自我意识，或者更正确些说，对象仅仅表现为抽象的意识，而人仅仅表现为自我意识。”[③]“设定人=自我，但是，自我不过是被抽象地理解的和通过抽象产生出来的人。”[④]人的主体性被资本所替代，人就丧失了自我意识，人的自我意识的丧失，人的主体性就产生了异化。异化消费带动异化生产，异化技术催生异化主体，技术范式和主体意识双双沦陷，资本在完成增值链条的过程中将人的主体性意识捆绑在工业技术范式之中，资本逻辑和技术异化在主体性意识的资本单向中实现了所谓的统一，“技术进步=社会财富的增长（社会生产总值的增长）=奴役的加强”[⑤]，因此在工业文明逻辑体系下的技术范式成为异化人的基本工具，资本动力引导科学发现的目标，成为评判科学技术发展的标准，人类文明在工业文明末期出现了目标迷失和发展动力的缺失。这是基于工业资本的技术范式的自反性的表现，资本异化的科学知识体系异化了人的主体性意识，人的主体性意识的碎片化决定了技术的碎片化，技术的碎片化

① 《资本论》，郭大力、王亚南译，上海三联书店2009年版，第121页。

② ［美］安德鲁·芬伯格：《技术体系：理性的社会生活》，上海社会科学院、科学技术哲学创新团队译，上海社会科学院出版社2017年版，第15页。

③ 《1884年经济学哲学手稿》，人民出版社2018年版，第25页。

④ 《1884年经济学哲学手稿》，人民出版社2018年版，第265页。

⑤ ［美］H.马尔库塞等：《工业社会与新左派》，任立编译，商务印书馆1982年版，第8页。

又将人纳入到了单向度的异化之路，正如英国社会学家齐格蒙特·鲍曼所说的“像所有其他东西一样，现代人类也是技术的对象，他们已经被分解(分成碎片)并且被以新奇方式组合(作为排列或者仅仅作为碎片的集合)。并且这也不是技术一次性的成果：分割和重新组装，不断地继续着并早已成为自我推进的了，因为(技术的后果)只能是对碎片另一种重新组装的综合”①。

异化在工业技术体系下还表现为技术演进和创新体系的异化，创新指的是人们对于社会关系的内在本质及范畴的发现，是对于人类自我解放的自觉实践的反映。技术范式是一个动态发展的系统，技术范式作为自组织系统，其演进有着系统内部的调整和系统涌现，也就是技术范式的自我调整和技术范式的变革。我们可以把技术范式的创新理解为技术范式的自我调整和完善，这种自我调整和完善需要符合社会发展的规律，是服务于人的主体性意识的不断觉醒和深化的。而在工业文明下，人被资本所控制，人的主体性意识被资本异化，人的主体性意识发展偏离了轨道，技术范式创新的目标导向也发生了偏离，技术范式创新出现了畸形。工业文明下的技术范式在结构式的科学知识体系下，形成了单向度碎片化的观察世界的角度，而这种科学知识体系也是为资本主义制度下建立的“控制自然”的观念。“控制自然”自文艺复兴运动以后，被资产阶级意识形态所吸纳，成为内在的有机组成部分和控制人的工具，则必然导致自然和人的双重异化。正如康芒纳所指出的：“技术的谬误，看起来是源于其科学技术的支离破碎的基础。技术在生态上的失败可以溯源到技术的科学基础的相应失败”②。近代科学解构式的观察世界，没有从整体上、动态上把握任何自然之间的关系，自然环境被抽象成为资本化符号和公式，在工业经济的成本和收益比较中被外化了，“过分强调科学方法，强调理

① [英]齐格蒙特·鲍曼：《流动的现代性》，欧阳景根译，中国人民大学出版社2018年版，第13页。

② [美]巴里·康芒纳：《封闭的循环——自然、人和技术》，侯文蕙译，吉林人民出版社1997年版，第133页。

性、分析的思维方式，形成了一种根深蒂固的反生态的态度”。[1] 工业资本支撑下的技术范式演进的技术目标是资本增值的最大化，即资本在技术应用于产业化的过程中实现资本最大化的追求。因此，技术范式的转换是以资本为导向而不是人的自由全面的发展，由此带来的技术范式的演化也只是服务于资本的需求。工业文明背景中人和自然关系的异化在技术范式的演化下非但没有得到缓解，反而变得更加尖锐。这就可以解释随着工业文明进入到后期，人类掌握的技术工具和手段更加强大，技术方案更加复杂，却陷入到一种“发现问题—解决问题—带来更大问题”的恶性循环之中，技术范式的演化没有带来创新，从原来的技术体系的修补逐渐发展成为工业技术范式走向崩溃。

工业文明发展下的工业资本、资本经济与现代技术范式相结合，形成了高度的规模系统性、反自然反生态性和自主性的“工业技术—资本经济”范式，当前工业文明带来的生态危机和风险社会的客观后果，是人和自然矛盾凸显与社会的系统性矛盾的体现。F.拉普认为，技术是一种历史现象，技术对象的产生和使用总有一定的条件，而这些具体条件又有自己的历史背景。[2] 而这个历史背景，就是人类社会文明的发展，从文明演进的趋势和规律来看，人类文明发展的系统进化需要进入到一个新的阶段，就是生态文明时代，就是符合生态系统特性和阙值的基于自然资本的“生态技术—绿色经济”的新范式。

第四节　生态文明的“生态技术—绿色经济”范式

生态文明是人类文明发展的新纪元，是人类反思工业化生产所带来的生态环境危机而对人类发展系统的新的调整。工业文明带来人类财富的不断积

---

① ［美］弗·卡普拉：《转折点》，冯禹译，中国人民大学出版社1989年版，第31页。

② 徐祥运：《论拉普关于技术的历史起源与发展前提的思想》，《自然辩证法研究》1994年第2期。

累的同时也带来了大量的生态危机,资源枯竭和环境恶化使得人类生存和发展的空间愈加压缩。自然资源的稀缺使得工业生产成本不断提高,自然资本的增值成为生态文明发展的新动力。随着生态科学范式的形成和绿色发展技术的不断完善,“生态技术—绿色经济”的发展逻辑成为生态文明发展阶段的人类社会新逻辑。

生态文明是人类文明发展的未来趋势,在生态文明时代中,自然资本成为文明的价值附着物,成为“生态技术—绿色经济”范式的硬核,以生态规律为导向的生态技术范式开始从萌芽期进入成熟期,生态修复技术、生态发展技术等与绿色经济相结合,形成“生态技术—绿色经济”的“保护带”。基于自然资本的“生态技术—绿色经济”的新范式是适应生产力发展体现生态文明的优势的范式,该范式中蕴含的理念不同于原始文明的朴素的自然和谐,也不是农业文明的被动的自然适应,更不同于工业文明的反生态的特性,而是一种全新的符合人类文明发展的新理念。“技术进化经历了从原始技术范式到现代技术范式的转换,现代技术问题的凸显已经使人类开始为技术的未来发展圈定基于生态学和自然资本的框架。”①工业文明下的“技术—经济”系统已经走向了技术衰退与不可调和的矛盾之中,面向生态文明发展的新的“技术—经济”范式将是基于自然资本的“生态技术与绿色经济”范式。其内在结构是由绿色知识的科学体系、人和自然和谐发展的技术目标、自然资本的价值基础、绿色经济的产业载体共同体构成的。

一、绿色知识的科学体系

根据麦金对科学和技术的分析与归纳,其认为科学是一种致力于创造(关于自然现象的)理论的人类活动形式,其根本作用在于加深人们对自然的理解;而技术是一种致力于创造(制作或装配物质产品的)工艺的人类活动形

① 曹利军:《循环经济系统分析:结构模式、运行机制与技术创新》,《生产力研究》2008年第20期。

式,其根本作用在于拓展人类的实践领域。从科学和技术的关系来看,二者经历了从分离到联系到相互促进再到现在的相互融合的过程。科学和技术被看作是人类社会发展的两大工具性力量,自库恩将范式引入到科学领域中,关于科学的范式发展有了新的认识,将原有的被认为是零散的、没有规律的科学演进进行了逻辑归纳,形成对于科学发展的认识。虽然技术发展早于科学,但是对于技术范式的研究要晚于科学范式,但是“技术发展的程序和性质大体与科学类似,可能沿着某一范式所确定的技术轨迹连续前进”。当代科学与技术的发展日趋一体化,呈现出科学技术化和技术科学化的态势。在“技术—经济”范式中,科学是具有内在导向性的要素,工业文明下的“工业技术—资本经济”范式下的科学发展是解构化的、抽象化和碎片化的,“现代人让自己的整个世界观受实证科学支配,并迷惑于实证科学所造就的‘繁荣’。这种独特现象意味着,现代人漫不经心地抹去了那些对于真正的人来说至关重要的问题。只见事实的科学造就了只见事实的人。”①而这种事实却是抽离了自然的割裂的事实,这是造成了现代工业技术与资本主义制度相融合形成的单向化路径。这种做法也给我们留下了一种习惯:“把各种自然物和自然过程孤立起来,撇开宏大的总的联系去进行考察,因此,就不是从运动的状态,而是从静止的状态去考察;不是把它们看作本质上变化的东西,而是看作固定不变的东西;不是从活的状态,而是从死的状态去考察。这种考察方式被培根和洛克从自然科学中移植到哲学中以后,就造成了最近几个世纪所特有的局限性,即形而上学的思维方式。”②

因此,要将“技术—经济”生态化,形成“生态技术—绿色经济”的范式,就需要构建起绿色知识的科学体系。绿色知识的科学体系是基于循环的、全局的认识论,是关于世界运动规律的整体性把握,是剔除工业资本异化的人和自

---

① [德]埃德蒙德·胡塞尔:《欧洲科学的危机和超验现象学》,张庆熊译,上海译文出版社1988年版,第5页。

② 恩格斯:《社会主义从空想到科学的发展》,人民出版社2018年版,第53—54页。

然关系的重新定位。“自然界是检验辩证法的试金石,而且我们必须说,现代自然科学为这种检验提供了极其丰富的、与日俱增的材料,并从而证明了,自然界的一切归根到底是辩证地而不是形而上学地发生的;自然界不是循着一个永远一样的不断重复的圆圈运动,而是经历着实在的历史。”①在这样的科学知识图景中,人对于自身、对于和自然界的关系对于人类社会的运动规律的认识是全新的,绿色生态知识所推动的技术创新是符合自然发展规律的,绿色生态知识体系与绿色技术体系和社会制度体系形成新的生态化的科学技术社会三元互动系统,将自然资本与人类文明演进有机地结合起来。“当我们通过思维来考察自然界或人类历史或我们自己的精神活动的时候,首先呈现在我们眼前的,是一幅由种种联系和相互作用无穷无尽地交织起来的画面,其中没有任何东西是不动的和不变的,而是一切都在运动、变化、生产和消逝。”②

二、人和自然和谐发展的技术目标

基于自然资本的“生态技术—绿色经济”范式的技术目标应当是人和自然和谐发展的,以生态涵养、生态修复促进社会全面发展的体系。技术目标既是技术范式发展的目的也是评价技术发展的标准。传统的以 GDP 为简单模型的技术创新评价体系,是工业资本增值导向的,在这样的价值体系中,技术创新是畸形的,是异化的。以人和自然相和谐作为技术目标,能够引导资源配置向着绿色技术聚拢,形成绿色技术发展的动力来源。技术发展通过激活自然资本,实现资本形态的转变和自然利用方式的转变。人类社会通过工业化的改造之后,人化自然的比例不断加大,地球的承载能力已经接近极限,工业文明和工业技术将地球推进到了人类级的历史新方位。如何让技术更好地为人类的全面发展服务,是未来技术价值伦理需要考虑的问题。人和自然和谐的技术目标将生态化内生到技术进步的演化模式与技术创新的方向和节奏之

① 恩格斯:《社会主义从空想到科学的发展》,人民出版社 2018 年版,第 55 页。
② 恩格斯:《社会主义从空想到科学的发展》,人民出版社 2018 年版,第 52—53 页。

间的关系之中，通过技术主体的生态化选择、技术方案的生态化改进、技术手段的生态化支撑和技术标准的生态化完善，完成“技术—经济”范式的生态化转向。人和自然和谐共生成为技术创新的首要标准。技术的创新需要价值的引领和机制的规制，技术体系虽然自身是中立的，但是技术的创新却是各种社会要素博弈和引导的结果。在技术范式转换的时期，由于外部环境的变化产生了对于技术组织的巨大影响，技术范式的标准和结构进入到一个混沌的时期，原有的知识依赖路径遭到了破坏，新的科学共同体开始形成。生态学的发展来自于人类对于自然界的重新认识，从传统的碎片化、解构化和抽象化的近代知识体系中解放出来，生态技术体系是建立在可持续发展观之上的符合自然演化的无公害技术，生态技术的能源动力来自循环可再生的能源，例如太阳能、风能或者生物能；技术结构是以智能制造、生态技术、信息技术等高新技术为主的绿色技术群体；以各种再生型或低耗型常规技术为补充，以自然资本和自然产权制度为制度支撑，从而形成结构合理的整体性复合型技术网络体系。生态技术体系包含着生态环境修复技术和生态资本增值技术，环保技术实质上属于生态修复技术，是建立在对于人类对生态环境问题造成损害的弥补性恢复。生态资本技术是建立在对于自然资本的内在价值和流量价值的基础上，是以人和自然之间和谐共赢的正和博弈发展模式为导向的新的技术体系。因此生态技术中技术共同体的价值追求和技术体系的评估标准是建立在对于生态自然的保护性的开发和利用的基础上的，是人类主动追求的人和自然和谐发展的主动性的选择，是人类生态文明从浅绿色向深绿色演进的技术体系的外化形式。生态技术体系建立在人的意识在生态文明时代的新的主体性觉醒之上，这种觉醒不是对自然的祛魅，也不是对人主体性异化的辩解，而是重新认识人在自然体系中的作用，人作为系统要素存在于自然界的系统之中。新的生态技术范式是符合技术范式创新的基本模式和价值导向的，是符合技术发展所追求的人的主体性的不断彰显的要求的，是符合技术发展促进人的全面自由发展的本质追求的。因此生态技术既包含了对于人和自然关系的修复也包含了人和自然和谐发展，是具有现实意义和未来需求的，是符合人类社会发展规律的。在“生态技术—绿色经济”范式中，绿色经济的发展是技术创新的价值导向，绿色经济通过资源配置将有利于其自身发展的要素向着生态技术创新领域倾斜，生态创新技术通过技术的升级改造又给绿色经济的发展提供了技术支撑和动力基础，二者形成了良性互动。通过技术主体的生态意识的提升，技术体系的生态化改造和技术评价标准的生态要素引入，建立起基于价值导向的生态技术创新标准体系，规制技术范式的发展向着生态化演进。

三、自然资本的价值基础

自然资本是绿色发展研究不断深化的产物。它的萌芽可以追溯到20世纪五六十年代对经济增长的负效应的反思。自然资本是在一个边界相对清晰的“生态—经济—社会”复合系统内，具有生态服务价值或者生产支持功能的生态环境质量要素的存量、结构和趋势。① 根据范式演化的一般规律，范式的“硬核”决定了范式的内在属性和未来发展趋势。不同的“技术—经济”范式的“硬核”就是价值增值方式的不同。在“生态技术—绿色经济”范式中的生态文明模式下的现代社会，人类的发展要求更为良好的生态环境，因此生态系统的整体性就显得越来越重要，所以说自然资本存量的增加在现代经济社会发展中的作用就日益重要。将自然资本作为“技术—经济”范式的价值附着物，是符合生态文明建设的规律的，也是人和自然在一个发展着的系统中达到动态平衡的着力点。以自然资本的价值增值作为基础，“生态技术—绿色经济”范式的形成和演化是为了能够更好地激活和使用自然资本。由于自然资本的内在属性和价值实现不同于其他的资本，所以其需要的技术体系的配置也是不同于其他资本形态的。生态技术是建立在对自然整体性认识和保护性利用基础之上的，绿色经济是通过自然资本的激活和使用，达到生态效益和经

① 王海滨：《生态资本及其运营的理论与实践——以北京市密云县为例》，中国农业大学博士学位论文，2005年11月。

济效益相统一，自然资本是联系二者的重要纽带，也是实现技术范式演化的“硬核”要素。有了自然资本的价值基础，技术的应用和创新就有了价值标准，经济发展的核算形式就有了新的体系，基于自然资本的生态市场形成，进一步推动“生态技术—绿色经济”范式的发展。生态市场是基于自然资本和生态技术的使用、交易、补偿的经济活动形式，是新的市场经济的统筹要素，也是未来生态文明的市场利益的表现形式，它包含了生态技术的创新、应用和技术转移，也包括了生态资本的使用、交换和补偿。成熟的生态市场是生态技术范式走向成熟的动力来源，是人的主体性的生态需求的必然实现途径，是自然资本完成增值链条的基础平台。因此在市场机制的引导下，自然资本与生态技术范式完成了统一。市场经济体制中统筹人和自然的和谐发展就是建立生态市场体系，通过市场体系的建立来促进生态技术范式的演进。因此基于自然资本的价值基础是“生态技术—绿色经济”范式的显著特征和核心属性，也是“生态技术—绿色经济”适应生态文明时代发展要求的决定因素。

四、绿色经济的产业载体

人类社会同自然界之间存在着动态且相互联系的作用，我们可以通过自然界对人类文明的作用状态来分析人类文明发展同自然界之间的相互关系。自然环境对人类现代化模式、人类“技术—经济”体系和人类社会制度都有生态响应。

斯坦·梅特卡夫认为不管技术与技术进步在资源分配理论或增长与发展理论中地位如何，其在经济中都始终发挥着核心的作用。“技术—经济”范式需要以产业作为载体发挥影响社会的作用，技术经济范式的应用，目的在于发现它们在整个经济中的结构与地位，将会对社会制度与社会变化所产生的影响。自然哲学、科学哲学、技术哲学和科学技术与社会哲学，它们之间的关系同样不仅是并列的关系，而且是要依次揭示由自然到人类社会的生成过程。[1] 从科学到技术到工程已经形成了一条完整的转化链条,产业也成为直接作用于人类的科技转化形式。在产业中,通过工程实践,或者技术发明所创制的产品原型被大量的、规模的生产出来,或者技术发明所创造的新的工业与生产方法被大规模的应用于生产过程,这就是技术的产业化过程,产业使科学技术真正大规模作用于社会。[2] 基于自然资本的“生态技术—绿色经济”范式如果要规模化的推动社会的绿色转型,就需要借助产业的力量,打造绿色经济的产业载体,通过自然资本为轴心的科学技术体系创新匹配出绿色经济产业模式,该经济模式是绿色技术的产业载体,表现为产业目的是自然资本的维持与增值、产业技术方案是自然资本的利用与循环、产业绩效考核是自然资本的损耗与增值。而与之带来的将是社会的整体性跃升,因为在绿色经济中,自然资本推动的技术范式的生态转向的动力机制包括危机驱动机制、理念引导机制、制度推动机制、技术支撑机制、文化推广机制;这涉及人类生产生活的各个方面,通过绿色经济的产业载体,将“技术—经济”范式产生的深刻影响以产业产品的方式进入到社会生活的毛细血管中,形成推动社会生态文明发展的动力。

---

① 吕乃基:《论作为科学技术与社会科学、人文科学桥梁的科学技术哲学》,《科学技术与辩证法》1998 年第 3 期。

② 高亮华:《产业:打开了的人的本质力量的书》,《晋阳学刊》2005 年第 6 期。

第四章　基于自然资本的生态现代化系统建构

人类的生存和发展首先需要从自然界获取物质资料，这是人类历史存在的基础。马克思曾经说过："历史向世界历史转变，不是'自我意识'、世界精神或者某个形而上学幽灵的某种纯粹的抽象行动，而是完全物质的、可以通过经验证明的行动，每一个过着实际生活的、需要吃、喝、穿的个人都可以证明这种行动。"①生态系统给人类社会提供着生态服务。随着生态文明时代的到来，生态系统和基于生态系统提供的生态服务的价值性被认识，自然资本成为"绿色经济—生态技术"的硬核和生态现代化建设的关键要素。

第一节　自然资本的概念和价值

生态现代化发展是21世纪人类共同追求的发展目标，生态现代化追求的经济的可持续增长和生态环境的修复和保护不仅仅是生态问题或者经济发展问题，而需要一个合适的媒介，以便能从生态学、经济学、社会学、法学、哲学等

① 《马克思恩格斯选集》第1卷，人民出版社2012年版，第169页。

层面来研究生态现代化的发展趋势以及内在结构。自然资本正是在这样的背景下提出的，通过分析资本属性在生态文明时代的变化，以自然资本为基础来分析生态现代化，能够梳理出资本属性变化对经济社会发展模式的影响和生态现代化的系统发展。

一、自然资本的概念提出

对于资本的认识，随着社会的不断发展演变出不同阶段的认识。资本概念是伴随着社会经济的不断增长而不断扩展的，它反映了某一时期经济增长的推动力来源。资本概念的不断深化反映了人类对于资本认识的进一步深化。西方经济学家亚当·斯密在其《国富论》中指出，资本是指机器、厂房、工具及改良的土地。这里说的就是工商业经济中的资本概念。实际上，这里所说的土地是指自然环境资源的总称。资本是用于增值目的的经济量，人和经济量均可用为资本，凡是获取利润之物都是资本。当前对于人类可以控制、经营和管理的所有资源，基本可以划分为以下几种，首先是自然物质和信息的存量和流量；生态系统的内在结构、功能和价值衡量体系；人类资源；货币、材料和人造设备；社会的结构、关系和社会功能。根据资本的基本概念人们对自然的价值认识，我们可以把上面的资源划分到相关的资本组成体系，首先是人造资本，人类通过社会经济过程生产出来和改造的资源都是人造资本，这包括货币、收益权、设备、工厂、工具、原材料等；社会资本指的是社会管理体制和生产关系；而人力资本指的是作为改造世界的人所拥有的劳动力、人力和智力；而自然资本则涵盖了生态环境、生态服务功能、基因、生态理念和生态文化等。人类对于这几种资本的认识是随着人类改造自然的深入和对于自身和人类社会发展规律的认识而不断深化的。人造资本是最为直观的被人类生产出来和最容易被价值衡量的，是人类对于财富的最初定义。人类的生产生活组织系统的不断完善，使得人类社会的制度体系的发展更加复杂，对生产和生活也产生了更大的影响，使得人们认识到了生产管理的重要性和社会制度的经济性，也就是对于社会资本的再认识;人力资本是人类对于自身认识的深化的结果,是对于人的智力和创造力的再衡量,体现人类资本概念的进一步的发展,人类对于自然资本的认识建立在生态价值的可衡量性和重要性的认识基础上,其原则上也包括了生态环境质量,但是其关注的核心还是集中在了生态资源的存量问题,人类对几种资本的认识,呈现出从人造资本、社会资本、人类资本、自然资本的先后顺序。人造资本是对生产创造财富的承认,是最早最自然也最初级的;社会资本是对生产管理及其社会基础价值的认可,紧随对生产价值的认可之后;人力资本是对人类智力和创造力的认同,人力资本概念是对资本概念的一次升华;自然资本是对自然生态价值的强调,原则上也包括生态环境质量,但是其内核更关注资源的存量,生态资本是对自然资本的重要补充。从这个认识序列中,也可以明显地看出,人类对生产、生活的要素价值认识逐步深入,逐步完善,从生产自身逐渐扩展到生产所必需的各种外在和基础条件。

弗里曼提出:“我们应该将环境资源看作一种资产或者能够为人类提供各种服务的一种非再生性资本。这些服务是具体的(诸如流水和矿藏)、功能性的(诸如对废物和残余物的去除、扩散、容纳和降解等),或者是非具体的(诸如对景观的欣赏)。”①史密斯认为“自然资源和环境资源均作为有价资产,因为它们为人类提供了大量的有价值的服务”②。

1988年,英国环境学家大卫·皮尔斯首次使用了“自然资本”的概念,并把“自然资本”引入到了可持续发展的研究中去,提出“可持续发展可以按照经济变化进行分类,而标准就是自然资本存在量的稳定性,即环境资产的存量保持稳定”。③ 并试图以人造资本的存量来作为自然资本的衡量标准,提出

① [美]A.迈克尔·弗里曼:《环境与资源价值评估(理论与方法)》,曾贤刚译,中国人民大学出版社2002年版,第18页。

② [美]A.迈克尔·弗里曼:《环境与资源价值评估(理论与方法)》,曾贤刚译,中国人民大学出版社2002年版,第4页。

③ D.W.Pearce,Economic,“Equity and Sustainable Development”,Futures(RU),1988(20).

"任何能够产生具有经济价值的生态服务流的自然资产,并且生态服务都可能产生经济价值,例如热带雨林、臭氧层和大气循环"①。1989 年美国发展经济学家 Malcolm Gillis、Dwight H. Perkins、Michael Roemer 和 Donald R. Snodgrass 在《发展经济学》一书中提出"自然资本是一国现存的自然资源价值,包括渔场、森林、矿藏、水和环境。它们都具有投资能够增加后天资本的存量"②。最广为熟知的自然资本概念的阐述者是美国的著名经济学家达尔曼·戴利,他在 1996 年出版的《超越增长——可持续发展的经济学》中提出:"能够在现在或者未来提供有用的产品流或服务流的自然资源及环境资产的存量——大洋中能为市场再生捕鱼量的鱼量;能再生出伐木流量的现存森林;能产生原油的石油储量。自然资本产生的自然收入是由自然服务以及自然资源组成的。"③R.Costanza 于 1997 年明确提出了"自然资本(Natural Capital)"的资本属性概念,认为"资本"是在一个时间点上存在的物资或信息的存量,每一种资本存量形式自主地或与其资本存量一起产生一种服务流,这种服务流可以增进人类的福利。他没有对生态系统和自然资本进行严格的区分,认为自然资本的价格可以通过生态系统的服务来衡量,而生态系统的服务则来自于生态系统的功能,即生态系统的生物学性质或生态系统过程,并对全球生态系统的服务和功能进行了价值估计。1999 年,保罗·霍肯、艾默里·洛文斯和亨特·洛文斯出版了《自然资本论:关于下一次工业革命》一书,围绕自然资本核心概念,提出了未来人类经济社会的发展需要建立起系统化的以自然资本增值为目标的设计机制,包括从技术装备到生产系统,从公司到经济部门、城市甚至整个经济性。他提出自然资本就是一切支持生命的生态系统的综合,包括常见的为人类所利用的一切资源——水、矿物、石油、森林、鱼类、土壤、空气等,也包括草原、大平原、沼泽地、港湾、海洋、珊瑚礁、河岸走廊、苔原

① D.W.Pearce,G.Atkinson,"Measuring Sustainable Development",CSERGE,1992.
② [美]吉利斯·罗默等:《发展经济学》,中国人民大学出版社 1998 年版,第 168 页。
③ H.E.Daly,Beyond Growth,"The Economic of Sustainable Development",Beacon Press,1996.

和雨林在内的生命系统。[①] 目前自然资本的概念已经引起了世界上众多专家、学者和管理者的广泛关注，也推动了自然资本理论研究的不断发展。生态经济学家重点研究关键自然资本概念，将自然资本进行弱持续性和强持续性的分类，认为自然资本和人造资本是可以相互替代，如果一种经济形态能够创造出足够多的资本以补偿自然资本的损失，那么它就是可持续的，而强可持续标准就是把人造资本和自然资本看作是不同"质"且又能相互补充的，也就是存在着部分自然资本承担着重要和不可替代的作用，这就是关键自然资本。[②] 关于自然资本的估算，即为了保护自然资本，对自然资本进行存量和质量的评价，主要的方法是自然资本功能实现法、自然资本指数法和保护区法。关于自然资本的投资，德哥鲁托提出从分析环境的功能和自然资本经济价值的角度来看待自然资本的投资，自然资本的经济价值是投资的前提，重点研究了自然资本的各种环境功能及其经济价值。

由此可见，自然资本的概念可以界定为支持各生命的生态系统综合，既包括人类利用的一切资源——水、土地、矿物、木材、空气、鱼类等，也包括草原、湿地、港湾、海洋、雨林等在内的生命系统。自然资本既能产生货币化的自然资源，又能产生非货币化的生态系统服务。

二、自然资本的功能和价值

自然资本是生态现代化体系特有的生态经济特殊资本，作为自然和资本相结合的概念，自然资本兼具生态环境的自然属性，也有资本的一般属性，自然资本既遵循着自然规律，也遵循着市场规律，其功能和价值也具有自然和市场的二重性。

---

① ［美］保罗·霍肯等：《自然资本论——关于下一次工业革命》，王乃粒、诸大建、龚义台译，上海科学普及出版社2002年版，第36页。

② 王华梅、程淑兰：《自然资本与自然价值——从霍肯和罗尔斯顿的学说说起》，山西经济出版社2017年版，第9页。

（一）自然资本的功能

在《德意志意识形态》中，马克思恩格斯说："全部人类历史的第一个前提无疑是有生命的个人的存在。因此，第一个需要确认的事实就是这些个人的肉体组织以及由此产生的个人对其他自然的关系。当然，我们在这里既不能深入研究人们自身的生理特性，也不能深入研究人们所处的各种自然条件——地质条件、山岳水文地理条件、气候条件以及其他条件。任何历史记载都应当从这些自然基础以及它们在历史进程中由于人们的活动而发生的变更出发。"①自然资源与生态系统构成了人类社会的一项重要资本——自然资本，其中环境保护是我们对这项资本作出的投资，而生态服务就是我们从自然资本投资中获取的回报。② 自然资本最大的特点在于其具有多重的属性，首先自然资本是自然环境的一个具体的表现形态，自然资本是具有自然属性的，能够产生使用价值；其次，自然资本又是一种一般资本，是具有内在的经济属性的，自然资本要遵循市场的交换规则，要寻求资产的增值保值，其主要变现为一种交换价值；最后，自然资本又有一种新生的属性，这种属性来源于自然生态系统和社会经济系统两者之间的相互作用和影响，这三种属性共同形成了自然资本的基本属性，正是这些基本属性共同作用，从而影响着自然资本的运营的规律。当前自然资本已经不仅仅只是作为提供物质的载体而存在，它更是为人类社会提供了一种能够追求心灵的享受和自由全面发展的服务，全球性的生态危机更是赋予了自然资本以新的作用，那就是生态系统的文化功能的资本化，这种资本化来源于生态环境提供的栖息地的休息功能、提供娱乐享受的服务功能；提供美学以及伦理学信息的信息功能；控制生态进程的控制功能。自然资本既能够以物化的形式存在，也可以以非物化的形式存在，既能

---

① 《马克思恩格斯文集》第 1 卷，人民出版社 2009 年版，第 519 页。

② ［美］杰弗里·希尔：《生态价值链在自然与市场中建构》，胡颖廉译，中信出版集团 2016 年版，第 4 页。

够转变为具体的资源,也可以转变为生态系统服务。2011 年联合国环境署对自然资本的基础成分和典型服务进行简要的归纳。

表 4.1　自然资本的基础成分和典型服务

基础成分	生态系统物品和服务(示例)
生态服务(种类和范围/面积)	娱乐、水资源调节、碳存储
物种(多样性丰富性)	食品、纤维、燃料;设计灵感;授粉
基因(变异和种群)	药用发现、抗病能力、适应能力

自然资本是一个复杂的概念,它执行着四项环境功能,其中两项是直接和生产过程相关的。第一,作为自然界的物质的载体和资源的提供者,它能够给人类社会的发展提供相应的维持生存的食物、燃料和矿产等原材料;第二,它在运行过程中可以对人类消费和利用所产生的废弃物进行吸收和处理,形成一种新的自然资本的集聚和投资;第三,自然资本的环境功能虽然不是直接进行产品的生产,但是在很多方面却发挥着非常重要的作用,在它的联系下,使得环境和生产之间可以形成循环,使得人类的生产具有了可能性,而且它为人类发展提供最为基本的生命支撑功能,例如它提供稳定的气候和生态系统,使得人类社会免除自然界的剧烈波动影响,生态系统通过臭氧层来抵抗太阳辐射、保护地球温度;第四,它能够提供让人们感受到快乐的愉快服务,比如说在风景区里的人们感觉心情愉快,生命的支持功能和产生愉快心理的功能是由自然资本独立于人类活动而直接带来的,但是人类的活动会对资本产生一定的影响,这种影响一般还是负面的,从而进一步影响它们的功能。在以绿色经济为主的现代社会,人类的发展要求更为良好的生态环境,因此生态系统的整体性就显得越来越重要,所以说自然资本存量的增加在现代经济社会发展中的作用就日益重要。

(二)自然资本的价值

从哲学本源的层面来看,价值指的是客体对主体的意义,是主体的需要被客体满足的关系。在自然资本的价值关系中,人类是主体,自然资本是客体,从自然资本功能上可以看出,自然资本能够满足人类生存、发展和享受所需要的物质性生产和属性服务的需要,自然资本对于人类来说是存在着价值的。人类的需要分为生存需要、发展需要和享受需要,而且是逐级递增但是又互为一体的,随着生产力的提高,人类的需求被满足的程度也不断加深,所以自然资本价值是随着人类社会的进步而不断增大的。

1973 年弗里曼明确指出:"我们应该将环境资源看作一种资产或者能够为人类提供各种服务的一种非再生性资本。这些资本是具体的(诸如流水和矿藏)、功能性的(诸如对废物和残余物的去除、扩散、容纳和降解等),或者是非具体的(诸如对景观的欣赏)。"①这就从根本上对自然资源的评判标准产生了不一样的认识,从过去线性的、单向的、唯一价值属性转变为立体的、循环的和多元价值的评判标准。尤其是通过这种观察方式,将过去生态系统作为整体性的价值所在凸显了出来,人类对于自然资源的认识从近代科学的结构式的方式演进到了生态文明的生态化的模式。按照欧洲委员会"关键自然资本与强可持续标准"框架,自然资本的环境功能分为四种,源功能,为人类活动提供资源;沉降功能,吸收、中和、再循环人类活动产生的废物;生命支撑功能,维持生态系统运行;人类的健康与福利功能,直接造福于人类的健康与福利。

"我们要扩充价值的意义,将其定义为任何能对一个生态系统有利的事物,任何能使生态系统更丰富、更美、更多样化、更和谐、更复杂的事物。"②这提出了自然资本产生的价值基础,自然资源的资本化不是货币化,而是自然资源和自然系统的稀缺性与自然资本的增值性(更多的是作为整体性的生态系

---

① [美]A.迈里克·弗里曼:《环境与资源价值评估(理论与方法)》,曾贤刚译,中国人民大学出版社 2002 年版,第 18 页。

② [美]霍尔姆斯·罗尔斯顿:《哲学走向荒野》,刘耳、叶平译,吉林人民出版社 2000 年版,第 231 页。

统存在着的对人的实际意义）。将生态价值理论设定在这样两个基点之上：一是生态系统是由其自身所创造的，这个系统是个整体，有其独立的系统价值。二是客观事物只是通过自身的内在属性获得自身的价值。这种价值，被罗尔斯顿称作客观价值或创造性价值。这就是自然生态系统对现代化进程的内在价值驱动，生态现代化是人与自然和谐共生的现代化，这种现代化一方面将生态系统自身创造的价值嵌入到人类文明的发展中；另一方面将人的客观活动所获得的价值也融入到和自然的物质交换与能量交换，这种交换存在于循环的自然系统要素流动，从而形成了人造自然和天然自然内在的统一，也就是自然资本的内在价值与自然资本的稀缺性价值的统一。

人在对自然的体验中，既发现了自然的已有价值，也在实践活动中不断创造了新的价值，这是进化的生态系统内在地具有的属性，自然是朝着产生价值的方向进化的。传统价值理论认为工具价值划分为三种形式：一是以人化自然的方式而产生的自然的工具价值，即人类通过开发、改造自发性的大自然，使之在满足人的需要的过程中形成的价值。二是以自然的方式而产生的自然的工具价值，所谓以自然化人而形成的自然的价值是指人生存于其中的大自然对人所产生的改造和塑造作用。三是以体验和感受自然的方式而产生的自然的工具价值，指人通过认识和评价大自然而获得的价值认识，是人的主观体验延伸到大自然客观存在中而形成的价值，但并不完全是人的主观投影结果。而自然系所具有的系统价值才是最重要的价值。原因在于生态系统这个生命之源将内在价值和工具价值结合到了一起，形成了系统价值；系统价值并不是部分价值的简单累加或堆砌，而是系统充满创造性、不断转化发展的过程中生成的新的价值，即工具价值和内在价值相互交织，争奇斗艳，创造了物质的多样性、丰富性。事物的内在价值和工具价值不是固定不变的，而是在生态系统网中不断转换，通过限制和维持物种的平衡来保持所有物种生生不息、欣欣向荣，促进生态系统保持动态的和谐与稳定，向着更为高级、更为有序的自然价值方向进化。

以稀缺性来界定自然资源、以增值性来界定自然资本，可以将自然物品分为三类，第一类是不稀缺的自然物品和服务，第二类是稀缺而且市场能够反映这种稀缺性的自然物品和服务，第三类是稀缺但是市场无法反映它的稀缺性的自然物品和服务。这就为自然资源的精准分类、使用和补偿与交易提供了基础，过去对于自然资本的使用和交易以及补偿没有形成分类化和标准化，从而就无法对自然资本的利用形成定量化和定标化的制度规定，使得自然资本多停留在概念上而缺少进入市场资源配置过程的渠道。通过稀缺性来凸显自然资源的重要性，这种重要性不仅仅是经济价值，更是作为人类赖以生存的自然系统存在着的价值，而增值性则为人类在生态文明时代将自然资源转化为自然资本提供了通道。人类社会在发展过程中，不断地从自然界获取资源，自然资源的稀缺性在不同历史时期也有表现，但是自然资本的增值性是在生态文明时代全新激发出来的价值方式，这正是体现了生态资本对生态文明建设和生态现代化进程推进的重要作用，即在价值体系上形成了全新的判断标准。自然价值就是指在生态系统中包括人在内的一切物种之间以及每一个物种与整个生态系统之间的相互作用的一种属性。从人类的诞生来看，对于自然界而言，人也无非是生态系统创造出来的一种价值。价值并不是人类赋予的，而是自然馈赠给人类的礼物。所谓的人的标准是自然界的最高价值，只不过是人类为自己的盲目发展而制造的一种借口。①

基于自然资本的生态现代化研究的逻辑起点是生态资源属于稀缺资源，生态资源作为生态系统存在有其系统性资源。生态系统是一个多种要素创造并形成的整体，具有独立性的系统价值，作为生态系统的整体，自然在演化过程中产生了生命有机体。自然价值是自然系统中最为本源的价值，是第一性的东西，自然价值是一切自然形态的创造者和承载者，是最具有价值的现象，自然资本是自然作为推动人类社会发展的价值性转化。

---

① ［美］霍尔姆斯·罗尔斯顿：《哲学走向荒野》，刘耳、叶平译，吉林人民出版社 2000 年版，第 196—197 页。

自然资本是生态资源资本化的载体，生态资源为人类社会的存在和发展提供着生态资源和服务，为人类提供生态承载平台，它是生态系统的基本构成，也是人类社会得以维系的环境条件和社会经济发展条件。生态资源的自然资本化的理论就是价值论。自然界中的资源是有限的，根据资源的供需关系、获得的难易程度和市场的认可，生态资源是带有使用价值的，这种价值不仅包括了利用自然资源得到的效益，也包括了储存生态资源时曾经付出过尚未得到补偿的代价，以及获取和利用自然资源对生态环境带来的消极影响。生态资源如果不合理的利用，将造成生态环境的破坏，从自然资本角度看，必然带来自然资本的损益，从而影响了经济社会的发展。现代化经济活动中对于自然资源的利用是具有外部性的，主要体现在生态资源在开发、使用、保护和管理过程中造成的生态环境的破坏的外部成本，以及生态环境在修复和保护的过程中所产生的外部效益。这些成本和效益在传统的工业化经济过程中是没有体现的，所以导致了破坏生态环境没有惩罚、保护生态环境的成果被人无偿使用，造成了“公地悲剧”和“破窗效应”，自然资本的价值实现如果无法内生到现代化建设模式中去，必然导致自然资本的损益。如何减少这种损益，减少现代化活动的外部性，只有通过法律、政策和市场的引导，通过生态生产实现生态资源的自然资本化。自然资本是具有明确的所有权归属的，在一定条件下能够转化，给所有者带来效益的具有稀缺性的自然资源。自然资本是一种存量，能够产生未来性和系统性的收入流，是能够实现增值的。生态资源转化为自然资本需要具备稀缺性、效应性和明确的产权性。转化为自然资本的生态资源是具有交换价值和市场价值的，是能够进入到市场中通过形态的转变带来价值的增加的。简而言之，就是生态资源需要进入到市场中，通过生产，带来生态资本的收入流，才能实现从生态资源向自然资本的转换。这种生产，不是传统工业现代化的生产，因为传统工业化生产是无法激活生态资源的自然资本属性的，只有通过生态生产，才能实现自然资本的保值增值，体现了自然资本的价值效用。

将人类社会发展同生态环境统一在一起，在生态现代化系统里实现增值自然资源价值和自然资本，就是保护和发展生产力。生态现代化就是在推动人类社会发展的同时将生态系统的持续健康摆在突出位置，把生态系统服务的"零赤字"作为发展的优先目标，努力促进国家自然资本价值和生态服务价值随着现代化进程而不断增多。

第二节　自然资本与"技术—经济"范式

自然资本概念的引入使自然资源在生态现代化建设中的价值被重新定位，改变了过去在工业文明价值体系中的自然资源的价值形态和价值利用模式，自然资本概念的形成体现了"技术—经济"范式由工业文明时期的"工业技术—资本经济"到"生态技术—绿色经济"转换，以及其中价值附着物由原有的工商业资本转变为自然资源和生态系统提供的生态服务的范式"硬核"转变。自然资本能够解决"工业技术—资本经济"中被忽视的外部性效应，这种外部性决定了在工业文明后期对生产力的阻碍效应大于推动效应，体现为外部性的不断扩大导致生产的逻辑不再成立。自然资本促进了"生态技术—绿色经济"下的可持续发展模式的形成，为生态现代化提供了发展框架，并推动生产力发展，彰显生态文明建设的优势。

一、自然资本与外部性效果

在生态文明时代，"生态技术—绿色经济"逻辑下的价值附着物是自然资本，自然资本的利用方式和增值方法是由自然资源的特点和生态技术的特性所决定的。传统的"工业技术—资本经济"模式是建立在对于自然资源的消耗，尤其是对不可再生能源的消耗基础之上的，是不具备可持续发展潜能的，而在"生态技术—绿色经济"逻辑下，自然资源的可持续利用和自然系统整体化的生态价值决定了生产发展的可持续性和绿色化，能够满足生态文明的发展模式对生产力的绿色转型的需求。

“生态技术—绿色经济”逻辑将自然资本引入，可以解决“工业技术—资本经济”逻辑中无法克服的外部效应问题，这里面需要我们运用一些经济学的概念和方法来进行论证。首先是私人成本和社会成本的问题。私人成本指的是个人或者企业为了从事某种经济活动而必须要支付的相关费用，社会成本指的是社会为了这项经济活动而必须支付的相关费用，具体包括的就是私人在进行这项活动时付出的私人成本加上其他社会主体应为这项活动而付出的成本。按照经济学教科书规律的理想状态分析，任何经济活动都应当是私人成本与社会成本相等，也就是任何生产者进行某项生产活动的时候，他的私人成本必须包括他的活动给整个社会带来的成本，而如果社会承担的成本没有被包含进去的话，两者就是不相等的。在经济学上，私人成本和社会成本之间的差额就是“外部效应”。我们可以以汽车的使用作为一个形象的说明来看一下“外部效应”。当使用汽车时，我们燃烧的油料、汽车的耗损和保养、消耗的时间，这些都是私人成本，都是由汽车使用人自身来承担的。然而这里的汽车使用者的私人成本和社会成本却是不对等的，成本是不一致的。汽车要行驶，社会需要对道路进行养护，还要对汽车行驶过程中造成的尾气污染以及汽车拥堵进行治理，这些活动的成本都需要社会来承担，而且这一部分成本还要远远大于私人成本，这部分汽车使用者之外的其他人承担的而无需使用者来偿还的成本就是“外部效应”。

我们进行技术创新、政府管理、社会发展的最理想模式就是能够实现私人成本和社会成本相一致，为什么这种一致性有如此重要的作用？我们认为，市场调节中那只看不见的手在个人收益和社会收益相联系的时候才能够发挥作用，这是古典经济学家亚当·斯密在《国富论》中得出的最为重要的判断。如何能够使私人成本和社会成本达到一致，简单说来就是当经济活动的决策者能够将所有的社会成本考虑到并纳入到经济活动中的时候，私人成本就能够和社会成本达成一致了。经济学最基本的对人的分析的逻辑出发点就是经济人理性,经济人理性指的是人在从事活动中都会对活动的成本和收益进行比较从而来选择自己的行为模式,行为模式更多的是选择对自己收益最大的活动。而从全社会的角度来看,“合理的”社会化的秩序就是要达到资源配置的“帕累托最优”,即任何人都不可能在不使他人情况变化的前提下使自身情况变得更好。因此在经济人理性分析模式下的主体在基于选择成本最小的社会活动时,如果站在的立场是整个社会层面,其选择就很有可能是选择社会成本最低的方式。因此在寻求利益最大化的时候,个体不仅寻求的是私人利益的最大化还是社会利益的最大化,也就是达到一种经济秩序的“帕累托最优”。

从私人成本和社会成本我们就很容易推导出私人收益和社会收益,私人收益指的是私人在从事经济活动中得到的收益,社会收益指的是社会在这项活动中其他社会成员获得的收益。私人收益和社会收益之间同样也存在着差别。例如发展中国家的一个农民承包了一座荒山,并通过不断的植树造林将其改造成了森林,他可以通过砍伐树木制成木材出口给发达国家的家具工厂获取利益,但是他种植树木的活动还有更多的社会利益(很大程度上主体没有意识到),那就是他种植的森林具有能够净化空气,吸收二氧化碳,为动物提供栖息之地,保持水土流失等生态作用,这些就是社会利益,而且比私人利益要大得多。但是在很多经济活动中,私人成本和私人利益要比社会成本和社会利益更能够引起经济活动主体的关注,所以人们在选择自己的行动的时候,就会更多的选择社会成本大于私人成本而不会选择社会收益大于私人收益的活动。造成的结果就是自然生态系统影响着社会福利,但是生态系统却不能有效地通过市场行为来调控,就出现了“外部效应”。“外部效应”在资本主义工业化生产中被有意无意的忽视掉了,甚至工业化默许并鼓励这种外部性的存在,从而实现工业化推动资本的最大化。工业资本异化的发展,常常导致的结果就是“大自然的报复”,因为这种发展是资本导向的单向度异化发展,就会出现资本主义将对环境的破坏外部化来掩盖资本主义生产的反生态性,但长期积累的外部性最后将给生态环境带来巨大的压力,造成无法挽回的损失。因为工业文明的价值逻辑是反生态的，是将经济发展同生态环境置于对立的零和博弈之中的，是掩盖在异化生产之下的“外部效应”累积。

外部效应的来源从表象来看是两种，一种是某一行为的私人成本与社会成本之间有着差距，或者是私人收益同社会收益之间存在差距；还有一种就是因为产权主体的缺失，人类从事生态资本的开发和利用通常就会面临着外部效应的消除。方法主要是通过税收或者补贴来减少私人成本同社会成本、私人收益同社会收益之间的差距，还有就是通过财产权将外部效应引入到交易的框架中解决，也就是想自然资本的产权和价值概念引入生产中，实现生产的可持续。

二、自然资本与绿色发展

要解决外部性问题，促进生态现代化的可持续发展，需要在当下和未来的利益之间做出公平而且合理的取舍，最大限度的发挥自然资本在推动生产绿色化中的价值作用，从而加快生态文明建设。绿色发展是以效率、和谐、持续为目标的经济增长和社会发展方式。绿色发展的模式从根本上看就是自然资本能否或在多大程度上被人造资本所替代，这决定了发展是弱持续的还是强持续的，这也是弱绿色发展模式与强绿色发展模式之间的根本性差异。弱持续性标准认为在总资本保持不变的情况下，自然资本与人造资本可以相互替代，并给出这种替代性假设：如果一种经济形态能够创造出足够多的资本以补偿自然资本的损失，那么它就是可持续的，早期的生态文明推进中的技术乐观主义多持有这种观点，从而容易导致技术乐观主义。而强持续性标准则把人造资本与自然资本看作既是不同“质”的，又是相互补充的。此时，一种资本的减少不能伴随着另一种资本的追加而使总的资本水平不变。这其实就是将关键自然资本的概念融入到绿色发展的模式之中。所谓关键自然资本就是指不能被人造资本所替代的具有重要环境功能的自然资本。而这一类的自然资本的利用更多的是从自然资本的系统属性价值上实现增值。

“绿色发展可以按照经济变化进行分类,而标准就是自然资本存量的稳定性,即环境资产的存量保持稳定。”①所以持续性的根本是自然资本的持续性供给,这种持续性供给其一是由于自然资本的内在属性所决定,那就是自然资本的内在系统整体性要求在一定程度上要保持各要素的基本存量,才能够保证系统的基本结构;其二也是由自然资本的利用方式决定的,自然资本提供了物质形态上的转化形式,例如从树木变为木材,从木材变为桌椅;其三提供了价值形态上尤其是生态价值形态上的无损转换,即生态系统价值保持不变的情况下,人类所得到的健康、审美等方面的价值,例如大自然森林为人类提供的精神层面上的愉悦和亲近自然的享受,这种价值从物质形态看不存在损耗和转移,而是精神上的价值增值。自然资本的激活需要资源生产率不断地提高,实现人类社会的可持续发展。因此我们可以从绿色发展包含的经济、生态和社会三重底线的角度来评判资源生产率的意义所在:首先,从经济的角度看,提高资源生产率将推动企业更加立足于有利于资源节约和环境友好的技术创新,过去因为污染外部性成本被社会所承担,所以无法体现生态系统的价值性,现在随着生态文明建设和生态现代化治理体系形成,外部性成本要进入生产总成本中,所以提高了资源的生产率,从而有利于降低经济增长过程中的资源投入量,进而降低经济投入的总成本;其次从生态的角度看,提高资源生产率意味着在过程端尽可能提高资源利用率,将自然资本的效益发挥到最大,改变自然资本的利用模式,提高自然资源的转化效率,最终在输出端减少污染排放量,进而保持生态系统的稳定性;最后从社会的角度看,提高资源生产率促使消费模式更多从物质产品转向功能服务,自然资本不同于传统资本增值方法和增值目标,它更多的是通过满足人的生态需求来产生价值,实质上是一种服务型的经济,通过提高这种功能服务经济创造更多的就业机会,从而保证个人和家庭的发展。在保障个人和

① D.W.Pearce,Economy,“Equity and Sustainable Development,Futures(RU)”,1988(20).

家庭发展的同时，提高了人与自然的和谐程度。

第三节　基于自然资本的技术范式重构

技术范式是一个成熟的自组织系统，系统演化过程中包含了技术主体的意识觉醒，而这个觉醒包含了人对于人和自然、人和人以及人与其自身的关系的重新认定。其表现为人认识世界的科学知识体系的更新，人改造世界的技术目标的变化，人评价技术的价值标准的重构。

一、自然资本与范式演化

工业资本对人的异化是资本主义生产关系异化人的外在表现形式，资本主义的资本积累逻辑，工业资本渴望过度生产与过度消费，过度消费刺激过度生产完成资本增值过程，生产异化传导到了消费异化，无止境的索取自然造成了生态危机。进入到生态文明发展的新阶段，人和自然之间的关系需要在生态和价值上达到平衡，自然资本被引入到社会发展的动力系统之中，成为新的技术范式演化的内生动力，这是人类发展的逻辑链条的创新之举。自然资本内生于人与自然之间的和谐共生、协调发展的关系中，从自然资本的内核和存在形式来看，它不同于马克思所分析的工业资本中所体现的人与人之间的生产关系，同时也不属于西方经济学中所论述的人与人关系之下的实现财富积累的物与物之间的关系。自然资本跳出了人和人之间的关系，返本溯源到人和自然之间的关系，自然资本的积累和增值是以生态环境的不断优化为基础的，遂而突破了资本主义下的工业经济的资本剥夺，代表的是人和自然之间的和谐相处。生态文明既是人类文明发展的新形态，同时也是人类反思自身发展和重新定位同自然之间的关系的过程，在这个过程中人的主体性意识开始重新确立。自然资本是生态文明发展过程中最为核心的设定，生态文明发展是以自然资本增值为中心，实现人和自然关系更加和谐的发展。“生态主义者最先建议大幅缩减劳动时间,使劳动者能够重新回到花草树木当中,摆脱生产率的纠缠,能够站得稍微远一点,在顾及与自然关系的前提下思考生产模式、资源和产品的选择问题。"①生态文明的技术范式是基于自然资本的绿色技术,绿色技术范式下的主体性意识是人和自然和谐发展,科学知识体是研究和分析自然的整体性和系统性的生态科学。技术的生态化是技术范式演化现代化的必然结果,"技术的生态现代化包括了绿色资本主义和生态经济两层含义,它既提倡经济的发展,也强调只注重经济话语权的危险性后果;既关注经济体系本身所追求的价格目标,又不放弃该体系所处的具体政治历史条件和自然环境"。基于自然资本的生态技术范式的演化的外在需求在于自然环境与社会生产发展的相统一的发展意愿,内在需求在于自然资本增值带来的人和自然关系的重构与共生,自然资本导向的新生态技术范式创新符合技术范式创新的原生性设定,即促进人在自然环境中的有限度的增长和可持续的发展。人类社会同自然环境之间的关系从原有的零和博弈走向正向博弈,实现人类文明同生态环境之间的相互促进与发展。

二、技术范式演化的一般路径

成熟的技术范式是由"技术硬核"和"保护带"所组成的,"技术硬核"的组成部分是核心技术以及核心技术所限定的技术要素,规范了范式的最基本的功能,是决定技术基本特征和发展方向的决定性因素,技术范式的"保护带"是围绕在"技术硬核"周边的辅助性技术体系。技术范式是一个系统动态的发展过程,是连续的、渐变的,技术范式具有自适应性,从工业技术范式向生态技术范式的转向也是同样遵循这样的基本规律。工业技术范式同生态环境之间的矛盾与冲突是一个逐渐显露的过程,在这个过程之中,工业技术范式也不断地进行自我调整和适应,这是技术范式的自适应性特征的体现。基于自

① [法]塞尔日·莫斯科维奇:《还自然之魅——对生态运动的思考》,庄晨燕、邱寅晨译,生活·读书·新知三联书店2005年版。

然资本的激活机制，新技术在范式演变初期只提供了原有技术体系中的新的体验功能，提高资源利用效率、降低对环境影响的辅助技术，只是按照旧的技术标准进行的内容改造，实际上只是起到了对“技术硬核”进行“技术保护”的作用，但是工业技术范式由于其“技术硬核”没有发生变化，在资本逻辑下无法彻底的改变单向度的发展逻辑，因此基于资本异化的工业技术范式也不断吸纳新技术，但是技术发展的根本出路仍然是维持原有范式体系的稳定。当旧的技术范式发展到衰落阶段，同技术所依托的社会环境之间的矛盾发展到无法调和的阶段的时候，新技术体系冲破技术保护带的角色设置，创新性的技术范式围绕新的技术硬核形成系统。庞大的技术群与技术要素会形成不同的技术组合，新的技术体系形成新的技术范式，以解决原有的技术范式中的“技术硬核”中的矛盾和难题；而如何筛选和组合技术要素形成新的技术范式，其背后有一股力量，而这种力量就是技术的“机会利基”。“机会利基”来自于人类社会发展的需求和技术本身的发展，从技术创新的过程上来看，技术的“机会利基”包括技术范式本身的技术体系的“技术利基”，也包括同市场和环境相联系的“市场利基”。

三、技术范式的生态化重构

基于自然资本的技术范式的生态化重构路径是一个生态技术利基和生态市场利基的结合过程，其重构的动力来自人类社会对于和自然关系和谐发展的新的需求。技术范式的重构是一个系统要素重新纳入和整合的过程，是原有技术要素的破坏性的创新过程。生态文明下的技术范式的生态化重构是以生态科学发展为先导，以生态技术体系为基础，以生态市场为动力，贯穿着基于人和自然和谐共生所带来的自然资本的不断增值。

在技术范式转换的时期，由于外部环境的变化产生了对于技术组织的巨大影响，技术范式的标准和结构进入到一个混沌的时期，原有的知识依赖路径遭到了破坏，面向技术创新需求的新的科学共同体开始形成。生态学的发展来自于人类对于自然界的重新认识,从传统的碎片化、解构化和抽象化的近代知识体系中解放出来,“这些科学以其所展示的天才和严格的怀疑论作风去探究终极真理。它们是在最基础的层次对简单的物质运动进行探索,从而撇开了我们日常经验中的重大的自然史事件的绝大部分,只留下千分之一”①。摆脱传统的有利于资本衡量和增值的数量化的抽象表达自然的科学方式,而是重新确立整体化、动态化和形象化的生态科学体系,重新认识自然界的价值在于自然界各种元素之间的复杂过程,并通过自然运动的整体性得到体现。

生态技术体系是建立在可持续发展观之上的符合自然演化的无公害技术,生态技术的能源动力来自循环可再生的能源,例如太阳能、风能或者生物能;技术结构是以智能制造、生态技术、信息技术等高新技术为主的绿色技术群体;以各种再生型或低耗型常规技术为补充,以自然资本和自然产权制度为制度支撑,从而形成结构合理的整体性复合型技术网络体系。生态技术体系包含着生态环境修复技术和生态资本增值技术,环保技术实质上属于生态修复技术,是建立在对于人类对生态环境问题造成损害的弥补性恢复,“环保技术虽然包含着在人类活动中避免和减少污染的措施,但是在很大程度上是针对会产生有害物质的防治,是一种被动的控制和事后控制,而且通常需要较多的花费”。② 生态资本技术是建立在自然资本的内在价值和流量价值的基础上,以人和自然之间和谐共赢的正和博弈发展模式为导向的新的技术体系。因此生态技术中技术共同体的价值追求和技术体系的评估标准是建立在对于生态自然的保护性的开发和利用上的,是人类主动追求的人和自然和谐发展的主动性选择,是人类生态文明从浅绿色向深绿色演进的技术体系的外化形式,“不是因为污染而去防,不是因为造成污染而去治,因而可以说是一种积极控制或者实现控制,经济上更可行”。生态技术体系建立在人的意识在生

① [美]霍尔姆斯·罗尔斯顿:《哲学走向荒野》,刘耳、叶平译,吉林人民出版社 2000 年版,第 155 页。

② 陈昌曙:《技术哲学引论》,科学出版社 1999 年版,第 278 页。

态文明时代的新主体性觉醒，这种觉醒不是对自然的祛魅，也不是对人主体性异化的辩解，而是重新认识人在自然体系中的作用，认为人作为系统要素存在于自然界的系统之中。新的生态技术范式是符合技术范式创新的基本模式和价值导向的，是符合技术发展所追求的人的主体性不断彰显的要求的，是符合技术发展促进人的全面自由发展的本质追求的。因此生态技术既是包含了对于人和自然关系的修复也包含了人和自然和谐发展，是具有现实意义和未来需求的，是符合人类社会发展规律的。

生态市场是基于自然资本和生态技术的使用、交易、补偿的经济活动形式，是新的市场经济的统筹要素，也是未来生态文明的市场利基的表现形式，它包含了生态技术的创新、应用和技术转移，也包括了生态资本的使用、交换和补偿。成熟的生态市场是生态技术范式走向成熟的动力来源，是人的主体性的生态需求的必然实现途径，是自然资本完成增值链条的基础平台。因此在市场机制的引导下，自然资本与生态技术范式完成了统一。市场经济体制中统筹人和自然的和谐发展就是建立生态市场体系，通过市场体系的建立来促进生态技术范式的演进。

生态文明是人类反思和自然关系并走向一种和谐共生关系的文明载体，生态技术范式是人类融于自然的主体性的技术重构和摆脱异化束缚的工具。工业文明逻辑下的资本逻辑已经进入成本大于收益的高成本锁定困境，而基于自然资本的生态技术范式创新则是人类文明摆脱增长的极限，实现人和自然和谐共赢的发展态势的必然选择。

第四节　自然资本视域下的生态现代化

发展是人类社会永恒的主体，从工业现代化到生态现代化，是人类随着文明进程不断加快，对传统的发展模式造成的各类危机和困境的反思，是对人类发展系统的创新性重构。人和自然的关系是生态现代化建设的核心问题，以自然资本为核心建构“生态技术—绿色经济”范式是生态现代化建设的动力，自然资本的价值理念不仅反映了自然本身的运行状态，更是反映了人和自然关系的新发展，为生态现代化建设提供了坚实的理论基础。

一、自然资本丰富生态现代化理念

自然资本的概念和价值体系本身就包含了丰富的现代化建设生态化转向，自然资本从生态系统和发展系统的全局性考虑了资源、环境、经济、文化与社会的发展问题。联合国在《迈向绿色经济:实现可持续发展和消除贫困的各种途径》的报告中将自然资本价值定位为人类福祉的贡献者，是贫困家庭生计提供者，是全新体面工作的来源。[①] 作为资本理论演进的新概念，自然资本体现了人和自然和谐共生的新关系，自然资本将环境问题放在现代化发展的本身去考虑，而并不是放在现代化的对立面去考虑，有助于人类把生态文明建设融于经济发展的理论中去思考并决策，凸显了自然资源及其提供的生态服务在社会发展中的根本性作用，即用一种新的发展观，也就是人类和自然在现代化过程中能够实现和谐统一。自然资本理论在调整人与自然关系、经济社会发展同环境保护之间的关系、现代化进程与自然环境发展上具有重要的地位和作用。

自然资本为生态现代化战略提供了坚实的自然物质基础。生态现代化不仅仅是理念的更新和文化的创新，更重要的是经济的持续发展。生态现代化如果无法解决经济发展的问题，则缺乏坚实的理论基础，也无法实现合理利用资源、保护生态环境和经济社会现代化系统演化的理论自洽。自然资本的概念和价值理论则为生态现代化建设提供了理论工具。从生产力发展的角度来看，自然资本所提供的生产力既包括无需劳动附加的自然生产力，也包括需要人的劳动加工才能满足人类需要的物质材料。随着人类社会的发展，自然生

---

① 联合国环境署:《迈向绿色经济:实现可持续发展和消除贫困的各种途径——面向政策制定者的综合报告》,2011 年 11 月 16 日。

产力与人的社会生产力共同构成了人类生产力的总和，成为人类社会经济增长的基础。① 经典现代化理论和工业化忽视了自然资本的内在价值效用和基础性作用，没有将外部性成本纳入到生产活动中，而简单地以“生产—消费”的单向度评价来为高能耗高投入高污染的经济发展模式背书，却没有看到这种生产方式中的一大部分产出或者全部产出其实都被自然资本的消耗所抵消，所以工业化的生产规模越大、经典现代化的理论的应用范围越广，成本尤其是自然资本的消耗成本就越大，最后就造成了生态危机的出现和经典现代化的难以维持。因此我们探讨生态现代化问题的出发点和立足点就是要重新来认识自然资源的资本属性、认识生态技术的自然资本增值作用，也就是自然资本如何合理持续的利用。以自然资本的理念来对现代化理论进行整体性思考，更多的是从经济角度进行社会化的引导。现代化理论就是经济体系发生变化反应在整个社会系统的新变化，而生态现代化理论作为现代化发展的新理念，更需要解决好经济角度的论证问题，也就是经济主体在利益驱动下做出的有利于生态环境的良好的经济政策。自然资本概念的提出为解决环境保护与经济发展的关系提供了切实可行的理论指导，也为生态现代化发展的全局性和整体性的经济发展提出了恰当的经济模式。自然资本提出彻底揭露了传统工业化和经典现代化无法实现的经济逻辑，而彰显了自然资源和生态环境的消耗不再是无限且免费的，无成本约束的现代化是无法实现可持续的。在自然资本的价值体系下，生态现代化需要建立其适应大自然本身存在规律的经济体系，以达到现代化进程对生态环境的影响的最小化，从而实现统一人类的经济发展诉求和生态资源的可持续发展以及基于生态技术的再投资体系的建立。

生态现代化表现为自然资本的增值。现代化本身就是人类文明进步的标志，自然资本的可持续利用是人类社会向现代化迈进的重要物质保障。社会

① 王华梅、程淑兰：《自然资本与自然价值——从霍肯和罗尔斯顿的学说说起》，山西经济出版社 2017 年版，第 200 页。

系统的演化需要自然系统供给物质和能量，人类社会的现代化发展的前提就是生态系统能够持续稳定地提供大量的优质的物质能源和资源，而生态系统不是取之不尽用之不竭的，也不是能够无限实现循环和增值的，是需要在一定的范围内才能够实现自我净化、自我增值和可持续循环，也就是我们称之为的增长的极限范围之内，如果超过了增长的极限和生态系统的承载能力，带来的只有系统性的崩溃，因此支撑生态现代化的发展动力需要自然资本实现源源不断的增值，才能够真正推动生态现代化的发展。从人类社会的发展历程来看，人类文明的存续和发展是建立在能够源源不断地从自然获取物质资源，人类社会的进步伴随着人类获取资源的方式、工具、技术的进步。从直接取得自然界天然存在的物质资料到参与到自然进化中去获得更符合人类需求的资源再到当今世界借助科学技术的力量更大范围更深层次的介入到自然环境中，人类社会和自然界紧密地结合起来，人类社会的再生产同自然的再生产协同化达到了前所未有的程度，人类社会的发展影响着自然界的演变和发展，自然系统的变化也深刻影响着人类社会的发展。自然资本的增值方式有两种，一种是自行增值，也就是没有人类参与和影响下的自我增值，例如森林面积的自然增大、动物资源的自然繁衍等；还有一种是在人的影响和参与下的增值，也就是在社会发展的同时实现了自然资源的增长，例如人类的植树造林、生态修复。自然资本的自行增值体现为自然环境能够源源不断地为人类社会提供资源和可用之物，人类社会不断向前发展，开发和利用自然界的资源，自然资本的自行增值就转变为人类社会经济发展的资源，同时人类社会如果实现了生产生活的生态化和可持续化，那么人类社会参与的自然资本的增值就是为自然资本的整体增值提供了前提。在现代化进程中的语境中可以表现为，人类在推动经典现代化和工业化的时候，更多的是将自然资本价值转化为经济价值，一方面影响抑制了自然资本的自我增值，例如工业化时期森林面积的不断减少；另一方面，经济活动的非生态性也无法实现人类参与活动对自然资本的正向促进作用，也就是工业化时期由于生态环境保护的外部性，使得市场主体很少或者几乎不关心生态环境的可持续性，从而变现为经典现代化的是工商业资本的增值和自然资本的损耗。而在生态现代化的发展语境中，一方面对生态环境进行修复和保护，恢复其自我增值的能力；另一方面，通过科学技术的生态化改造和经济发展方式的绿色化创新，使得社会经济活动的发展同增值运动成为正向协同，也就是人类的社会经济活动越生态化。自然资本的价值增值幅度越大，自然资本的增值幅度越大，越能够给社会经济活动带来更多的优质资源和价值，这就改变了传统的经济和环境的零和博弈态势，转变为双向促进的正和博弈，从而达到了现代化进程和生态系统的“帕累托最优”，实现了生态现代化带来的自然资本的持续增值。

自然资本促进了现代化进程的生态转型。自然资本的概念的出现对生态产业、生态市场、生态治理的兴起产生了巨大的推动作用，从而实现了推动现代化进程的生态转型。传统的现代化发展更多地依靠的是人造资本，对自然资本的内在属性和价值挖掘不够，而生态现代化从根本上区别于传统现代化的就是在经济体系中更多的是依赖自然资本的价值增值。自然资本的价值特殊性在于其可以实现价值同其自身的持续相一致，也就是其自身的价值的实现并不影响它整体性存在，甚至在某些程度上还依赖于整体性的存在。例如一片森林提供给我们的空气净化、水土保持、生态愉悦的价值，是不以森林加工为木材为前提的，而是以森林作为生态系统的整体性存在为前提的，而且森林的面积越扩大，森林的自然资本价值就越大，因此通过挖掘自然资本的价值，实现生态系统的可持续发展和经济社会的可持续发展。为了实现这种可持续发展，则需要建立起能够充分挖掘自然资本价值的生态产业，即同时满足经济收益和生态收益的产业。建立这种产业的前提则是建立明晰的自然资本产权体系。只有建立了明晰产权归属的体系，才能够发挥自然资本的优势，规避传统工业化造成的“公地悲剧”和“破窗效应”，通过产权机制可以建立自然资本定价体系，也就为生态补偿机制的实现提供了有效工具，实现了生态破坏成本能够内生到生产过程中，克服生态环境破坏的外部性效应；能够发挥自然资本的保值增值功能，通过明确产权，引导加强自然资本的投资与积累，提高自然资本在社会总资本中的比重，实现自然资本的增值。

二、自然资本促进绿色经济的发展

按照“生态技术—绿色经济”范式的分析，生态现代化的经济模式主要是绿色经济，也就是以自然资本的激活、使用和增值为系统的经济发展方式的转变。将自然资本内嵌到经济发展的模式中，成为绿色经济的核心变量，将原本工业经济模式中无法实现的外部成本内部化的问题解决了，使得生态环境和经济发展实现了双赢，绿色经济成为推动经济社会发展的重要发展模式。联合国环境署在《迈向绿色经济：实现可持续发展和消除贫困的各种途径》报告中就绿色经济的基本内核做了阐释，指出自然资本的增值是绿色经济的显著特征。因此为自然资本在构建生态现代化系统中对经济发展模式的生态化转向提供了价值导向。经典现代化依靠的传统工业，通过工商业资本和人造资本实现价值增长，是建立在对于自然资源的消耗和单循环的生产模式中的。生态经济区别于工业经济在于其发展依靠的是自然资本，自然资本是具有自我增值能力的，是能够同时实现自然收益和资本收益的。自然资本推动绿色经济发展是通过价值形态转变来实现对于市场主体和生产活动的引导的，绿色经济的生态性在于其发挥了自然资本的优势。要发挥自然资本的优势，首先需要将自然资本的产权明晰，只有实现了产权明晰，才能够将自然资本的经济效益释放出来，产权明晰之后，通过自然资本的定价体系，对自然资本的价值进行价格定位，从而实现对自然资本的使用、收益、补偿的定量化，建立健全自然资本的交易与补偿体系，将原来外部化的成本内生到经济运行体系中，实现了自然资本的保值增值功能；只有引导资源配置向自然资本积累流动，通过提高自然资本在社会总资本中的比重，才能够实现资源配置的生态化。自然资本塑造了新的市场体系和运行规则，传统的工业经济体系中，由于资本主义制度的异化作用，使得市场沦为工商业资本实现增值的场所，只有不断地刺激消费，才能够使得资本在生产中实现不断膨胀，因此建立在新古典经济学中的市场均衡理论成为市场运行的唯一机制和动力。工业经济是建立在工商业资本基础之上的，而资本主义的生产方式决定了工商业资本为主导的经济体系的逐利性。自然系统需要协调不同的生态要素以追求一种动态的平衡，而不简单的倡导竞争的作用，是竞争同共生相互作用的。绿色经济是建立在自然资本基础之上的，是围绕生态市场要素展开的经济运行新方式，所以不再是仅仅依靠单纯的竞争机制来调节市场配置，而是竞争与共生制衡基础上的新的市场经济调配规制。在自然资本的绿色经济体系中，自然资本成为最具价值的附着物，对财富体系的判断标准带来了全新的改变。自然资本本身就是一种新的财富观的革命，也就是在"技术—经济"范式中的硬核，从农业文明的土地到工业文明的工商业资本再到生态文明的自然资本，价值标准和价值附着物的改变影响着"技术—经济"结构的演变，从而带来了范式的转换。自然资本本身就是有价值的财富，它彻底颠覆了"工业技术—资本经济"中将资本价值框定在工商业资本财富的观点。传统的价值体系未能纳入自然生态系统，一方面是缺乏相应的定价机制能够对自然系统内在要素和整体性服务进行合理的定价，导致了资源的无序开采和浪费；另一方面，外部性成本缺少进入定价体系的通道，导致了空气、水和生态系统等自然产品成为免费的或者只需付出极少代价的，最后带来的只有无约束的使用造成的外部成本的积累超过了社会承受，因此从整体的社会财富核算来看，是走向了负值的。自然资本概念的提出推动了生态经济的全面发展，催生了与生态经济相匹配的生态国民财富体系，将自然资本纳入到国民经济核算体系当中，在国民核算体系中增加"自然资本"账户，建立 GDP 财富和生态价值财富相统一的国民财富体系。①

基于自然资本增值机制形成了生态产业的集群发展，推动了生态市场的

① 张孝德、梁洁：《论作为生态经济学价值内核的自然资本》，《南京社会科学》2014 年第 10 期。

形成，以竞争和共生相互作用机制为资源调控的机制，构建了生态效益和经济效益相结合的国民财富体系，自然资本是“生态技术—绿色经济”中的价值附着物，推动了绿色经济的发展。

三、自然资本建构生态现代化的新模式

从经典现代化向生态现代化的转变是“技术—经济”范式中的价值附着物从人造资本转向自然资本所引发的。西方生态现代化理论的局限性就在于其没有彻底的改变资本利用形态和方式，试图通过技术的改造升级和市场的引导来实现对于资本主义生产方式和工业化发展的修补，其内在的“西方中心论”和资本主义的内在属性决定了西方生态现代化理论在其世界化的过程中无法同发展中国家和社会主义国家形成共鸣，而沦落为新的资本主义生产方式调整和产业升级的理论工具。自然资本概念的引入解决了生态现代化理论中核心的问题，即如何实现现代化的发展同良好生态环境的统一性，充分利用自然资本的增值特性，在不破坏生态环境和增加对生态环境压力的前提下，通过转变生产方式和投资方式，利用技术创新和制度导向，将现代化的动力系统从原有的消耗自然资源转变为激活自然生态服务。

自然资本调试了现代性中的人类中心主义价值倾向。现代化是人类冲破黑暗中世界，实现人的自我意识觉醒和自我价值实现的哲学内省，从而带来了一系列的社会性影响。现代化倡导的人为自然立法彰显的就是人类中心主义的哲学变革。人类中心主义指的是在本体论层面，人是宇宙的中心；在认识论层面，人是宇宙中一切事物的目的；在价值论层面，从人类本身出发去解释和评价世界的万事万物。[①] 世界观决定着价值观，以人类中心主义的视角去看待世界，人的利益的最大化就是世界万物存在和演变的价值原点和人类社会活动的道德评判。在人类中心主义影响下，现代化以实现人的利益最大化的

---

① 金炳华等：《哲学大辞典》，上海辞书出版社 2001 年版，第 87 页。

面貌登上了历史发展舞台，资本主义制度带来的生产力的巨大变革将人的经济利益最大化等同于人的利益最大化，资本主义同现代化相结合，经典现代化就以工业化和西方资本主义世界化为特征，强调的是人与自然的关系中，只有拥有意识的人才是主体，自然只是作为资源为人类服务的客体。因此在人类中心主义的话语体系下对现代化进行改造，是无法突破传统的价值论的，也就无法实现对于经典现代化理论和资本主义话语体系的扬弃，现代化就会永远烙印着资本主义经济利益最大化的印记，把人类需要尤其是经过资本异化的物的需要作为评判标准的工具主义价值论，强调人的自我利益的满足和需求，而把客体的自然作为一种满足人类需要的工具。正如罗尔斯顿所提出的"我们现代人在开发利用自然方面变得越来越有能耐，但对大自然自身的价值和意义却越来越麻木物质，在一个价值仅仅显现为人的需要的世界中，人们很难发现这个世界本身的意义；当人们完全以一种彻头彻尾的工具主义态度看待人工产品或自然资源时，我们也就很难把意义赋予世界"①。如果要在世界观和价值观层面上实现对于现代化的生态转变，则需要转变人类中心主义价值传统。西方生态哲学在 20 世纪 70 年代提出了非人类中心主义的价值论，认为经典现代化造成的生态危机就是在人类中心主义思想的指导下，在绝对的主客二分思维的影响下，把人置于自然的主人，赋予人掠夺自然的绝对权力，否定了除人之外的所有自然物的生存权利。非人类中心主义者提出了动物权利论、生物中心论和生态中心论等观点，有力地冲击了人类中心主义，但是非人类中心主义由于缺乏对于价值是客体属性又是主题赋予价值的主观性的认识，导致了非人类中心主义过多的演化成了绝对环保主义，无法协调人类生产和生态环境之间的关系，无法在价值观上为生态现代化提供有效的支撑。自然资本概念的出现解决了人的价值需求和自然的内在价值属性彰显的统一性问题，自然资本就是生态价值在人类社会发展体系中与人的价值需求相结合

① ［美］霍尔姆斯·罗尔斯顿：《哲学走向荒野》，刘耳、叶平译，吉林人民出版社 2000 年版，第 231 页。

而产生的资本形态。生态价值就是指在生态系统中包括人在内的一切物种之间以及每一个物种与整个生态系统之间的相互作用的一种自然属性。而人也无非是生态系统创造出来的一种价值。生态价值一方面是由生态系统自身创造的,整个生态系统有其独立的系统价值;另一方面客观事物只是通过自身的内在属性获得自身的价值。人类社会向前发展,必然要从自然界获取资源,必然要同自然界进行要素的交换和循环,人类现代化的发展亦是如此,自然资本将自然的系统价值和要素价值结合在一起,将过去单一的人类价值评判标准拓展到包含了内在价值和工具价值更高一级的价值体系中,从根本上摒弃了经典现代化中仅把自然看作是资料和工具的看法,拓展了人们的价值观念,改变了人们的价值评判标准,为建立科学的生态自然观奠定了理论基础。围绕自然资本的价值体系,现代化在发展理念、市场机制、资源配置、科学技术、社会建制、文化营造方面有了全面的价值引导,以自然资本的激活和增值为目标,现代化冲破了资本主义异化和工业化生产的桎梏,生态现代化以全新的价值理念与哲学内核实现了理论的普遍性适用和实践的具体性应用。

自然资本实现了现代化从驾驭资本向激活自然的转变。世界范围的现代化开始于西方资本主义的现代化,资本主义的生产方式和制度文化对于封建主义的胜利使得资本披上了“现代化”的神圣外衣。后发国家在追赶现代化进程和构建本国的现代化模式中,面对的最重要的问题是如何对待资本主义的问题。马克思指出:“资本来到世间,从头到脚,每个毛孔都滴着血和肮脏的东西。”资本的逐利性产生的异化使得人作为类存在物与自然界的“新陈代谢断裂”,“人的类本质——无论是自然界,还是人的精神的、类的能力变成人的异己的本质,变成维持他的个人生存的手段。异化劳动使人自己的身体,同样在他之外的自然界,使他的精神本质,他的人的本质同人相异化”①。资本主义世界化过程中将资本异化同现代化结合起来,捆绑着资本主义的生产方

① 《马克思恩格斯选集》第1卷,人民出版社1995年版,第47页。

式，建立了经典现代化的世界图景。因此各国在推动现代化的过程中，必然要面临着如何来驾驭资本主义的问题。资本的逐利性让最早完成原始积累的资本主义发达国家占据了最有利的发展位置，掌握了现代化建设的话语权，现代化推动的人类进步要让渡于资本利益的最大化，所以就造成了现代化推进过程中的极不平衡现象，也就是发达国家提出的世界上20%的进入现代化的人要享受最大限度的资源，而这20%的人口所在的国家恰恰就是最先通过经典现代化完成现代化历程的资本主义国家。所以我们看到当今世界在经典现代化的发展道路上，永远不会存在“超车”现象，广大的发展中国家无法顺利实现现代化或者现代化发展历程极其缓慢，其根本原因就是无法实现对于资本的驾驭，反而被资本反噬。完成了现代化进程的资本主义发达国家一方面通过世界工厂分工体系，将发展中国家变为资本主义世界的原料攫取地和产品倾向地，实现资本增值的最大化；另一方面，通过将高污染高能耗的产业转移到发展中国家，实现了资本主义生产方式同生态资源的矛盾的外部化，将资本主义生产中的环境成本转嫁到发展中国家，从而实现了所谓内部的生态现代化。工业化时期造成严重污染的多是发达国家，而到了生态化时期，发达国家自身生态环境的恢复和良好生态的保持是建立在发展中国家的生态环境破坏基础之上的。例如在过去很长一段时间里，美国、英国、德国、加拿大、澳大利亚、日本等发达国家每年都向中国、马来西亚、菲律宾等亚洲多个发展中国家出口数量惊人的“洋垃圾”。东南亚国家面临的“洋垃圾包袱”愈加沉重。以马来西亚为例，根据德国媒体提供的数据，2017年，德国向印尼出口的塑料垃圾为600吨，而在2018年前10个月，这一数字增加到4.95万吨。另有数据显示，2018年前6个月，出口到马来西亚的垃圾从2016年的16.85万吨上升到45.6万吨。[①] 经典现代化是以资本驱动工业化作为动力的，发展中国家如果走经典工业化道路，必然要面对资本异化和资本反噬的问题。自然资本的

① 《发展中国家不是富国“垃圾场”》，《人民日报》（海外版）2019年7月18日。

概念的出现,使得发展中国家寻找新的发展道路成为可能,也为发展中国家实现现代化的生态转向提供了可能性。自然资本是具有资本特性的,即要求其本身需要在不断地生产生活循环活动中实现价值,但是自然资本的价值实现是以自然系统的存续和良性循环为基础的,而不是以自然要素的损耗为前提的,它的价值实现需要建立在良好的生态环境基础之上的。发展中国家良好的生态系统就是最大的财富集中地,是最具发展潜力的,也是发展中国家现代化建设的动力基础。围绕自然资本的激活和开发,形成了不同于传统工业化推动现代化的生产模式,生态农业、生态旅游、生态康养产业的兴起给发展中国家探索经济发展与社会进步提供了新的机会和工具,跳出了传统工业化接力排序的发展模式(发达国家将落后淘汰技术转移到发展中国家,发展中国家承接发达国家的落后和污染产业),提供了现代化发展的新路和弯道超车的机会。自然资本的核算与交易体系的建立,使得发展中国家的生态资源不再是"免费的午餐",而成为市场上"炙手可热的宠儿",过去掩盖在资本主义世界化下的外部性成本浮出水面,自然资本富集的地方成为市场要素集聚的地方,发展中国家获取到了更多的发展机会和资源。西方生态现代化理论建立在经典工业化理论的修补与升级之上,其逻辑前提是要完成经典现代化,而发展中国家实际上无法完成或者超越经典现代化,从而无法实现生态现代化,导致了生态现代化仅仅在发达资本主义国家做尝试,而无法指导发展中国家的现代化。自然资本有效解决了资本的异化和反噬效应,提供了发展中国家实现生态现代化的另一种途径,为处在追赶现代化进程中的发展中国家实现经济发展与生态环境保护双赢,探索适合本国的生态现代化发展模式在价值体系方面打好了基础。基于自然资本的生态现代化发展是发展中国家突破发达资本主义国家现代化壁垒的新方式,有助于生态现代化的理念与发展中国家的具体阶段和具体国情相结合,实现生态现代化理论的新发展。因此以自然资本为基础推进生态现代化是发展中国家实现人与自然和谐共生的现代化的最重要方式。

自然资本推动的生态现代化反映了人类社会从资本主义制度向社会主义制度发展实现两个和解的历史必然。自然资本的提出是对西方发达国家将资本主义同现代化等同起来的新挑战，为社会主义制度激发自然资本实现人类与自然的和解以及人类本身的和解提供了价值基础。人类社会的发展离不开自然界，自然界提供了人类活动所需要的基本物质材料，人在改造自然的过程中实现了自身的进化，自然界只有和劳动结合在了一起，才是一切财富的源泉。经典现代化带来的生态危机，不是人类改造自然的必然结果，而是人类改造自然的方式出现了问题，造成了人和自然关系的矛盾，所以生态环境问题解决需要的就是人和自然的和解。现代化是人类生产力发展的表征：一方面，人通过劳动摆脱了动物式地对自然界的依赖，“人离开动物越远，他们对自然界的影响就越带有经过事先思考的、有计划的、以事先知道的一定目标为取向的行为的特征”①。另一方面，人的发展离不开自然界并应当遵循自然界内在的规律，“我们绝不像征服者统治异族人那样支配自然界，绝不像站在自然界之外的人似的去支配自然界——相反，我们连同我们的肉、血和头脑都是属于自然界和存在于自然界之中的；我们对自然界的整个支配作用，就在于我们比其他一切生物强，能够认识和正确运用自然规律”②。要解决经典现代化造成的人和自然关系的冲突，在人类社会发展过程中实现人和自然的和解与实现人类本身的和解是人类社会面临的大变革。人和自然的和解包括了如何实现人和自然的和解，是推动人类社会发展面临的第一性的问题。社会实践活动是人类和自然界之间理解的中介和桥梁，人只有通过社会实践，才能够更加深刻的把握自然界的规律以及人同自然之间的关系，人类史和自然史才实现了统一。人的生产、人类社会的产生和发展是人的有目的的社会劳动，人的对于自然的科学认识是关于自然演化和发展的历史过程的认知，科学的即不必然是自然史过程，与自然而上的辩证构造在实践基础上实现了统一性。人和自然

① 恩格斯：《自然辩证法》，人民出版社2018年版，第312页。
② 恩格斯：《自然辩证法》，人民出版社2018年版，第313—314页。

的和解,没有陷入到浅薄的泛生态主义即人类要回归到刀耕火种的自然的奴隶时代,而是提倡一种更为积极进步的自然利用方式,即在生产中认识到自然规律,又能够通过对自然规律的认识来提高生产的生态性。“这种事情发生得越多,人们就越是不仅再次地感觉到,而且也认识到自身和自然界的一体性,那种关于精神和物质、人类和自然、灵魂和肉体之间的对立的荒谬的、反自然的观点,也就越不可能成立了。”①现代化在资本主义的逻辑链条中,资本增值与单向度的技术发展相结合,构成了“生产—消费—废弃”的运作模式,在这样的链条中,“在各个资本家都是为了直接的利润而从事生产和交换的地方,他们首先考虑的只能是最近的最直接的结果……关于这些行为在自然方面的影响,情况也是这样”②。在资本增值的裹挟下,生产脱离了本质,成为资本增值的工具,在这个异化过程中,人和自然界的关系也异化了,自然界不再是人类诗意栖息的场所和不可分割的一部分,而成为仅仅可以计算为利润的原材料和无所顾忌消解人类废弃物的天然垃圾场。在资本的异化之下,生产不是生产的力量而成为破坏的力量,因此我们要解决现代化的“异化”,应当是“社会重建”,用一种新的社会制度来实现人和自然的平衡。

人类只有掌握了自然的规律,才能够从更长周期来审视自身活动给自然界带来的后果,才能够提高人类活动的预见性,因为世界是普遍联系又是一直运动的,而且这种运动是有着自身的规律的。只有建立在唯物辩证的认识自然界的基础之上的人的活动,才是真正能够推动人类文明持续发展的活动。人类只有掌握了自然的规律,才能够从更长周期来审视自身活动所给自然界带来的后果,才能够提高人类活动的预见性,因为世界是普遍联系又是一直运动的,而且这种运动是有着自身的规律的。“在自然界中任何事物都不是孤立发生的。每个事物都作用于别的事物,反之亦然,而且在大多数场合下,正

① 恩格斯:《自然辩证法》,人民出版社 2018 年版,第 314 页。
② 恩格斯:《自然辩证法》,人民出版社 2018 年版,第 316 页。

是忘记这种多方面的运动和相互作用，才妨碍我们的自然科学家看清最简单的事物。”①20世纪自然资本的兴起引起了广泛关注，生态经济学倡导将生态学和经济学相结合，将生态学的观察方法和研究成果引入经济领域，以自然资本导向来提高人类经济活动的生态性，推动地球的可持续发展，这一度成为人类解决环境保护和经济发展零和博弈困境的方法实现人和自然和解的基本路径。就是在认识自然界的客观的运动着的联系着的规律基础之上的劳动，才是将自然和人类统一的最佳形态，这恰恰为生态现代化的产生和发展做了哲学上的探索与开辟。通过倡导对自然资本的使用和增值，提高人类活动的生态性，祛除资本异化对人和自然的影响，只有通过两大“提升”达到两大“和解”，才能实现促进人的自由全面的发展。因此建立新社会形态，通过完成社会革命实现人和自然的和解，使人类的活动能够实现“社会化的人，联合起来的生产者，将合理地调节他们和自然之间的物质交换，把它置于他们的共同控制之下，而不让它作为盲目的力量来统治自己；靠消耗最小的力量，在最无愧于和最适合于他们的人类本性的条件下来进行这种物质变换”。只有生产资料社会占有并有计划的实现利用，将劳动从异化中解放出来，复归生产的真正目的，才能够实现对于人和自然界的统一和谐的发展，才能在人的全面自由的发展中成为“自然界自觉且真正的主人”。社会主义制度蕴含的是社会的重建，通过重建达到人与人、人与自然的生态意蕴，是在同环境和谐共生状态中实现着人的全面自由的发展，由于社会化的生产与生产资料的全社会占有，人类活动和自然界的存在摆脱了资本的异化。自然资本出现颠覆了对于经典现代化路径的认识，为生态现代化与社会主义实践找到了结合点，体现了人类社会发展规律同生态系统演化规律的统一，将现代化的语境从资本主义体系跃升到了社会主义系统之中。

基于自然资本的生态现代化理论体系是对传统的工业化发展和资本主义

① 《资本论》第1卷，人民出版社1975年版，第926—927页。

现代化图景的扬弃，解决了困扰西方生态现代化理论的"西方中心论"的缺陷，为发展中国家寻求适合本国的现代化道路提供了新的工具，为探索人与自然和解的现代化道路提供了新的路径。通过基于自然资本的生态现代化理论来观察中国的现代化历程，能够从"技术—经济"演化体系中认识到生态现代化的中国模式。

第五章　中国现代化历程探索与转型

中国从清末的“师夷长技以制夷”到“西学东渐”，从器物引进到制度模仿，卷入了世界现代化的进程之中，但是这种现代化是被迫作为原料攫取地和产品倾销地的殖民地特性进入到世界资本主义的市场体系中。欧美列强以坚船利炮打开中国市场，扼杀了民族资产阶级和小资产阶级发展，扶持官僚资本主义作为代言人，实际上对中国的现代化进程起到的是消极的作用。1911 年辛亥革命，推翻帝制，资产共和的思想被推上历史舞台，走的是将西方现代化道路和方式嫁接到中国发展的模式，但是由于中国自身的发展基础和特点的先天不足，这种模仿式的现代化道路最后也走向夭折。中国共产党带领全国人民实现抗日战争和解放战争胜利、建立新中国之后，面临的一个新的命题和挑战就是如何实现现代化，这始终是中国共产党在建设社会主义国家进程中探索的问题。随着中国特色社会主义道路的开创，对于现代化的认识也在随着时代的发展不断变化，从传统的工业化到五位一体发展的现代化，中国的现代化面临着三期叠加效应，分别是追赶现代化进程、人口资源环境之间的冲突和生态现代化发展的新趋势。中国人民在中国共产党的带领下，以现代化为主线不断拓展现代化的实现路径，可以看作中国七十多年来发展的缩影，是中国从驾驭工业资本向激活自然资本的历史过程，是寻求将社会主义制度同生态文明建设相结合，探索适合中国国情和发展阶段，走一条人与自然和谐共生的生态现代化道路的历史进程。

第一节　新中国成立前的艰难探索

1911 年辛亥革命是中国近代现代化过程中重要的转折点，它把阻碍现代化的制度障碍封建王朝统治推翻了，这场现代化运动的主体是多元化的，有地方进步乡绅、有革命党人、有各省的工业商业实力派。辛亥革命标志着中国进入到了一个快速的革命时期，民族的广泛觉醒和群众性运动的不断高涨，开始缓缓推动中国社会向现代化转向。现代化发展从过去的制度层面的修补向由共和思想再造一个适合现代化发展的制度转变。辛亥革命之后中国社会的走势，充分地说明了中国特殊的半封建半殖民地特性面对西方现代化理论和浪潮的不适应性，帝制复辟显示了强大的封建残余势力的影响，军阀混战则体现了不同殖民主国家对中国殖民地的影响。现代化进程犹如中国的民族资产阶级一样，在夹缝中艰难的生存和前行。但是我们仍然可以从危局中看到希望，随着中国现代化从制度层面向着更深的文化层面深入，中国开始呈现出不同于西方现代化的自我意识的觉醒。西方现代化强调的理性，是将人从中世纪的神学统治中解放出来，确立人的主体性，在经济社会表现为保障和确立人的私人财产神圣不可侵犯，新教伦理推崇的解放与资本主义追求的自由结合在一起，科学的发展和重大成果的出现对神权统治的基础形成了毁灭性的打击，理性与科学，这是西方现代化的人文化层面的动因。不同于西方欧洲中世纪的神权（更多的是以教权形式存在）高于皇权，教权在社会运行之中对相对分散而没有形成大一统的皇权而言更能发挥调节社会运行的功能，中国传统社会中长期大一统和高度集中的皇权统治，使得神权束缚在中国基本上没有土壤，所以中国的现代化的文化突围不是对神权的冲击，而是对皇权的批判与解放，这就是中国现代化进程中不同于西方在接受绝对理性精神方面的悸动。

而在面对西方制度中的民主思想，中国民众则显得更为积极，这同民族资产阶级在中国现代化革命中的发展息息相关。资产阶级一直是市民社会中的中坚力量，辛亥革命之后，由于国家在军阀混战下呈现出涣散的割据状态，经济权力脱离了政治权力在社会运行，资产阶级在这一时期内表现得非常积极，这一时期资本主义在中国找到了发展的黄金机遇。在资本主义民主浪潮的催化下，很多新运动带着现代化的文化基因开始出现，文学革命、平民教育运动、男女平等开始出现，各种西方社会思潮也纷纷登场，例如马克思主义、无政府主义、实用主义等。从辛亥革命之后的资产阶级开始推行西方启蒙运动思想再到五四时期的德先生和赛先生，我们一方面看到了西方的现代化思想对中国社会的发展起到的巨大的震撼和推动作用；另一方面我们也看到了，中国独特的传统文化土壤对西方现代化理论的改造和吸收，从 1898 年的维新运动到梁启超的新民观念，再到五四时期新青年、新文化、新文学的一系列宣言，新这个词儿几乎伴随着旨在使中国摆脱以往的镣铐，成为一个现代的自由民族而发动的每一场社会和知识运动。因此，在中国，现代性不仅含有一种对于当代的偏爱之情，而且还有着一种向西方寻求新，寻求新奇这样的前瞻性。因此，在中国，现代性这个新概念似乎在不同的层面上继承了西方资产阶级现代性的若干常见的含义：进化与进步的思想，积极地坚信历史的前进，相信科学和技术的种种益处，相信广阔的人道主义所制定的那种自由和民主的理想。正如B.史华慈教授指出的，这些自由主义价值观念中有一些在严复及其同代人的著作里得到一种颇有中国特色的重新解释；对个人的信念则与一种狂热的民族主义结合在一起，那是出于一种着眼于使民族富强的目的。①

辛亥革命出现之后，中国出现了向资本主义发展新趋势，但是这场革命却没有将中国引上富强民主之路，中国的现代化却进入到了一个更加曲折的进程。从帝制走向共和的历程中，中国在武装的革命对武装的反革命的斗争中

---

① ［美］费正清、费维恺：《剑桥中华民国史》，刘敬坤译，中国社会科学出版社 2006 年版，第 59 页。

不断推进民族自我意识觉醒和对富强国家的追求，中国的现代化开始就经历了残酷的血与火的斗争。孙中山创立了新式革命党，在广州建立了国民革命军，虽然短暂统一了中国，但是随后而来的割据与战争，将资本主义共和梦想击碎。蒋介石完成对国民党的改造之后，使其成为帝国主义在中国的代言人，表面上完成了西方资本主义对中国的改造，而实际上却从某种程度上将中国的现代化隔绝在了世界现代化进程中，这既有中国传统的延误也有主导现代化的大资本家及其代言人的将西方工业现代化强加于中国所显现出来的不适应性。历史明确地表明了，现代化既是一个发展的过程也是一个发展的目标，它是国家从落后走向发达，来追求国家富强人民幸福的历史进程。最先开始现代化进程的西方国家以现代性作为核心理念，以科学技术作为推手，以资本主义制度作为体系，这是根植在西方历史和文明土壤之中的，对于中国来说，实现国家富强和人民幸福的现代化目标是确定的，而走向这个目标的道路和手段，则是需要我们自己立足于自己的实践才能获取的，这就是近代以来无论是封建统治者还是中国民族资本主义之所以苦苦追寻但却没有找到现代化道路的深层次原因。在中国的资产阶级寻求现代化的过程中，无产阶级在中国也同时出现并走上历史舞台，接受了马克思主义的指导，新的具有最强烈革命精神和最先进阶级组成的中国共产党诞生了，并在不断的革命斗争经验中认识到需要将理论同实践相结合，尤其是马克思主义中国化的发展是中国共产党能够带领中国人民取得历史性胜利的法宝。中国共产党推翻了压在中国人民头上的三座大山，建立了独立自主的国家，开启了中国现代化的新篇章，就像把过去的临摹画撕掉，在一块全新的画布上开始描绘新的现代化探索。

第二节　新中国成立初期的现代化萌发

1949 年新中国成立，标志着中国人民开始自主探索自己的现代化道路，但是中国刚刚从连年的征战中解放出来，面对战争疮痍和千疮百孔的国民经济，现代化道路的起点就是弥补农业生产和工业生产的现代化。早在革命时期，中国共产党的领导集团就开始思考未来中国发展如何实现现代化，1945年，毛泽东同志在《论联合政府》一文中就提出工业、农业现代化的问题，他说："为着中国的工业化和农业近代化而斗争。"1954 年 6 月 14 日他在《关于中华人民共和国宪法草案》的讲话中说："我们的总目标，是为建设一个伟大的社会主义国家而奋斗。我们是一个六亿人口的大国，要实现社会主义工业化，要实现农业的社会主义化、机械化。"新中国成立初期，我们对于现代化的认识更多的是从工业现代化带动农业现代化的发展模式，因为工业文明在两次科技革命的影响下，已经在全世界形成了不可阻挡的潮流，国家实力和博弈与国际地位的确立都是以工业生产的能力作为判断的标准。作为一个从半封建半殖民地进入到社会主义阶段的发展中国家来说，不可避免地要以工业化作为现代化发展的基本方式。

随着国民经济的不断恢复和发展，对于现代化的认识也从传统的经济发展模式上升到国家各要素的相互协调，从生产认识逐步过渡到全局工作的认识。形成关于"工业、农业、国防和科学技术的现代化"即"四个现代化"的认识。从 1959 年末至 1960 年初，毛泽东在读苏联《政治经济学教科书》笔记中，提出了"工业现代化，农业现代化，科学文化现代化，国防现代化"的"四个现代化"。1964 年，按照毛泽东同志的指示，周恩来同志在三届人大的政府工作报告中指出："从第三个五年计划开始，我国国民经济的发展，可以按两步来设想：第一步，用十五年的时间，即在 1980 年以前，建成一个独立的比较完整的工业体系和国民经济体系；第二步，在本世纪内，全面实现农业、工业、国防和科学技术的现代化，使我国国民经济走在世界的前列。"中国的现代化从单纯的器物层面上升到科技方面，从以工业为主形成四个方面的全面现代化。"我们要实现农业现代化、工业现代化和科学技术现代化，把我们祖国建设成为一个社会主义强国，关键在于实现科学技术的现代化……我们落后于世界先进水平……我们应该迎头赶上,也可以赶上。”①

在形成“工业、农业、国防和科学技术的现代化”的“四化”认识后,现代化道路成为中国发展的主线,建设现代化国家成为中国共产党发展的定标,因此毛泽东还把“四化”上升到一个新的高度,即通过“四化”的道路实现现代化的目标,要“把我国建设成为一个社会主义的现代化的强国”②。“社会主义的现代化的强国”,也就是毛泽东说的“伟大的社会主义国家”,成为我们国家建设的总目标。有了宏观的目标和战略路径,现代化建设就以工业生产为主线开始。如果说新中国成立初期面临解决马尔萨斯陷阱问题,通过对于自然资源的高强度利用实现解决人的吃饭问题的话,那么社会主义现代化强国目标提出就是为了解决中国工业化进程,而采取以自然资源驱动的现代化追赶模式。目标导向的变化使得对于自然资源的利用方式和强度发生了重大改变,计划经济加资本刺激,中国通过有计划的实施国民经济恢复和发展的五年计划,建立起了高资源高能耗高资本密集的现代化发展模式。

第三节 改革开放形成生态现代化取向

党的十一届三中全会之后,我们的中心工作从“阶级斗争”转向“经济建设”,对现代化认识也发生了重大转变。一方面,将过去认为的“四个现代化”的认识更进一步,指出从物质生产到政治制度都需要现代化,“四个现代化”不是现代化的全部,“文革”之后重新出来主持工作的邓小平同志在1978年党的十一届三中全会提出“社会主义现代化建设”时指出,社会主义现代化建设的内容需要不断的扩展,延伸到更多的范畴中,要包括经济现代化、政治现代化、法制现代化、社会现代化、教育现代化、人的现代化等诸多方面。他指

① 《周恩来选集》下卷,人民出版社1984年版,第412—413页。
② 《毛泽东文集》第八卷,人民出版社1999年版,第341页。

出:“现代化建设的任务是多方面的,各个方面需要综合平衡,不能单打一。”①由此可见,社会主义现代化建设是全面的现代化建设,社会主义现代化是全面现代化。尤其是制度的现代化,更是提高到了关系现代化是否能够完成的关键位置。1979 年邓小平在《坚持四项基本原则》等文章中指出,“没有民主就没有社会主义,就没有社会主义的现代化。”“民主化和现代化一样,也要一步一步地前进。社会主义愈发展,民主也愈发展。”②要实现“社会主义国家的民主化”③,“使民主制度化、法律化”④。邓小平非常清楚,现代化当然不能没有民主化、制度化、法律化(法治化)。另一方面,中国的现代化建设也注重发展的模式和环境容量之间的关系,现代化的制度建设方面,也开始探索通过生态环境保护的制度化来推进生产的生态化。

关于现代化的发展目标,虽然经过新中国成立初期的曲折探索,但是对于现代化的发展目标仍然没有放弃,对于走现代化道路发展仍然还在继续努力。其中最重要的论述就是“三步走”战略,它是邓小平理论的重要组成部分,是改革开放后我们党提出的第一个现代化发展战略。1978 年,党的十一届三中全会决定把全党工作重心转移到现代化建设上来。次年,邓小平同志提出到 20 世纪末中国现代化建设的目标是达到小康。小康目标从中国国情出发,用人均国民生产总值来衡量,使现代化目标更为清晰。1987 年,邓小平同志完整概括了“三步走”经济发展战略。同年,“三步走”战略写入党的十三大报告:“党的十一届三中全会以后,我国经济建设的战略部署大体分三步走。第一步,实现国民生产总值比一九八〇年翻一番,解决人民的温饱问题。这个任务已经基本实现。第二步,到本世纪末,使国民生产总值再增长一倍,人民生活达到小康水平。第三步,到下个世纪中叶,人均国民生产总值达到中等发达

① 《邓小平文选》第二卷,人民出版社 1994 年版,第 250 页。
② 《邓小平文选》第二卷,人民出版社 1994 年版,第 168 页。
③ 《邓小平文选》第二卷,人民出版社 1994 年版,第 169 页。
④ 《邓小平文选》第二卷,人民出版社 1994 年版,第 146 页。

国家水平,人民生活比较富裕,基本实现现代化。然后,在这个基础上继续前进。”

根据环境库兹涅茨曲线,在经济发展从低水平走向高水平的过程中,经济发展与环境关系将会出现恶化,经济发展与环境保护之间呈现出零和博弈状态,这是发展尤其是工业发展必然要经历的过程。改革开放初期,虽然我们已经对生态保护有了初步的认识,但是经济发展的冲动仍然占主导地位,加上相应的绿色生态技术发展还处于萌芽状态,我国的自然资源的承载压力还是很大。人均生态占用是当前学术界对于自然资源承载和人类活动对自然资源影响的一种计算方法和衡量工具,根据相关研究和测算,改革开放初期从1980年到2000年,我国人均生态占用增加了73%,这一方面说明随着生产力不断得到解放,中国人民的消费能力和生活水平不断提高;另一方面也说明了我们的现代化建设是建立在大量消耗自然资源基础之上的,人口的增长、经济的发展与自然资源消耗量成正比,对资源的需求量不断增加,有些地区已经超过了自然的承载能力,生态赤字不断增加。1980年在改革开放初期,我国的生态赤字就已经到了0.275,显现为生态空间的不足,这还是在当时的生产力水平还较低,物质供给还相对匮乏,居民消费的能力相对弱的情况下,到了2000年我国的人均生态赤字已经翻了两番,人均承载能力只为世界平均水平的1/3,而我国的现代化建设在2000年还正处于爬坡过坎的时期。由此可见,我国的自然环境承载能力已经无法继续支撑传统的工业化模式,生态危机开始显现,对现代化发展提出了新的要求。

第四节 生态现代化的尝试

新的现代化发展目标确立之后,对于如何实现现代化目标的发展道路也有进一步的思考和调整。这集中表现为可持续发展理念进入到中国现代化发展模式之中,现代化发展要注重人口、资源和环境之间的关系。在20世纪90

年代制定“九五”发展计划的时候,就明确要把可持续发展作为重大战略写入现代化建设过程中。江泽民在《正确处理社会主义现代化建设的重大关系》中指出:“在现代化建设中,必须把实现可持续发展作为一个重大战略,把控制人口、节约资源、保护环境放到重要位置,使人口增长和社会生产力发展相适应,使经济建设与资源环境相协调,实现良性循环。”1994 年 3 月,国务院通过的《中国 21 世纪议程》确定了可持续发展战略,《中国 21 世纪议程》可以看作是中国推进现代化建设的中长期的重大战略计划。2002 年 11 月,党的十六大正式将“可持续发展能力不断增强,生态环境得到改善,资源利用效率显著提高,促进人与自然的和谐,推动整个社会走上生产发展、生活富裕、生态良好的文明发展道路”写入党的报告,并作为全面建设小康社会的四大目标之一。这里实际上已经表达了生态文明思想。政策上的重视带来的是有关生态环境保护和生态资源利用的制度上的不断完善,这一时期相继颁布了《环境保护法》《海洋环境保护法》《大气污染防治法》《水污染防治法》等多部法律,对做好生态环境建设起了积极的保护作用。修改后的《刑法》增加了“破坏环境资源保护罪”“环境保护监督渎职罪”的规定,首次将破坏环境定为犯罪。

虽然这一时期没有明确在政策体系和制度建设中提出生态现代化,生态文明的理念也没有提出,也没有将自然资本的观点和方法引入到具体的经济工作中,但是“生态环境”“生态保护”“生态工程”“生态建设”“生态安全”“生态意识”“生态农业”“生态环境良性循环”“生态良好的文明”发展道路等概念开始大量使用,资源的可持续利用、现代化的生态发展、资源计价付费、污染相关追责等一系列生态现代化的建设举措已经在顶层设计和具体实施中开始探索,中国的现代化发展道路从工业支撑开始向系统构建进行转向。

在党的十六届三中全会上胡锦涛同志提出了“科学发展观”,其基本内涵是坚持以人为本、全面协调可持续发展的科学发展观。发展核心是以人为本,基本要求是全面、协调、可持续。科学发展观的提出是中国共产党对中国现代化发展指导思想和发展模式的一次重大的调整，是对发展的各要素和各方面进行整体性规划和整合。尤其是将可持续发展作为现代化发展的根本方法固定下来，为生态文明成为指导现代化的发展理念打下了基础。在科学发展观指导下，中国现代化发展中的自然观开始发生变化，从过去传统的以资源利用为主转变为人和自然和谐相处，胡锦涛同志指出："要科学认识和正确运用自然规律，学会按照自然规律办事，更加科学地利用自然为人们的生活和社会发展服务，坚决禁止各种掠夺自然、破坏自然的做法。"中国的现代化建设不是征服自然，而是在尊重自然规律基础之上的建设。

党的十七大报告中明确提出了生态文明的概念，在报告中提出了"基本形成节约能源资源和保护生态环境的产业结构、增长方式、消费方式……生态文明观念要在全社会牢固树立"。"建设生态文明，基本形成节约能源资源和保护生态环境的产业结构、增长方式、消费模式。循环经济形成较大规模，可再生能源比重显著上升。主要污染物排放得到有效控制，生态环境质量明显改善。生态文明观念在全社会牢固树立。""坚持生产发展、生活富裕、生态良好的文明发展道路，建设资源节约型、环境友好型社会，实现速度和结构质量效益相统一、经济发展与人口资源环境相协调，使人民在良好生态环境中生产生活，实现经济社会永续发展。"同时"人与自然和谐""建设资源节约型、环境友好型社会"写入新修改的党章。但是对于生态现代化，党的十七大报告并没有论述，报告指出"立足社会主义初级阶段这个最大的实际，科学分析我国全面参与经济全球化的新机遇新挑战，全面认识工业化、信息化、城镇化、市场化、国际化深入发展的新形势新任务"。但是已经把建设生态文明作为现代化建设的重要路径，提出"建设生态文明，实质上就是要建设以资源环境承载力为基础、以自然规律为准则、以可持续发展为目标的资源节约型、环境友好型社会"。

在生态文明建设的理念指导下，中国的现代化道路更加注重在自然资源承载范围之内进行，更加注重自然资源的资本化探索，更加注重相关生态文明制度体系的建立。2006年按照“探索将发展过程中的资源消耗、环境损失和环境效益纳入经济发展水平的评价体系”的思路，对经济发展评价体系进行重新设计，其中将自然资源的资本化理念引入，将过去的自然资本消耗的外部性成本计算到生产活动的实践工作中，国民经济和社会发展计划中专门提出，要下大力气发展循环经济和清洁生产，用经济的宏观手段调节能源消费结构，促进循环经济产业的发展，基于自然资本的发展方式和发展体系开始构建。到2008年，政府在生态文明建设中进一步发挥宏观经济手段，实施了包括绿色信贷、绿色保险、绿色贸易、绿色税收等在内的一系列宏观环境经济政策，这说明生态资本的概念已经从传统的生产领域扩展到更新更大的范围，自然资源的资本化水平变高，自然资源的利用更加规范和有偿化。

第五节　中国特色社会主义生态现代化确立

党的十八大把“生态文明建设”写入党章，提出建设生态文明，是关系人民福祉、关乎民族未来的长远大计。面对资源约束趋紧、环境污染严重、生态系统退化的严峻形势，必须树立尊重自然、顺应自然、保护自然的生态文明理念，把生态文明建设放在突出地位，融入经济建设、政治建设、文化建设、社会建设各方面和全过程，努力建设美丽中国，实现中华民族永续发展。党的十九大报告中提出中国特色社会主义建设要走一条与生态相适应的现代化道路，中国的生态现代化建设进入新时代；党的十九届四中全会把“坚持和完善生态文明制度体系，促进人与自然和谐共生”作为提高国家治理体系与国家治理能力的重要内容。生态现代化是世界现代化进程中的生态革命，是生态原则全方位的渗入到现代化的各个过程中，推动现代化过程的生态转向。它涉及发展思想、政治模式、经济模式和文化模式的生态转向。虽然生态现代化理论起源于西方工业文明后期的反思，有其内在的逻辑合理性，但在同各国的发展实践相结合过程中，要与具体的发展阶段和基本国情相适应。党的十八大以来，生态文明建设成为习近平治国理政的有机组成部分，在习近平生态文明思想的指导下明确了中国生态现代化建设的主题，并在中国特色社会主义现代化建设探索中不断完善和发展，形成了适合中国发展实际和具有中国特色的生态现代化实践模式。

西方生态现代化思想是在以反思启蒙运动的“为自然祛魅”、人类中心主义的“人为自然立法”和“二元论”的西方近代科学范式中产生的，强调通过技术改革来实现人和自然的和谐，来实现对工业经济的调整，发挥技术的正效应。西方生态现代化思想也有其自身的局限性，西方哲学思想的碎片化和绝对精神传统已经无法跳出西方资本主义的资本逻辑，它仍然是对资本主义制度的修补基础之上的调整。西方生态现代化思想有其积极的意义，但是更需要结合本国的实践，形成适合本国发展的生态现代化理论，尤其是建立在成本外化与污染转移基础上的经济模式和新生态主义对发展中国家设置了生态门槛，因此使得中国的生态文明建设亟待形成自己的生态指导思想。十八大以来中国生态现代化建设的习近平生态文明思想形成于长期的地方实践探索，在福建和浙江时期他就探索如何将地方经济发展同生态环境的保护与利用结合起来，“绿水青山就是金山银山”和“弱鸟先飞”等精辟论述，有着丰富的实践经验并且牢牢扎根于中国实际。党的十八大以来，习近平总书记重视中国的生态文明建设理论，提出生态兴则文明兴的生态立国论，把生态文明建设提升到关系到中华民族伟大复兴的历史进程的重要位置。

习近平生态文明思想以生态自然观为基础、以绿水青山就是金山银山为路径、以山水林田湖草沙系统保护治理为抓手，以构筑生命共同体的国际担当，强调生态文明建设中的党的领导、人民主体性和美丽中国的统一。在习近平生态文明思想的指导下，十八大以来中国生态文明建设进入到全新的发展阶段。习近平总书记以中国传统智慧中的“天人合一”为基础，将马克思对于资本主义生态方面的批判吸收到社会建设中，以世界生态哲学中对生态美的共同追求作为生命共同体的合作共赢点，形成了既适合中国发展的阶段性特征又符合人类社会发展的趋势的中国特色社会主义生态文明思想。以新能源革命为先导的绿色经济是生态文明建设的实现路径，但是如何破解生态资源保护与发展需要之间的零和博弈一直是绿色发展的桎梏，习近平总书记在总结地方实践经验基础上指出“绿水青山”和“金山银山”是发展的三个阶段，跳出了对于绿色经济的概念性界定和不同发展阶段国家对于绿色经济的理解主体性差异，创新性地提出了绿水青山向金山银山之间的转变，将过去的生态保护和经济发展零和博弈转向正和博弈，经济发展理念的更新给中国经济发展方式的转型提供了全新的思路。我国的生态环境问题是一个历史累积的过程，生态环境问题的形成是与我国发展的阶段性特征结合在一起的，因此如何治理环境就不仅仅是一个环境问题，而是关系到国计民生的政治问题，同时生态环境问题的恶化又是刻不容缓的，习近平总书记将打赢污染防治攻坚战作为三大攻坚战的内容之一，是对人民群众在新时代的美好生活需要的回应。传统的生态环境问题治理方式往往是头疼医头脚疼医脚，或者是多头共管效率不高，习近平总书记运用生态系统的思维方式，提出了生态治理的“山水林田湖草是一个共同体”的系统治理方式，十八大以来，我国的生态环境治理在生态系统治理思想下，呈现出了全面向好的局面。我国是世界上最大的发展中国家，同时也是世界上碳排放量较高的国家。生态环境问题是人类共同面对的问题，过去中国的发展往往被发达国家贴上高污染高能耗的标签，妄图遏制中国的发展和抹黑中国的生态文明建设的努力。党的十八大以来，习近平总书记提出了人类命运共同体的对外发展的新思路，“保护生态环境，应对气候变化，维护能源资源安全，是全球面临的共同挑战。中国将继续承担应尽的国际义务，同世界各国深入开展生态文明领域的交流合作，推动成果共享，携手共建生态良好的地球美好家园”。[①] 应对人类共同面对的生态环境问题，中国提出共同但有区别的责任，承诺到 2020 年碳强度降低百分之四十到百分之

① 《习近平关于社会主义生态文明建设论述摘编》，中央文献出版社 2017 年版，第 127 页。

四十五,2030年左右使二氧化碳排放达到峰值,2030年非化石能源占一次能源消费比重提高百分之二十,同时注重同发展中国家的合作,宣布设立二百亿元人民币的中国气候变化南南合作基金,在发展中国家开展十个低碳示范区、一百个减缓和适应气候变化项目以及一千个应对气候变化培训名额的合作项目。在习近平总书记的倡导下,中非环境友好型合作项目,中国与环太平洋岛国环保合作项目稳步推进。2017年美国宣布有意退出人类解决气候变暖最重要的文件《巴黎协定》之后,世界眼光投向中国,习近平总书记强调"应对气候变化不是别人让我们做的事情,而是中国人自己就要做的事情,这是我们追求可持续的绿色发展内在要求,没有《巴黎协定》中国也会做,有了《巴黎协定》中国也会按着自己的承诺和内在的要求继续践行绿色发展"。正是在习近平总书记积极参与国际合作,携手共建生态良好的美好地球家园的努力下,中国在世界上的生态地位不断地提高,中国发展的生态空间不断拓宽,中国对世界的生态文明建设贡献日益增大,联合国环境规划署专门发布了《绿水青山就是金山银山:中国生态文明战略与行动》,提出中国的生态文明建设为世界的可持续发展提供借鉴。

总的概括起来,进入中国特色社会主义新时代后,生态文明建设是中国"五位一体"的发展格局的重要一环,也是十八大以来以习近平同志为核心的党中央治国理政的有机组成部分。推进生态现代化建设形成最大公约数的共识和最大效果的合力是推动新时期中国绿色发展转型的关键。

治国理政新思想新理念新方案的共识。党的十八大以来,习近平总书记围绕中国生态文明建设发表了一系列重要讲话,形成了生态文明建设的新思想新理念新方案。全面建成小康社会、全面深化改革、全面依法治国、全面从严治党的"四个全面"战略布局,是我们党在新形势下治国理政的总方略,是事关党和国家长远发展的总战略。生态文明建设贯穿于"四个全面"战略布局之中,生态环境持续改善是全面建成小康社会的衡量指标,绿色发展转型和生态环境治理是全面深化改革的重中之重,生态文明制度建设是全面依法治国的立法重点,生态文明建设的考核机制是全面从严治党的重要内容。生态文明思想既是习近平同志长期地方工作总结出来的实践经验,又是马克思主义中国化的最新成果。习近平同志在福建长汀水土治理、在浙江提出绿水青山就是金山银山理念,积累了大量的绿色发展实践;习近平同志提出“破坏生态环境就是破坏生产力,保护生态环境就是保护生产力,改善生态环境就是发展生产力”,将马克思的生产力理论同中国的生态文明建设实践相结合,是马克思主义生态文明思想的重要组成部分,也是马克思主义生产力理论的进一步丰富和发展。

政策法律合力。党的十八大以来,以习近平同志为核心的党中央围绕生态文明建设形成了四梁八柱的制度体系,秉承“只有实行最严格的制度、最严密的法治,才能为生态文明建设提供可靠保障”的理念,形成凝聚最大共识的生态文明法制建设的政策法律合力。形成政策法律合力,首先是在立法体系上形成统领生态文明建设的法律法规建设。要做到生态文明法律法规先行,就从生态文明法律体系的建立健全入手,围绕国土空间、大气土壤、生态补偿与治理形成了系统性的实体法和程序法体系。新一届领导集体以新环保法的修订为核心理顺了零散交织冲突的原有的生态文明的法律法规体系,以法律形式确立了“保护环境是国家的基本国策”,引进完善生态保护红线、公共预警检测、生态公益诉讼等新的发展时期生态文明建设与生态环境保护的制度成果。形成政策法律合力,就要在具体的制度改革与实践中践行生态思想,2015 年中共中央和国务院出台了《生态文明体制改革总体方案》,建立健全自然资源资产产权制度、国土空间开发保护制度、空间规划体系、资源总量管理和全面节约制度、资源有偿使用和生态补偿制度、环境治理体系、环境治理和生态保护市场体系,形成生态文明建设的制度落地路径。

产业发展合力。后金融危机时代的影响对全球经济发展提出了新的问题,逆全球化和民粹主义的兴起对中国的转型换挡与融入经济全球化进程增添了新的困难。中国进入经济新常态之后,东北老工业区的重整与转型,长江及东部沿海经济带的升级与再造,西部大开发与“一带一路”的衔接与腾飞已经成为中国经济发展的三条主线。中国巨人的崛起需要注入绿色血液。东北老工业区通过绿色高端制造业的再造,结合供给侧改革和资源枯竭区的转型升级,破解共和国工业长子的发展的可持续性问题;长江及东部沿海经济带将人口红利转化为绿色红利,将开放制度红利转化为生态试点红利,通过绿色金融创新和碳汇经济作为新的增长极,成功承接国际绿色技术和绿色资本的转移,借全球性的生态文明东风,助力中国发展的腾飞;西部大开发与“一带一路”的衔接点落脚到新能源产业的布局,发挥西部自然资本的优势,在确保中国新能源通道的畅通的同时将“一带一路”国家纳入到人类文明共同体与命运共同体的体系之中。通过绿色发展来串联起中国经济发展的三条主线,形成中国生态文明产业发展的合力,打造中国可持续发展的产业动力。

民心所向合力。习近平总书记指出:“我们不能把加强生态文明建设、加强生态环境保护、提倡绿色低碳生活方式等仅仅作为经济问题。这里面有很大的政治”,而什么是最大的政治问题,“问题是时代的声音,民心是最大的政治”。随着人民物质文化水平的不断提高,对于生态环境的需求也越来越高,“天蓝水净”不仅是每一个公民环境权实现的诉求,也是党和政府对于提供人民更好的生活的承诺所在。习近平同志强调:“良好的生态环境是最公平的公共产品,是最普惠的民生福祉。给子孙留下天蓝、地绿、水净的美好家园”。按照现代政府理论,提供公共产品是现代政府存在的合理性和合法性的逻辑起点,在新时期下形成最大公约数的民心所向,就是需要更加密切党与群众的血肉联系,而这个血肉联系维系在代表最广大人民群众的根本利益的政府的职能转变,也就是习近平总书记提出的:“转变政府职能的总方向,这就是党的十八大确定的创造良好发展环境、提供优质公共服务、维护社会公平正义。”以人民群众最关心的生态环境问题入手,提供人民群众最迫切需要的生态公共产品,将民心合力凝聚在中国特色社会主义生态文明建设之中,才能激发起蕴藏在人民群众中的智慧和力量,才能推动实现群众所期盼的美丽中国梦。

制度建设真正发挥作用需要有完善的机构作为落实抓手。十九届三中全会深化党和国家机构改革方案中提出“设立国有自然资源资产管理和自然生态监管机构,完善生态环境管理制度,统一行使全民所有自然资源资产所有者职责,统一行使所有国土空间用途管制和生态保护修复职责,统一行使监管城乡各类污染排放和行政执法职责”。在2018年两会后,新的自然资源部和生态环保部成立,正是作为贯彻党和国家机构改革方案的重磅之举,是落实生态现代化治理制度的机构调整。新的自然资源部作为统一行使全民所有的资产管理者和监管者,是全面落实习近平总书记绿水青山就是金山银山的新资源观,推动全面铺开自然资本审计、建立全国统一的生态交易和生态补偿机制的机构。新的生态环保部贯彻习近平总书记的“山水林田湖草是一个生命共同体”的生态系统观,将过去归口于各个部门的生态环保职责统一到新的生态环保部中,破解过去九龙治水的局面,统一社会各类污染排放和行政执法的职责。党的十八大以来,生态现代化治理体系还有很多创新举措,生态流域治理的“湖长制”和“河长制”,将流域间的生态治理落实到具体责任,主要领导作为第一负责人,层层压实责任。环境监管方面,开展省以下环保机构监测监察执法垂直管理制度改革试点,目的是建立健全条块结合、各司其职、权责明确、保障有力、权威高效的地方环保管理体制,确保环境监测监察执法的独立性、权威性、有效性。党的十九届四中全会中明确了未来生态文明制度建设聚焦于实行最严格的生态环境保护制度、全面建立资源高效利用制度、健全生态保护和修复制度和严明生态环境保护责任制度,这是将习近平生态文明思想制度化的重要顶层设计。“完善生态文明制度体系。推动绿色发展,建设生态文明,重在建章立制,用最严格的制度、最严密的法治保护生态环境。”①党的十八大以来,在习近平生态文明思想的指导下,围绕提升生态治理能力和治理

① 《习近平关于社会主义生态文明建设论述摘编》,中央文献出版社2017年版,第110页。

水平,构建了最为严密的生态文明制度体系,形成了愈加完善的生态文明监管机构,发挥了中国特色社会主义建设在推进生态文明建设中的制度优势。

党的十八大以来,中国的生态文明建设呈现出更加完整的理论体系、更加实用的实践路径和更大范围的价值认同,"在'五位一体'总体布局中生态文明建设是其中一位,在新时代坚持和发展中国特色社会主义基本方略中坚持人与自然和谐共生是其中一条基本方略,在新发展理念中绿色是其中一大理念,在三大攻坚战中污染防治是其中一大攻坚战"①。在习近平生态文明思想的指导下,中国特色社会主义生态现代化建设模式给世界生态文明的发展提供了全新的道路选择,中国的生态现代化治理体系为更好地解决经济社会和自然环境之间的矛盾提供了全新的发展理念,中国的生态现代化文化给人类携手解决共同面对的生态问题提供了全新的价值共识。

① 中共中央党校(国家行政学院):《习近平新时代中国特色社会主义思想基本问题》,人民出版社、中共中央党校出版社 2020 年版,第 308 页。

第六章　中国特色社会主义生态现代化的理论内涵

生态现代化理论起源于西方对于工业文明和经典现代化所带来的日益严重的生态危机的反思和推动现代化过程中的模式道路的调整。正如经典现代化理论在世界化过程中面临着在不同的国家和地区之间如何做到与当地的发展历史、地区制度相契合的问题一样，生态现代化理论也同样面临着与不同发展阶段和国情社情的融合问题。资本主义制度内在的反生态性决定了其无法提供能够彻底解决现代化进程中的反生态效应累积，建立在资本主义生产方式和制度体系上的生态现代化也无法摆脱资本的异化影响。中国将走一条人与自然和谐共生的现代化道路作为实现中国特色社会主义现代化强国的发展路径，将生态文明建设与实现中华民族伟大复兴和给解决人类问题提供中国智慧和中国方案统一在了中国生态现代化建设进程中。中国生态现代化建设将中国传统文化的生态智慧、中国特色社会主义制度优势与生态文明建设的文明趋势结合在一起，形成了中国特色社会主义生态现代化理论，指导着新时代中国生态现代化建设。

第一节　生态现代化与中国特色社会主义

生态现代化理论主张通过技术革新、成熟的市场机制和环境政策等工具手段的组合运用，实现生态与现代化过程的联姻，从而克服生态危机。党的十九大报告指出："我们要建设的现代化是人与自然和谐共生的现代化，既要创造更多物质财富和精神财富以满足人民日益增长的美好生活需要，也要提供更多优质生态产品以满足人民日益增长的优美生态环境需要。"①表明了习近平新时代中国特色社会主义思想指导下的中国现代化发展路径从传统的工业化追赶转变到绿色发展下的生态现代化，中国现代化发展目标由传统的单纯的工业文明转变为人与自然和谐相处的生态文明。基于生态现代化的新时代中国特色生态文明建设，体现了人民对更加美好的生态公共产品的需要，体现了中国共产党对探索如何科学建设社会主义的规律性认识，更体现了新时代中国特色社会主义思想为解决人类所共同面对的生态环境难题提供的中国智慧和中国方案。

一、生态现代化是中国特色社会主义现代化发展的全新路径

"实现中华民族的伟大复兴是近代以来中国人民最伟大的梦想。"实现中华民族伟大复兴的中国梦，现代化发展是必然路径。探索现代化发展路径，既是近代以来中国社会发展演进的主线，也是我们党不断探索如何科学建设中国特色社会主义的过程。从近代以来的中国现代化探索发展历史来看，呈现为在工业发达国家设定的传统现代化发展的范式中不断被裹挟前进，而"传统现代化或称为经典现代化是以工业化、城市化、富裕化和高消费、高浪费为显著特征的，其发展模式是一种以征服自然和改造自然从自然界获取生产资料与生活资料，推动经济高速增长和财富迅速积累进而支撑人们的高消费生活方式的发展模式"②。西方发达国家通过工业革命和世界化的资本主义市场建立起来的传统工业化发展模式，是建立在自然界资源无限供给和人类对

① 《决胜全面建成小康社会　夺取新时代中国特色社会主义伟大胜利——在中国共产党第十九次全国代表大会上报告》，人民出版社2017年版，第50页。

② 方世南：《建设人与自然和谐共生的现代化》，《理论视野》2018年第2期。

自然界的生态影响能无限承担和消解的逻辑之上的,“先污染后治理”的模式和“生态危机”从发达国家向发展中国家转移是其缓和人和自然之间日益严重的生态环境问题的方法。中国的现代化发展由于自身的国情和发展的阶段性,在现代化初期被裹挟走上一条追赶西方工业化的路径,但由于工业化零空间增长障碍和我国自身生态环境的特点,使得我国的现代化发展在“压缩的时空”中出现了日益严重的生态危机和发展的不平衡不充分。党的十九大报告提出的我国现阶段的社会主要矛盾是“人民日益增长的美好生活需要和不平衡不充分的发展之间的矛盾”,正是反映了当前我国走传统现代化发展模式的局限性。“生态现代化认为我们已经进入一个新的工业革命时期,其特征为按照生态原则对基本的生产过程进行彻底的结构调整,作为一种政治计划,生态现代化主张通过协调生态与经济以及超工业化而非去工业化的途径来解决环境问题。”①传统工业现代化赛道已经人满为患,中国属于后发国家,在追赶过程中付出了很多代价,“生态现代化理论的核心是环境不应当被视为是对经济活动的一种负担,而应当视为未来可持续发展的前提”②,党的十九大提出的“人与自然和谐共生”的现代化是对中国的现代化发展路径的全新设计,生态现代化是激活中国自然资本增值模式,突破工业化增长零空间障碍,实现赛道重开与跨越式发展的必然选择,也是中国现代化理论不断完善与创新的结果。

二、生态现代化是新时代中国特色社会主义建设的任务目标

“生态现代化理论通过重新界定技术、市场、政府管治、国际竞争、可持续性等基础性要素的作用,对环境保护与经济增长之间的关系做了一种良性互

---

① [荷]阿瑟·摩尔、[美]戴维·索南菲尔德:《世界范围的生态现代化:观点和关键争论》,张鲲译,商务印书馆2011年版,第68页。

② 郇庆治:《生态现代化理论与绿色变革》,《马克思主义与现实》2006年第2期。

动意义上的阐释。"①生态文明社会是人类未来文明发展演进的新社会形态，以生态现代化为特征的发展模式是建立在人和自然和谐相处的状态下的经济、政治、文化、社会和生态的全面协调发展。中国特色社会主义现代化是中国特色社会主义道路的发展方向，建设怎样的现代化体现了中国共产党对中国特色社会主义建设的规律性的认识和科学性的判断。党的十九大报告指出："新时代中国特色社会主义思想，明确坚持和发展中国特色社会主义，总任务是实现社会主义现代化和中华民族伟大复兴，在全面建成小康社会的基础上，分两步走在本世纪中叶建成富强民主文明和谐美丽的社会主义现代化强国"②，中国特色社会主义理论的建设总目标从原有的"建立富强民主文明和谐的社会主义现代化国家"上升到新时代下的"富强民主文明和谐美丽的社会主义现代化强国"。生态现代化作为中国特色社会主义建设的任务目标，在未来的发展战略中也做了任务的分解，习近平总书记在全国生态环境保护大会上指出："确保到2035年，生态环境质量实现根本好转，美丽中国目标基本实现。到本世纪中叶，物质文明、政治文明、精神文明、社会文明、生态文明全面提升，绿色发展方式和生活方式全面形成，人与自然和谐共生，生态环境领域国家治理体系和治理能力现代化全面实现，建成美丽中国。"党的十九届五中全会提出2035年基本实现中国特色社会主义现代化的远景目标中包含着"广泛形成绿色生产生活方式，碳排放达峰后稳中有降，生态环境根本好转，美丽中国建设目标基本实现"，从生态环境得到根本好转、生态生产生活方式得到普及，生态文明建设目标最终实现，生态现代化已经成为中国特色社会主义现代化建设的显著特征。

回顾历史，从党的十三大提出的"富强、民主、文明"的社会主义现代化到党的十六大提出的"富强、民主、文明、和谐"的社会主义现代化再到党的十九

① 郇庆治：《生态现代化理论与绿色变革》，《马克思主义与现实》2006年第2期。

② 《决胜全面建成小康社会　夺取新时代中国特色社会主义伟大胜利——在中国共产党第十九次全国代表大会上的报告》，人民出版社2017年版，第19页。

大提出的“富强、民主、文明、和谐、美丽”的新时代中国特色社会主义现代化，体现了我们党对于社会发展不同阶段的时代要求的回应，即从追求“物质财富积累的不断增长”的生存需要的满足到“让改革开放的参与者共享改革开放的利益”的社会和谐再到“百姓富生态美的有机统一”的发展阶段跃升。美丽中国的生态文明思想纳入到中国特色社会主义理论体系当中，既是党的十八大以来中国生态文明建设进入治国理政的顶层设计的体现，是对判断我国从富起来走向强起来在生态环境建设方面的新要求，更是将生态现代化作为建设目标纳入到新时代中国特色社会主义建设中的战略举措。

三、中国特色社会主义生态现代化的核心内容与基本特征

生态现代化虽然起源于发达工业国家对生态环境危机的理论反思与实践修正，但是摩尔曾指出：“生态现代化在国与国以及地区与地区之间是有区别的，并且正是在这种背景下模式或者类型的概念才可能会有帮助。”①“生态现代化”理论的提出者马丁·耶内克表示自己受到中国四个现代化启示提出了“生态现代化”的概念。② 处在不同的发展阶段和发展模式的国家在实践中遇到了同样的生态问题，形成了不同模式的生态现代化，虽然相互进行借鉴，但核心内容本质还是内生于其文明体系。党的十九大报告指出：“我们要牢固树立社会主义生态文明观。”中国特色社会主义现代化建设根植于中国实践，面向中国问题，具有中国气派，中国的生态现代化理论与社会主义生态文明观是中国特色社会主义文明体系的有机组成部分。它有其独特的理论来源与体系，有其特定的时代定位与目标导向。中国传统哲学智慧的“天人合一”思想是立足本来，马克思主义生态观与世界生态主义思想是吸收外来，新时代中国

---

① Arthur P.J. MOL.,“Environment and Modernity in Transition China: Frontiers of Ecological Modernization”, Development and Change, 2006.

② 郇庆治、马丁·耶内克：《生态现代化理论：回顾与展望》，《马克思主义与现实》2010 年第 1 期。

特色社会主义生态思想则是面向未来，结合我们不平凡的五年生态文明实践，结合中国改革开放以来处理改革发展同环境保护的实践，结合新中国成立以来我们在探索一条可持续发展道路中的经验与成绩，形成了中国特色社会主义的生态文明观与生态现代化理论。

在《德意志意识形态》中，马克思、恩格斯说："全部人类历史的第一个前提无疑是有生命的个人的存在。因此，第一个需要确认的事实就是这些个人的肉体组织以及由此产生的个人对其他自然的关系。当然，我们在这里既不能深入研究人们自身的生理特性，也不能深入研究人们所处的各种自然条件——地质条件、山岳水文地理条件、气候条件以及其他条件。任何历史记载都应当从这些自然基础以及它们在历史进程中由于人们的活动而发生的变更出发。"①社会主义生态现代化理论包含着"生态兴则文明兴"的新文明观，将生态文明置于决定文明存续的高度来理解，进一步树立生态文明建设是中华民族的千年大计的顶层设计，"弘扬生态平等"的新价值观，追求人和自然之间和谐相处，是生态文明建设新理念新思想新战略的价值原点；"五位一体"的新战略观，战略构想需要战略路径来实现，"五位一体"的发展模式是新时代中国特色社会主义发展的基本框架；"绿水青山就是金山银山"的新资源观，绿色经济与自然资本是未来国家间生态合作与协同的重要基础，也是保障国家生态安全的重要屏障；"保护环境就是发展生产力"的新经济观，解决发展中的不平衡不充分问题，进一步提升发展的质量；"山水林田湖草沙冰是一个生命共同体"的新系统观，吸收中国古代"天人合一"的朴素的生态思想与新时代生态文明思想的最新成果，形成指导发展的新科技范式；"牢固树立生态红线"的新政绩观，发挥中国共产党的制度优势和政治优势，发挥政府调控的能力，通过生态文明建设进一步密切党同人民群众的血肉联系，进一步来满足人民群众对美好生活的向往。

---

① 《马克思恩格斯文集》第1卷，人民出版社2009年版，第519页。

第二节　中国生态现代化理论的思想渊源

中国的生态现代化进程和生态文明建设起步较晚，但中国的生态智慧与生态思想渊源悠长，中国共产党在马克思主义中国化过程中，也十分重视吸收马克思关于现代化和生态化的观点，同时中国在探索社会主义建设规律和路径时十分重视对世界优秀智慧和方案的吸收，这些构成了中国生态现代化理论的思想渊源。

一、中国古代生态智慧

近代世界形成的解构的科学范式在某种程度上决定了中世纪之后西方思想世界中人与自然二元对立的观点，而这种二元对立的系统观是工业革命后人和自然走向失衡的逻辑起点。进入到生态文明时期，生态科学的科学范式逐渐兴起，成为破解工业文明内在的矛盾的新科学体系，生态科学的鲜明特征就是循环系统性的认识人和自然、人和人以及人同自身的关系。中国传统文化智慧是中国生态现代化理论的重要来源，善于从中国传统智慧中找到现代社会治理的方法，架构起传统文化的“正心、修身、齐家、治国、平天下”与破解经济社会发展矛盾和提升国家治理能力现代化水平之间的桥梁是中国现代化发展和治理的优势。“中国优秀传统文化的丰富哲学思想、人文精神、教化思想、道德理念等，可以为人们认识和改造世界提供有益启迪，可以为治国理政提供有益启示。”例如中国传统智慧中的“道”，在自然中就通过“无为”体现出来，无为的原则形成了道教生态伦理的基本理念，是我们处理同自然之间关系的最有效的方法，为了保护和改善自然世界的生命，就需要我们学会观察和倾听自然界。无为是一个道德准则，促使人类和人类社会走向成熟，认识到最好和最幸福的方式就是遵循自然的规律，这个规律就是自然界的“道”。生态道教伦理倡导人的生命应当加强同所处的自然以及人类社会之间的交流。老子鼓励人类去向水学习、向山学习、向海学习，为人类和自然之间形成一种哲学上的互动。庄子倡导人们应当从道的角度而不是人的角度去观察事物。道教理论认为人和自然之间有着共同的生命能量——“气”，这是贯穿于生态伦理的基础。生态道教伦理是一种变革的伦理观，它的最终目标是让人类认识到宇宙统一性下的内心道德世界。“从生态哲学的长远发展来看，道教所有蕴含着丰富的非人类中心主义和处理我们所面临的生态问题的革命性的策略”，道教的“道法自然、无为而治、重生护生”等思想，对于现代社会恢复人的真性、尊重个体、自觉树立生态环保意识，以促进人类社会的可持续发展，有着重要的现实意义，道教孕育了最早的后现代多中心主义，对东方世界和西方世界的生态哲学有着长远的影响。

在生态文明建设方面，中国的经济社会发展善于将生态思想置于浓厚的中国传统文化的智慧土壤之中。生态文明建设首先需要观念上更新，一个具有共识性的观念的形成和传承，需要考虑文化的基因和沉淀。因此要在当今中国树立起正确的自然观，必然要回到中国传统文化的长河中。西方生态伦理学家哈格罗夫教授在谈到自然观的形成时认为，西方哲学体系二元对立的世界观无法形成人和自然和谐相处的哲学理念，在强人类中心主义和弱人类中心主义之间徘徊的人类最终走向人和自然的对立，而东方哲学孕育的人和自然合一的智慧，是解决人和自然失衡问题的关键。“‘天人合一’、‘道法自然’的哲理思想，‘劝君莫打三春鸟，儿在巢中望母归’的经典诗句，‘一粥一饭，当思来处不易；半丝半缕，恒念物力维艰’的治家格言，这些质朴睿智的自然观，至今仍给人以深刻警示和启迪。”[①]由此可以看出，中国发展的自然观根植于中国古代传统的生态智慧，中国哲学中蕴含的整体性地看待人和自然的关系、循环性的发展生产与田园诗意的生活方式深刻影响着中国人看待自然、看待发展、看待社会的基本观点。

---

① 《习近平关于社会主义生态文明论述摘编》，中央文献出版社 2017 年版，第 6 页。

中国是世界上最大的发展中国家，发展是解决中国问题的关键。农业生产是传统中国的最主要的生产方式，也是中国传统劳动人民智慧的最重要的体现，虽然当前中国的发展进入到后工业化时期，中国现代化建设进入到新时代，但是传统的劳动经验与发展模式仍然有着生动的智慧指向。在西方环保思想中占据着极为重要位置的《增长的极限》一书一经出版，引起世界性的轰动，发展的极限问题与可持续问题成为争相热议的问题。可持续发展在 1980 年 3 月由联合国大会首次使用，1987 年，世界环境与发展委员会公布了题为《我们共同的未来》的报告，可持续发展战略被越来越多的国家所认可，而早在五千年前的圣贤书中，可持续发展的理念就已经雏形初现。“孔子说：‘子钓而不纲，弋不射宿。’……荀子说：‘草木荣华滋硕之时则斧斤不入山林，不夭其生，不绝其长也；鼋鼍、鱼鳖、鳅鳝孕别之时，罔罟、毒药不入泽，不夭其生，不绝其长也。’《吕氏春秋》中说：‘竭泽而渔，岂不获得？而明年无鱼；焚薮而田，岂不获得？而明年无兽。’这些关于对自然要取之以时、取之有度的思想，有十分重要的现实意义。”①虽然只是简单的对于农业生产的描述，但是其中蕴含着对于自然的休养生息、资源的持续利用等思想，当前看来还有十分重要的启示意义，是“要治理好今天的中国，需要对我国历史和传统文化有深入了解，也需要对我国古代治国理政的探索和智慧进行积极总结”的生动写照。进入到生态文明时期，生态科学的科学范式逐渐兴起，成为破解工业文明内在的矛盾的新科学体系，生态科学的鲜明特征就是循环系统性的认识人和自然、人和人以及人同自身的关系。而整体系统观，早就存在于中国传统的世界观中。“山水林田湖是一个生命共同体，形象地讲，人的命脉在田，田的命脉在水，水的命脉在山，山的命脉在土，土的命脉在树。金木水火土，太极生两仪，两仪生四象，四象生八卦，循环不已……要用系统论的思想方法看问题，生态系统有一个有机生命躯体，应该统筹治水和治山、治水和治林、治水和治田、治

① 《习近平关于社会主义生态文明论述摘编》，中央文献出版社 2017 年版，第 12 页。

山和治林等。”[①]运用太极循环方式来形象地说明了生态万物的循环往复和整体性看待我们所处的自然界的方法,更重要的是,给我们解决当前面临的生态危机提出了一个全新的视角,也就是跳出生态治理“头痛医头脚痛医脚”的怪圈,而要思考如何全面系统的解决生态环境问题。

二、马克思主义生态思想的中国化

马克思和恩格斯在资本主义刚刚登上历史舞台就高瞻远瞩地看到了其内在的不可调和的矛盾,以及人类社会必然走向共产主义的趋势。现代化作为资本主义时期最为重要的发展现象和发展理论,必然也受到马克思主义的关注。马克思从异化开始入手,谈到了资本主义的生产给人类社会、自然界都带来了负效应,他对现代化的认识立足于其辩证唯物主义的自然观。马克思主义对于现代化有其不同于西方理论界的分析和论述,其虽未明确地提出现代化理论,但是关于近代和现代的一些观点以及马克思主义生态观和生态马克思主义的后续发展也为生态现代化的发展提供了理论准备。

(一)马克思学说关于现代化的观点

在《资本论》的序言中,马克思写道:“工业较发达的国家向工业较不发达的国家所显示的,只是后者未来的景象。”[②]马克思用一种客观的口吻论述了工业化国家对非工业化国家,也就是现代化国家对传统国家的影响的现象。马克思主义历史观的形成是建立在广泛的历史观察基础之上的,马克思和恩格斯花了大量的时间来研读历史、观察当下,他们采用了欧洲早期的人文主义者关于世界历史的古代、中世纪和现代的三分法,并且以不同的生产方式作为划分的基础。在《政治经济学批判》的序言中我们可以看到马克思主义关于

① 《习近平关于社会主义生态文明论述摘编》,中央文献出版社2017年版,第55—56页。

② 《马克思恩格斯全集》第44卷,人民出版社2003年版,第8页。

世界历史分期的论述,“大体来说,亚细亚的、古代的、封建的和现代资产阶级的生产方式可以看作是社会经济形态演进的几个时代”。在马克思主义的话语体系中,现代这个词经常使用,在马克思和恩格斯看来,现代就是16世纪以来的欧洲剧变之后的资本主义生产方式的兴起和资本主义制度的确立。列宁对于这个问题就有过专门的解读,在谈到《资本论》第一版的序言“揭示现代社会的经济运动规律”时提出了“既然马克思以前的所有经济学家都谈论一般社会,为什么马克思却说‘现代(modern)’社会呢?他在什么意义上使用‘现代’一次,按什么标志来特别划出这个现代社会呢?其次,社会的经济运动规律是什么意思呢?”①回到这一问题,还是要回到马克思的文本当中去寻找答案,在《资本论》中,马克思写道:“在16世纪和17世纪,由于地理上的发现而在商业上发生的并迅速促进了商人资本发展的大革命,是促使封建生产方式向资本主义生产方式过渡的一个主要因素。……但现代生产方式,在它的最初时期,只是在现代生产方式的各种条件在中世纪内已经形成的地方,才得到了发展。……这个生产方式所固有的以越来越大的规模进行生产的必要性,促使世界市场不断扩大,所以,在这里不是商业使工业发生革命,而是工业不断使商业发生过革命。”②可见,在马克思看来,新的“生产方式”的产生以及所带来的一系列变革就是他所认为的新时代,也就是马克思主义话语体系中“现代”的内在含义。所以我们可以说,马克思关于资本主义的研究,关于资本主义生产方式下的社会运行和社会变革的研究,就是对于“现代”的研究,这样我们就不难理解在《共产党宣言》中不断出现的“现代资本阶级”“现代工人阶级”“现代工人”等提法,因为在马克思看来,现代就是“资产阶级时代”,而他的研究对象就是解释这个“现代社会”的运动规律,也就是工业化和资本主义生产方式所带来的现代社会的经济运动规律和其现实的发展趋势。

马克思和恩格斯虽然没有直接使用现代化的理论范畴,但是对现代的科

① 《列宁选集》第1卷,人民出版社2012年版,第4页。

② 《马克思恩格斯全集》第25卷,人民出版社2006年版,第371—372页。

学认识，在其社会经济形态史观、历史唯物主义的发展阶段论和无产阶级革命理论中都已经确立。马克思不同于西方现代化理论单纯从科学技术和社会发展的相互促进关系来看待人类历史的发展，马克思将阶级斗争、生产力与生产关系等方法应用于对于历史的分析和阐述中，把生产方式带来的变革以一种“以对抗为基础的生产方式”来考察。马克思认为资本主义内在的不可调和的矛盾所带来的对抗性的结果就是资本主义社会必将走向灭亡，因为虽然资本主义营造出了工业革命以来的繁荣与进步，但是蕴含着危机与灾难，“显露出衰颓的征象，这种衰颓远远超过罗马帝国末期那一切载诸史册的可怕情景”①。马克思主义将研究的重点放到了资本主义制度所带来的压迫和未来的革命形势上，对于工业化所带来的现代化问题没有做进一步的研究，但是运用马克思的生产力和生产关系的工具和方法则能够更加深入地研究分析由工业文明所带来的现代化其实就是生产力的运动所带来的生产关系的调整，经济基础的运动所带来的上层建筑的调适。这其实为我们探寻现代化规律，跳出西方现代化理论的意识形态困境提供了方法。注重从生产力因素来理解，注重从劳动者、劳动对象和劳动关系的互动所带来的社会意识形态和制度文化的变革来理解，就能看到现代化背后的工业生产力的作用，而这种生产力以后的生态转向，则为生态现代化提供了合理的框架。

马克思关于现代工业国向非工业国展示的景象可以理解为工业文明带来的现代化的扩散问题，也就是工业文明的世界体系的形成。“资产阶级，由于一切生产工具的迅速改进，由于交通的极其便利，把一切民族甚至最野蛮的民族都卷到文明中来了……它迫使一切民族——如果它们不想灭亡的话——采用资产阶级的生产方式；它迫使它们在自己那里推行所谓的文明。”②工业文明通过现代化示范，将非工业化国家纳入到文明体系中，完成资本主义统一市场的建立，这是工业现代化与资本逻辑结合的一般路径，马克思在观察这个路

① 《马克思恩格斯选集》第1卷，人民出版社1995年版，第774页。

② 《马克思恩格斯选集》第1卷，人民出版社2012年版，第255页。

径的时候从过去集中于西欧的历史转向了对于非欧洲国家，尤其是中国、印度和波斯的研究，因为随着资本主义世界性的不断加强，一些过去传统的、缓慢的、孤立的农业国家及生产关系开始不断地解题，被动的剧烈的融入到现代工业文明体系中去。“那些迄今或多或少置身于历史发展之外、工业迄今建立在工场手工业基础上的半野蛮国家，随之也就被迫脱离了它们的闭关自守状态。……大工业便把世界各国人民互相联系起来，把所有地方性的小市场联合成为一个世界市场，到处为文明和进步做好了准备，使文明国家里发生的一切必然影响其余各国。”①

马克思关于生产力和生产关系的发展的观点体现了辩证唯物主义的观点，生产关系的变革需要生产力发展到一定阶段。同样马克思对于世界非工业国家的现代化过程的分析也是基于这样一种观点，这体现在马克思的“双重历史使命”的观点中。马克思在分析西方资本主义和工业文明向亚洲等非工业化地区扩散的时候，提出了西方殖民主义对这些地区发展的双重影响，“一个是破坏性的使命，即消灭旧的亚洲式的社会，另一个是建设性的使命，即在亚洲为西方式的社会奠定物质基础”。②“双重历史使命”体现了马克思对于非工业化国家的发展路径选择的判断，那就是接受西方工业化革命的影响完成现代化，因为这奠定物质基础的过程就是不断地解放和发展生产力，由此可见马克思一以贯之的关于工业革命、资本主义、现代化中的生产力观点，现代社会发展的根本力量就是现代生产力。我们可以看出，在马克思的理论框架中已经形成了基于生产力的发展基础之上的现代化的相关理论雏形，或者说是马克思的现代社会发展理论。在这个理论体系中，马克思立足革命，对西方的渐进的社会进化论进行了扬弃，提出了包含社会进化和社会革命的激进的社会进化论框架，并把现代的概念定义为现代资本主义社会，将历史唯物主义的方法应用于社会经济发展的阶段，提出了从农业社会向工业社会的变

① 《马克思恩格斯选集》第1卷，人民出版社2012年版，第299页。

② 《马克思恩格斯选集》第2卷，人民出版社1972年版，第70页。

化就是从前资本主义社会向资本主义社会的发展。不同于西方现代化理论对于现代化动力的多因素(经济、科技、政治、心理)分析,马克思从生产力运动的角度提出了现代化的动力就是现代生产方式的矛盾运动,科技革命就是生产力发展的表征。资本主义社会的基本特点,包括经济上的高度发达的商品经济、生产资料的集中和社会化、生产分工的专业化与组织化、工业化与城市化;政治上的资本关系成为社会联系的主要形式、私人利益至上、阶级剥削的资本化等,其实就是现代化在工业文明时期的具体表现。工业文明现代化就是资本主义世界化,它一方面巩固资本主义在欧洲大陆和北美的绝对权威,另一方面通过双重历史使命,对非工业化国家实行西方化和工业化,而最终的目的就是资本主义世界化,驱动力来自资本主义下的生产力发展的必然要求。①但是随着历史的发展,资本主义内在不可调和的矛盾决定了人类必将进入到共产主义,到那时,无产阶级使生产资料摆脱了它们迄今具有的资本属性,使他们的社会性质有充分的自由得以实现。从此按照预定计划进行的社会生产就成为可能的了。“人终于成为自己的社会结合的主人,从而也就成为自然界的主人,成为自身的主人——自由的人。”②

(二)马克思主义生态观新发展

马克思主义展现的是一个辩证唯物主义的生态图景,自然界处在普遍联系又相互制约的统一体中。“要精确地描绘宇宙、宇宙的发展和人类的发展,以及这种发展在人们头脑中的反映,就只有用辩证的方法,只有不断地注意生成和消逝之间、前进的变化和后退的变化之间的普遍相互作用才能做成。”③因此人类的生存离不开自然界,人类文明的演进离不开自然界。只有认识到自然界在人类社会发展中的不可替代性,才能够真正地以人和自然的和谐相

① 罗荣渠:《现代化新论——世界与中国的现代化进程》,商务印书馆 2017 年版,第 92 页。

② 恩格斯:《社会主义从空想到科学的发展》,人民出版社 2018 年版,第 81 页。

③ 恩格斯:《社会主义从空想到科学的发展》,人民出版社 2018 年版,第 56 页。

处作为人类活动的出发点。中国是世界上最大的发展中国家，中国选择什么样的现代化道路不仅仅决定着中国人民的前途，在某种程度上决定着人类文明的发展。中国生态文明建设的基本出发点是"生态兴则文明兴，生态衰则文明衰"，将自然界的物质基础性和辩证统一性作为中国发展选择的世界观前提，站在文明理论的高度上论证了生态文明建设的重要性。人和自然的共生是一种有机的、全面的、带有生命色彩的联系，而不是割裂的、单向的、异化的关系，因此统筹人和自然的关系应当放到辩证统一的规律中去理解。现代科学不断发展，使人类对于自然的认识进化到一个新的时代，需要我们在运动整体中来理解生命共同体蕴含的辩证唯物主义方法，也就能更加深刻的理解山水林田湖草是一个生命共同体的认识。只有从系统的观点出发，才能认识到生态系统只有保存着多样性与完整性的统一，才能激发生态系统的功能性，任何对于生态系统的破坏都将导致整体功能的部分或者整体丧失，从而内生出更加有机生态的系统治理思想，将生态学引入社会发展，用更加全面整体和生态的观点来应对当前日益严重的生态危机并建设更加清洁美丽的中国。

生态文明建设的核心价值取向是弘扬生态平等的人和自然的新关系，也是生态文明建设新理念新思想新战略的价值原点。马克思认为"现实的、有形体的、站在稳固的地球上呼吸着一切自然力的人""直接地是自然存在物"，是"自然界的一部分"①。恩格斯认为"人本身是自然界的产物，是在他们的环境中并且和这个环境一起发展起来的"。② 中国特色社会主义制度是人类文明建设模式的一种新探索，正如马克思所描绘的共产主义社会中"社会化的人，联合起来的生产者，将合理地调节他们和自然之间的物质变换，把它置于他们的共同控制之下，而不让它作为一种盲目的力量来统治自己；靠消耗最

① 陈学明、王传发：《马克思主义生态理论概论》，人民出版社 2020 年版，第 333 页。

② 田言波：《马克思主义发展哲学与中国现代化》，中国社会科学出版社 2003 年版，第 13 页。

小的力量，在最无愧于和最适合于他们的人类本性的条件下来进行这种物质变换”。[①] 中国共产党是马克思主义政党，马克思主义是我们的看家本领，要原原本本的学习马克思主义的基本原理。从马克思主义的发展史来看，其形成于工业革命和资本主义初期，资本主义生产生活方式不可阻挡地席卷全球，资本主义的自然观、资本增值模式的资源观和近代解构科学技术范式成为社会主流的发展模式，但是马克思和恩格斯却清醒地看到资本主义生产方式的反生态性。马克思在1868年写给恩格斯的信中，对弗腊斯的研究成果《各个时代的气候和植物界，二者的历史》一书进行评述的时候认为“耕地——如果自然地进行，而不是有意识地加以控制，会导致土地荒芜，像波斯、美索不达米亚等地以及希腊那样”。[②] 借助马克思对于资本主义社会的人与自然对立的关系的批判，提出生态环境是我国发展中最重要的基础。恩格斯提出：“我们不要过分陶醉于我们人类对自然界的胜利。对于每一次这样的胜利，自然界都对我们进行报复。每一次胜利，起初确实取得了我们预期的成果，但是往后和再往后却发生了完全不同的、出乎预料的影响，常常把最初的结果又消除了”。[③] 强调人和自然之间的共生关系，对于自然的利用要尊重自然规律。这既是对马克思经典论述的活学活用，也是对马克思生态观的新发展。

资本的异化是马克思批判资本主义的利剑，工业文明与资本主义的增值链条相结合，形成了单向度的技术异化路径。“一方面，机器成了资本家用来实行专制和进行勒索的最有力的工具；另一方面，机器生产的发展又为真正社会的生产制度代替雇佣劳动制度创造了必要的物质条件。”[④]单纯追求资本增值，以资本作为衡量发展的唯一标准，就不可避免地陷入到“资本异化”的陷阱，导致人的发展和自然之间的对立，使得发展脱离了满足人的全面自由的发

① 《马克思恩格斯文集》第7卷，人民出版社2009年版，第928—929页。
② 《马克思恩格斯文集》第10卷，人民出版社2009年版，第286页。
③ 恩格斯：《自然辩证法》，人民出版社2018年版，第313页。
④ 《马克思恩格斯全集》第16卷，人民出版社1964年版，第357页。

展而沦陷为资本的温床。自觉地运用马克思对于资本异化的批判来纠正发展中的唯资本倾向，体现了马克思哲学所追求的“哲学家们只是用不同的方式解释世界，而问题在于改变世界”。中国特色社会主义的建设建立在人和自然和谐的基础之上，是追求社会发展和生态环境保护的统一，弘扬生态平等的新价值观体现了胸怀人类放眼未来的战略眼光，更是体现了中国生态文明制度建设是马克思中国化的最新成果。

马克思强调了一种全新的生态价值观，它不同于传统的西方传统的生态中心主义，片面强调自然价值，而使得人类的任何活动在自然面前都成了一种破坏和侵犯，也不同于中世纪之后流行的人类中心主义，将人类置于自然系统之外，人为自然立法，自然存在的价值和一切获得感的终极意义是以人的价值理性来评判。这两种极端的生态价值观引领下的浅绿色生态运动和技术乐观主义，在实践中都显现了自身的缺陷。在恩格斯看来，没有脱离自然的历史和没有脱离历史的抽象自然，因此需要树立科学的生态价值观，就是坚持以实践为基础并在实践之中来把握人与自然之间的辩证关系，因此人的能动的改造自然的实践必须要顺应自然、善待自然，将人的活动与自然的生态属性在发展的维度上统一起来。用这个观点来看，当前中国提出的绿色发展的核心理念就是“绿水青山就是金山银山”，其本质上就是一种在发展维度上实现人的活动和自然的生态属性的效益最大化。绿水青山就是金山银山的新资源观，其核心就是以一种全新的方法来认识自然资源对于人类社会的存在意义，是通过生态技术的不断进步，实现资源的可持续利用，在更大范围实现宏观动态和系统的平衡，以促进社会经济和自然环境实现协同。传统的以资源密集型为动力的发展模式转变为以生态环境优势为动力的新发展模式，带动的是发展理念、发展动力、发展模式和评价机制的转变。绿水青山就是金山银山蕴含的哲学思想就是辩证唯物主义自然观下人和自然关系的复位和创新，在绿色发展中实现现代化，实现人和自然的和解。

马克思运用生态哲学的思想观点和方法考察了资本主义的经济生活，形成了马克思恩格斯的生态经济思想,提出自然是影响商品价值形成的重要因素,自然资源的稀缺程度、自然资源质量的高低、自然资源的位置、生产地周围的气候因素都可能形成影响商品价值的要素。自然是生产力的重要要素,马克思指出:"劳动生产力主要应当取决于:首先,劳动的自然条件,如土地的肥沃程度、矿山的丰富程度等等;其次,劳动的生产力的日益改进,引起这种改进的是:大规模的生产,资本的积累,劳动的结合,分工,机器,改良的方法,化学力和其他自然力的应用,利用交通和运输工具而达到时间和空间的缩短,以及其他各种发明,科学就是靠这些发明来驱使自然力为劳动服务,劳动的社会性质或协作性质也由于这些发明而得以发展。"①自然、人和社会的发展受到科学技术的影响,经济与人口社会协调发展,工业和农业要实现生态化发展,等等。马克思在人与自然关系上的唯物辩证法的方法论和从自然到社会的认识论上对以时间为视角来观察人类提供了方法。人类文明从原始文明到农业文明、到工业文明,再到生态文明的发展历史,自然在更大范围更高程度上影响着人类历史的发展,马克思通过唯物辩证法在实践基础上将自然与社会统一起来,解释了人与自然关系的三个程度,原始的人对自然的直接依赖到人逐渐独立于自然,再到人在更高程度上依赖自然而达到人与自然的更为和谐的状态,决定了人类文明从以物质文明为中心向以生态文明为中心的五位一体的发展模式的转变。"人们在生产中不仅仅影响自然界,而且也互相影响。他们只有以一定的方式共同活动和互相交换其活动,才能进行生产。为了进行生产,人们相互之间便发生一定的联系和关系,只有在这些社会联系和社会关系的范围内,才会有他们对自然界的影响,才会有生产。"②"生产力决定生产方式,生产方式又决定生产关系",从古代的、封建的、资本主义和共产主义的生产方式演变过程中我们能够看到主要的技术,也就是生产力,相应地从古代社会的生产工具演变到了封建社会的生产工具与制造到资本主义社会的机器

---

① 《马克思恩格斯文集》第3卷,人民出版社2009年版,第50—51页。

② 《马克思恩格斯文集》第1卷,人民出版社2009年版,第724页。

生产再到共产主义生产，生产方式也经历了为使用价值生产、为使用价值和交换价值生产和重新回到为使用价值生产。

马克思主义以人与自然辩证统一关系为核心的生态哲学思想，以自然影响商品价值形成为基点的生态经济思想，以资本逻辑的反生态批判为中心的生态政治思想，以自然是文明演进的基础为出发点的生态社会学思想和以人类对自然的责任为基本原则的生态伦理思想，为中国生态现代化建设提供了马克思主义的理论基础，为生态与经济社会协同发展提供了哲学指导，为自然资本的增值与利用确立了生态经济学的原则，为生态问题的政治解决提供了思路，为生态现代化治理工具提供了理论依据，为培育生态文化提供了理念引领。

三、世界生态现代化思想的吸收

作为世界上人口最多、发展潜力最大的发展中国家，选择什么样的发展道路来实现现代化，不仅决定着中国自身发展的命运，也决定着人类共同居住的地球的发展命运，中国的现代化道路必然会引起世界范围内的专家学者的关注，生态现代化理论发展的过程中，也必然会关注到中国实践，很多理论观点也对中国的生态现代化建设提供了有益的借鉴。生态现代化理论从上个世纪80年代在西欧国家产生到全球范围内得到传播和认可，被认为是解决人类工业文明所带来的环境危机的最有效手段，有其历史发展的过程，也为中国特色社会主义生态现代化建设提供了可以借鉴的有效经验和做法。生态现代化理论的世界化经过了三个阶段，分别是早期阶段（上个世纪80年代底），强调了工业领域的技术创新对环境变革带来的影响，在政治领域对国家持批评态度，充分赞扬市场主体和市场动态对于环境变革带来的正效用，以系统论作为理论工具，更加偏向于进化论，从人类中心主义向非人类中心主义演进。第二阶段为20世纪的80—90年代的中期，这一阶段对技术的作用强调开始减少，对现代化理论的核心动力从传统的技术发展到市场与国家的平衡动态中，更加强调生态现代化的体制因素和文化因素。生态现代化理论的第三阶段是从20世纪的90年代开始，从地域和范围上都开始了扩展，从生产领域到消费领域，从欧洲国家的现代化到全球现代化，从技术发展到全要素体系，从而带来了超越末日论的取向，对环境问题的看法更加积极，而不是看作是人类无法治愈的顽疾和走向灭亡的先兆。倡导正是由于环境问题的压力，才带来了我们在政治、经济、文化和社会方面的现代化变革，而这种变革强调的是科学技术、生产与消费、政治与治理，以及各种规模的市场要素之间的融合与博弈，同时马克思主义的观点被引入到了生态现代化发展理论体系中，从生产力要素分析上升为制度体系的批判。

世界范围的生态现代化理论从本质上看可以概括为对现代工业社会如何应对环境危机的问题进行分析，而且超越了科学技术本身发展的问题，而更多的是从社会体制上寻求答案，认为科学技术不能仅仅理解为生态环境问题的制造者，而应当看到其在环境问题的治理与预防中所起到的积极和潜在的作用。应当把环境问题置于市场体系中来考虑，而不能单单仅从技术层面或者政府层面来考虑，在生产者、消费者、金融机构、非盈利组织中找到改革载体，同时应当在更大范围来看待现代化尤其是生态现代化的发展变化，民族国家的崛起，社会运动的关注和新的意识形态的兴起，这些都对传统的西方生态现代化带来了影响，也对中国探索生态现代化的理论与实践提供了素材。

一些生态现代化学者很早之前就注意到了中国的生态现代化发展，例如荷兰生态现代化的著名学者摩尔早在2005年就关注到了快速发展的中国在环保产业、污染治理、环境修复和生态重建方面的问题，他在英国刊物《发展与变化》上专门发表了《转型期中国的环境与现代化：生态现代化的前沿》的文章，提出了真正的现代化是既继承了实质又结合了当地特点和区位定位的现代化进程，并且指出中国的生态现代化进程应当是不同于欧洲的模式的，中国通过政治现代化、经济行为者和市场动力，超越国家和市场的公众的生态觉醒和国家一体化应当是中国生态现代化的显著特点，而且提出中国应当充分发挥自己的制度优势和特色，构建起政策制度、非正式网格、规定与制度的强大作用网络，促进各地方环保机构的双重责任制的落实等。这为中国在推进生态现代化进程中将生态治理与国家治理体系现代化统一在一起，将绿色经济作为现代化动力的发展系统，强化公民环境意识，把建设美丽中国转化为人民自觉行动来推进生态现代化以及充分发挥中国特色社会主义制度优势来推进生态现代化都有着积极的借鉴意义。若斯·弗里金斯提出在发展中国家的生态现代化建设过程中，国家对环境政策的干预发生了变化，从补救和反应式干预转变为更为注重预防，从封闭的政策制定过程转为更注重参与，从注重中心转化为中心化，从强调等级转为更注重共识的、以谈判和磋商为基础的方法，基于市场经济手段，注重沟通的政策方式不断出现。这为中国生态治理的政府职能的转变提供了思路。①美国建设后现代化主义专家、美国生态伦理与生态后现代主义旗手小约翰·柯布是在中国学界广受好评的学者，曾经多次来中国讲学，就推动生态后现代主义和生态现代化理论的中国化起到了积极的作用。他对生态文明的理解是建立在对西方所谓世界化的主流经济学的批判之上的，不同于传统意义的工业化和城市化，生态文明在资本主义的世界经济体系中是难以实现的，而且西方哲学自古希腊起就建立起来的世界方法，也无法内生出人与自然统一的哲学范式。因此他把期望寄托在了有着中国传统智慧的中国，认为在中国的广大农村中更为可能实现生态文明建设的新方案、生态现代化的新智慧和可持续发展的新模式，他的理论对中国将乡村振兴与生态文明结合、生态治理现代化同乡村治理现代化的统一提供了智力支撑。

---

① ［荷］阿瑟·摩尔、［美］戴维·索南菲尔德：《世界范围的生态现代化：观点和关键争论》，张鲲译，商务印书馆 2011 年版，第 375 页。

第七章　中国特色社会主义生态现代化的内容体系

现代化是文明发展的必然历程，也是人类社会发展全方位的演进，涉及社会的政治、经济、文化，既具有普遍性的规律也体现出了不同发展阶段、不同发展条件和不同历史因素的特征。中国现代化进程从近代的被动到新中国成立之后的摸索再到新时代开创一条人与自然和谐共生的生态现代化道路，中国特色社会主义现代化道路呈现出特有的制度优势和发展成果。党的十九届五中全会提出了 2035 年基本实现现代化的远景目标，中国特色社会主义现代化建设有两个特点，第一个是中国特色社会主义现代化是全体人民的共同富裕的现代化，而不是由资本驱动的现代化；另一个是中国特色社会主义现代化是要走一条人与自然和谐共生的现代化，而不是走先污染后治理的传统工业现代化道路。中国特色社会主义生态现代化是以生态经济现代化为发展动力，生态治理现代化为调节手段，科学技术生态化为工具，生态文化现代化为价值导向的系统性实现人与自然和谐的建设方案。

第一节　生态经济现代化

经济体系是生产力的宏观载体，经济体系的变革来源于生产力的发展，并且为解放和发展生产力开创条件,生态文明时代到来和生态现代化路径的选择背后是社会生产力的生态转向。生态经济体系的建立为实现人与自然和谐共生的社会主义现代化提供了物质基础,实现生态环境保护与社会经济发展的双赢。建设现代化经济体系是中国特色社会主义的重大理论和实践命题,现代化经济体系,是由社会经济活动的各个环节、各个层面、各个领域相互关系系统构成的有机整体,它包含着产业、市场、收入分配、城乡发展、绿色发展、开放、经济体制等体系。[①] 生态文明建设是中国当下和未来发展的主线,生态现代化是生态文明时代实现现代化的新路径,也是中国实现现代化的新的路径设计,生态经济是基于自然资本激活和生态技术发展的新经济体系与模式,是实现生态化和现代化的统一。

一、生态经济体系的概念

生态经济最早是20世纪60年代美国经济学家肯尼斯·鲍尔丁在《一门科学——生态经济学》一书中提出的,即在环境容量有限的前提下处理经济发展和生态环境之间的关系,并要解决环境污染和优先消费品的分配。生态经济概念提出之后,引起极大关注,构建以生态经济为支柱,以自然资本增值为目标,发挥政府和市场在促进生产力生态转向作用的生态经济体系成为实现转换经济发展方式的方案。关于生态经济体系目前学术界尚未定论,著名生态经济学家赫尔曼·E.戴利引入生态学的"稳态"概念,提出生态经济是一种"稳态经济",即人口数量、资本数量处于稳态并能够持续满足和维持人类生活,同时生态系统的"物质—能量"流通降速到了最低水平。"稳态"在生态学中意指稳定的营养结构和完善的能量流动、物质循环及信息传递。稳态下,生态系统能量与物质的输入与输出保持平衡。生态经济系统的稳态指的就是经济发展与生态系统的相对稳态,也就是可以理

① 文传浩、李春艳:《论中国现代化生态经济体系:框架、特征、运行与学术话语》,《西部论坛》2020年第3期。

解为不影响生态系统稳定的前提下保持较高的经济增长水平，经济增长质量大幅度提高。

生态经济体系是生态系统和经济系统相互耦合形成的经济模式，经济发展的结构、功能和运动规律上符合生态学原理，通过激活自然资本，平衡经济发展和生态保护，建立双向促进机制，解决经济发展和生态承载之间的冲突，从而实现“稳态”。生态经济不是压制经济发展诉求，降低经济发展速度，或者是单纯追求经济对环境的零影响，将经济发展与环境保护对立起来，而是通过适度控制经济规模，应用新技术，改变资源利用形式，在环境承载范围之内实现经济的高质量发展。

生态经济概念提出之后，一系列基于生态环境和经济社会发展之间关系的经济模式也逐渐形成并发展起来，例如绿色经济、低碳经济和循环经济。厘清生态经济体系与其他经济体系之间的关系，有助于明确生态现代化中生态经济的地位和作用。生态经济体系与绿色经济、低碳经济和循环经济在解决问题、核心理念、主要内容和方法措施上各有侧重。

表 7.1　生态经济体系与相关经济模式比较

区别	生态经济	绿色经济	低碳经济	循环经济
提出时间	1966 年，肯尼斯·鲍尔丁发表《一门科学——生态经济学》	1989 年，皮尔斯发表《绿色经济白皮书》	20 世纪 60 年代，肯尼斯·鲍尔丁在“宇宙飞船经济”理论中提出	2003 年，英国政府发表《我们能源的未来：创建低碳经济》
面向问题	经济发展与生态足迹和生态承载能力	环境污染和生态损害	温室气体与不可再生能源约束	环境资源的枯竭
核心理念	生态经济是生态系统和经济系统相互耦合形成的经济模式，经济发展的结构、功能和运动规律上符合生态学原理	经济发展与资源环境之间相互作用，着重于经济模式的后端影响	人类社会工业化发展所带来的温室效应对经济发展的影响	物质循环利用的多重闭环反馈式循环过程及其规律

续表

区别	生态经济	绿色经济	低碳经济	循环经济
研究内容	以自然资本实现经济发展与生态环境之间融合持续发展	经济增长与生态环境污染问题脱钩,减少经济发展的生态负效应	通过控制温室气体排放,实现经济发展与低能耗、低排放相协调	按照生态规律对自然资源和环境容量进行循环利用,提高资源利用率
主要方法	按照生态学原理,激活自然资本,平衡经济发展和生态保护,建立双向促进机制	经济发展与环境治理与生态保护之间联系,通过末端治理和控制降低经济对环境影响	低碳经济发展路线图,将经济结构、社会发展与减排目标统一起来	建立“资源—产品—再生资源”的循环利用,实现“减量化、再利用、再循环”

由此可见,推进生态文明建设,协调环境保护和经济发展之间的关系衍生出多种经济模式,侧重点各不相同,核心理念和实现的主要方法也存在差异。生态经济是建立在更加宏观的生态体系与环境体系的融合基础上,运用生态学的方法来实现经济和生态的平衡发展,实现自然资本的增值,是全体系全流程的经济模式重构。绿色经济注重从经济的末端影响和控制来入手,通过降低经济结果与环境的负效应来实现经济活动对生态环境的压力最小化。低碳经济更多的可以看作是人类应对温室气体排放的解决方案,也是对黑色工业文明的最直接的改善,是着重于化石能源的体系转换问题。循环经济是从解决资源的可持续性着手,通过改造经济发展的模式,改变经济发展链条,实现资源的循环和持续。因此,我们可以看出,生态经济体系是更为整体的解决方案,是涵盖范围最广,生态化最深入,运用生态学观点来实现经济体系的创新,是带有新文明基因的经济体系,而不是对传统经济体系的修补,因此推动生态文明建设,探索现代化的生态路径,需要以生态经济体系作为经济基础。生态经济是一种经济模式,但不是具体的经济方案或者经济共识,经济模式需要同国家的经济结构与要素相结合,才能够形成相适合的具体的生态经济体系。因此构建中国生态现代化经济体系,需要将生态经济的基本原则和

模式同中国的具体实践相结合，形成适合中国发展阶段和要素禀赋的生态经济体系。

二、中国生态经济发展阶段

从建立新中国，中国人民开始自主选择现代化模式起，协调生态环境与经济社会发展成为十分重要的问题。从探索经济生态化到形成生态经济体系，在不同的发展阶段，根据不同的发展目标形成了不同的发展模式，在深化对于社会发展规律和社会主义建设规律基础之上，不断打造既能实现满足经济发展需要，又能提供更好的环境公共产品，还能促进生态环境保护的经济发展体系。根据不同时期的发展特性和标志性事件，可以把中国生态经济发展阶段划分为萌芽阶段、探索阶段、发展阶段、形成阶段和确立阶段。

表 7.2 中国生态经济发展政策梳理

阶段	时间(年)	标志性事件	特征
萌芽阶段	1957	《新人口论》提出了人口增长不能超过环境容量	新中国成立初期改善民生发展经济，生态建设呈“服从型”，后生态环境与经济发展之间关系引起学者和决策层关注，但缺乏总的纲领
	1973	第一次全国环境保护会议提出了“32 字方针”	
探索阶段	1978	消除污染、保护环境是实现四个现代化的重要组成部分	明确了环境保护与现代化建设要协调的发展模式，开始对生态经济进行探索，构建可持续发展模式，环境保护提升为基本国策
	1979	《环境保护法》颁布实施	
	1983	环境保护上升为基本国策	
	1985	学术界开始探讨生态经济，《生态经济学探索》出版	
	1989	生态保护“三大政策、八项管理”提出	
	1992	可持续发展战略成为国家战略	

续表

阶段	时间(年)	标志性事件	特征
发展阶段	1995	提出经济增长方式从粗放型向集约型转变	明确生态建设就是发展经济发展生产力的方式,对工业化道路、经济增长模式和现代社会建设理念进行重新建构
	1996	提出保护环境的实质就是发展生产力	
	2002	新型工业化道路提出	
	2005	资源节约型和环境友好型社会提出	
形成阶段	2007	十七大提出建设生态文明	生态文明成为执政党理念,中国特色社会主义发展格局包含生态文明建设,明确生态经济是生态文明建设的途径,绿色发展成为指导中国特色社会主义建设的新发展理念
	2012	五位一体的建设格局形成	
	2015	明确绿色发展、循环发展、低碳发展是生态文明建设的基本途径	
	2015	创新、协调、绿色、开放、共享的五大发展理念提出	
确立阶段	2017	生态文明提升为千年大计	生态文明地位进一步巩固,写入宪法,生态经济成为高质量发展阶段的特征,产业生态化和生态产业化的生态经济体系成为中国特色社会主义生态现代化的经济要素,生态治理现代化成为完善中国特色社会主义制度,提高国家治理能力和国家治理体系的内容
	2017	中央经济工作会议提出我国经济由高速增长转为高质量发展阶段	
	2018	生态文明写入宪法	
	2018	全国生态环境保护大会提出构建以产业生态化和生态产业化为主体的生态经济体系	
	2019	十九届四中全会提出坚持和完善生态文明制度体系	

新中国成立初期,面对着国民经济恢复和重工业体系建立的迫切要求,以计划经济为调控方式,将资源最大化利用来推动生产力的发展是当时经济发展的主线。虽然当时对生态环境保护有了萌芽认识,但是更多的是从如何更好利用自然资源的角度出发,例如为了推动生产治理水患兴修水利、加大对资

源的勘探和开采等。随着经济恢复和社会秩序稳定,人口逐渐从战时的锐减到稳步增长,因此人口问题成为对经济发展和资源承载之间的矛盾,人口数量不能超过环境承载能力对后来的经济发展产生了深刻影响,但由于当时的国内外环境和发展的重心以及运动式被动式治理方式,使得经济发展还是建立在高资源高能耗基础上,经济生态化处在萌芽阶段。

改革开放后,随着工作重心转移到经济发展,对自然资源的需求不断上涨,快速工业化进程和开启四个现代化进程,带来的是资源的大量消耗和环境压力的增大,并逐渐成为影响经济发展的桎梏。为了协调经济发展和生态环境之间的矛盾,解决环境污染问题,在政府调控方面,1979 年颁布实施了《环境保护法》,旨在通过政府手段引导经济发展向环境友好型转变。1983 年在第二次全国环境保护会议中将环境保护作为基本国策固定下来,并且把环境建设同经济建设和城乡建设同步规划、同步实施、同步发展,实现经济效益、社会效益和环境效益的统一,在规划制定和评级体系中将生态指标嵌入。在顶层设计上将消除污染和保护环境作为实现四个现代化的重要组成部分,正是体现了我们对于社会主义现代化建设规律的认识已经超越了单纯的经济指标中的增长,已经开始重视在现代化建设中如何实现经济发展的生态化转向,并在理论(1985 年许涤新著的《生态经济学探索》出版,这是首部以生态经济协调发展为核心的中国生态经济学专门性论述)①和实践中开始积极探索。

20 世纪 90 年代随着一大批经济刺激政策和大规模基础设施建设拉动内需的经济手段的使用,中国经济进入到新一轮的快速增长阶段,但是长期积累下来的生态环境问题也到了集中爆发阶段。为了推动完成现代化建设和生态保护与修复的双重目标,在这一阶段,中央关于如何实现经济增长的可持续性和高质量转变成为现代化建设的关键问题。1995 年中央明确提出了经济增

① 许涤新:《生态经济学探索》,上海人民出版社 1985 年版。

长方式要从过去的粗放型向集约型转变，这是四个现代化提出之后中央首次在理念层面上调整了现代化经济建设的模式，可以说是经济建设思路的重大调整，并随后从马克思哲学的高度，提出保护环境的实质就是保护生产力。在现代化经济发展的主要思路发生变化后，中国的三大产业开始进行生态化改造，从 1991 年全国开始农业生态试点县的建设和推广，最后形成了省市县三级的生同业示范建设园区；紧接着生态工业园区开始建设启动，并制定了专门的规划和标准，生态生活理念逐渐被接受，对环境产品的需求开始呈现快速发展，一大批提供生态产品的第三产业迅速发展，经典现代化理论中的工业化推动完成现代化的模式被修正为新型工业化，加入生态因素；现代化社会特征被确定为资源节约型和环境友好型，生态经济开始迅速发展。

党的十八大将生态文明建设与经济建设、政治建设、文化建设和社会建设作为中国特色社会主义五位一体的建设格局，纳入到中国特色社会主义建设理论体系中，确定了实现中国特色社会主义现代化建设战略目标的具体战略方案，生态经济成为“美丽中国”的生态文明建设宏伟目标实现的具体路径。十八届五中全会提出中国的现代化建设要坚持五大发展理念，其中绿色发展在经济建设领域就是实现生态经济体系的全方位运转。

党的十九大将生态文明建设置于文明存续的战略高度，被提升为“千年大计”，“美丽中国”成为新时代现代化强国建设的目标内容，经济发展在新时代下就是从高速增长阶段进入到高质量发展阶段，四梁八柱的生态文明制度体系构建，有关生态经济的一系列基本概念、产权、制度、评估开始建立，生态价值评级、生态补偿、生态产品、生态金融产业兴起，生态经济合作从国内走向世界化，中国特色社会主义生态经济现代化理论研究范式开始形成，研究区域从国家层面进入到主体功能区、流域、生态保护区，实践探索开始从某些行业领域向全经济体系扩散，2018 年的全国生态环境保护大会上习近平总书记提出“要构建以产业生态化和生态产业化为主体的生态经济体系”，标志着中国特色社会主义生态经济体系的确立。

三、中国生态经济现代化体系

中国生态经济现代化体系是将生态经济的一般性原则同中国特色社会主义市场经济体制相结合,通过发挥独特的中国特色社会主义基本经济制度优势来实现高质量发展。中国生态经济现代化体系是以自然资本增值为导向,全面反映生态要素的稀缺性,依托生态技术创新,通过产业生态化和生态产业化,实现高质量发展,达到自然资本的增值与生态效率效益的持续提高。

(一)以生态要素稀缺性为基础的市场体系

市场体系是经济体系运行的基础条件,生态经济现代化体系需要建立高效灵敏的市场体系,发挥市场在资源配置,尤其是生态要素配置的基础性作用。在工业文明经济体系中,市场调节失灵造成了环境污染,其根本原因在于市场体系的要素是以工业资本增值为逻辑,缺少对于生态要素稀缺性的反应,所以出现了成本大于收益的工业生产负效应,带来了环境问题的累积。因此解决市场体系在工业经济模式中的失灵问题,建立全面反映生态要素稀缺性的市场体系,是生态经济现代化体系的基础性问题。

按照生态经济学基本原理,生态系统中的生态要素是指进入到人类生产活动中的物质—能量流、提供给人类的生态服务以及消解废弃排放物的环境空间。主要包含三个方面,一是化石能源和非生物资源,例如煤炭、石油、天然气、淡水等;二是生物资源,例如草场、渔场、森林等;三是消解废弃排放物的空间,例如二氧化碳的固碳空间、海洋污染的分解空间等。

以生态要素稀缺性为基础的市场体系,首先是全面建立生态要素的产权确权核算体系,只有对生态因素进行全面的登记和确权,才能够反映生态要素稀缺性并为基于生态要素的市场资源配置提供依据,这也是建立生态经济体系的基础性条件。新中国成立以来,对自然资源的情况统计摸底工作虽然一直进行,但是按照现代自然资本产权制度的生态要素确权和登记工作仍然处在起步阶段,也成为制约生态经济发展的障碍。党的十八届三中全会提出建立系统完整的生态文明制度体系,其中重点指出将建立自然资源资产产权制度和用途管制制度,对自然生态空间进行统一确权登记,划定工厂、生活、生态空间开发管制界限,落实用途管制,特别是能源、水、土地节约集约的使用制度,实现资源有偿使用和生态补偿制度,发展环保市场,推进节能量、碳排放权、排污权、水权交易制度,建立吸引社会资本投入生态环境保护的市场化机制。当前我国正在加快完成生态产权制度建设,自然资源部、财政部、生态环境部、水利部、国家林业和草原局联合印发《自然资源统一确权登记暂行办法》,对水流、森林、山岭、草原、荒地、滩涂、海域、无居民海岛以及探明储量的矿产资源等自然资源的所有权和所有自然生态空间统一进行确权登记,这标志着我国开始全面实行自然资源统一确权登记制度,通过自然资源统一确权登记,明晰自然资源权属状况和自然状况,为所有者权益保护和行使、实施自然资源有偿使用和生态补偿制度等提供产权依据。其次是要建立基于生态要素的市场配置调节机制,要充分反映生态要素的稀缺性,发挥市场在生态经济资源配置中的作用,要建立生态资源资产化制度和交易平台,才能够将市场调控机制真正发挥出来。目前我国节能量、碳排放权、排污权和水权的生态产权交易中心建设已初具规模,2016 年 7 月,国家发改委印发了《用能权有偿使用和交易制度试点方案》,明确提出开展用能权有偿使用和交易试点,北京、山东、江苏、福建、安徽等省出台了一系列具体措施来推进节能量交易,目前已初具规模。2017 年我国启动碳排放权交易试点工作,在北京、天津、上海、重庆、湖北、广东及深圳 7 个省市率先建立碳排放交易平台。截至 2019 年 6 月底,7 个试点碳市场覆盖了电力、钢铁、水泥等多个行业近 3000 家重点排放单位,累计成交量突破 3. 3 亿吨,累计成交金额约 71 亿元。从 2007 年开始,国务院有关部门组织江苏、浙江、天津、湖北、湖南、内蒙古、陕西、河北和河南等 11 个省(区、市)开展排污权有偿使用和交易试点,就目前来看,运转的效能和交易的规模在逐年提升。排污权、水权确权工作从 2014 年开始,从水资源使用权确权登记、水权交易流转和开展水权制度建设三个方面开始推进,并明确从宁夏、江西、湖北重点开始试点登记工作,同时在内蒙古、河南、甘肃、广东探索跨盟市、跨流域、行业和用水户间、流域上下游等多种形式的水权交易流转模式。我国正在逐渐形成以全要素生态体系的资源确权和资本登记为抓手,以交易平台建设为载体,充分发挥市场在生态资源配置中的决定性作用,以政府引导和服务作为宏观调控手段的,以全面反映生态要素稀缺性为基础的市场体系。

(二)以生态技术创新为依托的支撑体系

技术的生态化创新是支撑生态经济体系高效运行的支柱,如果缺少技术创新的推动作用,生态经济系统就无法向前发展并且显现出更强大的优势。中国生态现代化经济体系始终秉持依托生态技术创新来实现对于经济全系统的改造,将新能源技术、产业生态化提升改造和全流程的生态技术运用相互结合,形成支撑生态经济现代化发展的动力。能源利用形式的创新是社会发展的先导,也是新经济体系产生的催化剂,工业经济体系从某种程度上可以看作是化石能源革命的产物。生态文明时代的到来,必然有能源体系的革命,对于现代社会来说,能源就好比身体里的血液一样,因此生态技术创新首先表现在能源技术和体系的创新,科技决定未来的能源,科技创造未来的能源。2016年,国家发改委和国家能源局发布的《能源技术革命创新行动计划(2016—2030年)》行动计划明确指出,到2030年,建立健全与我国国情相适应的完善的能源技术创新体系,能源自主创新能力全面提升,能源技术达到世界先进水平,促成我国能源产业与生态环境的可持续发展。当前能源技术创新的"非常规油气和深层、深海油气开发技术创新""煤炭清洁高效利用技术创新""二氧化碳捕集、利用与封存技术创新""先进核能技术创新、乏燃料后处理与高放废物安全处理处置技术创新""氢能与燃料电池技术创新""先进储能技术创新""能源互联网技术创新"等15项重点任务基本上都是落脚到新能源和生态发展方面。按照熊彼特的创新理论,社会需求和产业结构调整对技术创新具有导向作用，随着生态经济在中国经济体系中的份额不断扩大，经济体系的生态化转向已经成为趋势，引导更多的资源向生态技术的创新和产业的生态技术改造聚集已经成为我国技术创新应用的新局面。

（三）以高质量发展为导向的产业体系

生态产业化与产业生态化是生态经济的高质量发展产业体系的两大支柱，根据中国经济发展的阶段性与历史性特征，将生态产业化与产业生态化融合发展，既保障了经济发展的稳态与韧性，又科学布局创新推动了生态经济实现高质量发展。生态产业化是指将生态要素的生态价值与经济价值相统一，通过现代产业的运作机制和生产模式，不断扩大生态生产的规模，提升生态产业的价值产出和竞争力。十八大以来，“绿水青山就是金山银山”成为中国生态经济现代化发展的指导思想，以高效利用资源和转变利用资源方式（从传统的工业化单向度利用到生态化循环式利用）为推手，生态产业开始发展并显示出蓬勃的生命力。传统工业生产中无法实现或者忽视的生态的系统价值，在生态产业模式中成为新的经济增长点。例如传统工业经济模式中，森林中的树木变为木材或者燃料才能够提供经济价值，而作为森林整体系统带给人的生态价值（包含生态服务和生态美育）却无法实现，而在生态产业模式下，实现了价值释放与环境体系完整的相对统一。生态产业化是按照社会化大生产的规律，以市场经济高度分工协作和组织，以市场资源调控与政府引导相结合，培育和壮大生态产业的过程。生态产业包含环境保护与治理、自然资源生态开发与利用、生态旅游、生态产品等。中国生态经济发展按照供给侧改革的总体经济调整思路，不断增加生态产品的供给，扩大生态市场的份额，已经形成了以生态环境修复与治理为基础，以“生态+”为形式，以资源的生态化开发为目标的生态产业化发展新格局。产业生态化指的是对已有的产业模式和产业格局进行生态化改造，提升产业的环境友好度，实现从工业产业体系向生态产业体系的转变。经济发展模式的转变是破和立相统一的过程，在一定的发展阶段会形成新旧产业融合的情况，新技术的发展一方面为提高传统产业的绿色化提供了手段，另一方面新业态、新模式、新动力和新关联的组织形态也为产业生态化提供了革新空间。中国正处在工业化、信息化和城市化的现代化多层重叠时期，产业的发展呈现出新旧范式冲突交融的特点，四十多年的改革开放将中国经济置于压缩的时空发展阶段，发展卷入到经典现代化的产业浪潮与生态现代化的新科技革命中，产业的生成和重构同时进行，因此产业的生态化对中国现代化进程至关重要。当前中国经济定位新兴产业，首先将新能源、新材料、新通讯、新设备、新仪器等作为技术发展方向，为产业生态转型储备技术工具，其次在老东北工业区探索新型工业化改造，在西部地区打造新能源产业群，在长江及沿海经济带推动生态第三产业，形成不同区域的产业生态化主题，加大对第一、二、三产业的生态化发展融合，实现经济体系的智能化和生态化，最后改造传统产业，通过三去一降一补实现落后产能的淘汰，对供应链进行生态化改造，降低产业的资源消耗和环境污染，形成完善的现代产业生态化体系。

（四）以自然资本增值为目标的投资体系

按照“技术—经济”范式的分析方法，不同的经济体系有自身的物质基础，它决定了经济体系的基本价值属性。在生态经济体系中，自然资本就是物质基础，它决定着生态经济的资源利用形式是否符合生态系统的运行规律，即资源的利用强度和形式是否在生态环境的承载范围内，对生态环境的影响是否在自然的消解能力之内。人类经济活动是建立在自然资源的消耗基础之上的，即矿物资源的存量不断减少，对生物资源的利用需要在“可持续收获曲线”以上，如何克服资源的有限性和发展的无限性之间的矛盾，除了改变资源利用方式之外，还必须增加对于自然资本的投资。这种投资既包括了物质形态的，例如植树造林、荒漠化治理、退耕还林还草等直接修复生态系统的方式，也包括了生态补偿、生态金融等货币投资方式。中国现代化生态经济体系需要不断增加自然资本的存量，加大自然资本投入，打造“自然资本投入—生态产品开发—生态价值实现”的生态经济发展链条。中国目前建立了以政府公共性投资为主，以生态补偿为手段，以开发性投资为引导的自然资本投资体系。国家层面，自然资源部全面统筹自然资本的确权、登记、使用和补偿工作，对关系到国家战略和涉及多方利益主体的领域，由政府资金来保障进行投资。自然系统中支撑生命延续和提升生命质量的服务称为生态服务，是生态资源的价值所在，自然资源和生态系统构成了人类社会重要的自然资本，环境保护是我们对自然资本的投资，生态服务就是我们获取的回报。生态补偿是以实现自然资本的公平分配与使用为目的，将环境保护和可持续利用协调统一，以发挥生态系统服务为目的，以经济手段为主调节相关者利益关系，促进补偿活动、调动生态保护积极性的各种规则、激励相协调的制度安排。生态补偿是基于市场的一种经济手段，它既是把人类生产活动的外部化成本内化的一种方式，也是调节不同发展阶段和生态禀赋地区之前存在的生态不公的一种最有效率和效果的机制，生态补偿能够将市场机制和生态服务有效结合起来，从而激励人们保护生态系统，提高人类活动的生态化水平。主体功能区制度对国土资源设置了不同的利用类型和使用限制，在此基础上进行功能区分和定位，并建立起相应的生态补偿机制，才能使处于不同发展阶段的地区的国土定位实现功能互补和效能合力，确保全国一盘棋的国土利用成为可能。固定污染源监管涉及“谁破坏谁补偿”，监管制度的排污许可证的财政走向就是生态补偿和生态修复。国务院正在研究制定《生态补偿条例》，这是生态环境保护法律体系和执法司法制度的重要内容。健全生态保护和修复制度，解决污染存量问题，提高生态产品供给能力，必然要求通过生态补偿机制来筹集相应的人力、财力和物力，构建生态安全屏障。生态环境保护责任制度中的生态补偿和生态环境损害补偿制度是确保制度“长牙带电”的经济手段，追责的形式既包括政治责任也包括经济责任，双管齐下能够增强制度的执行力。开发性投资按照“谁投资、谁开发、谁受益”的原则，搭建投资平台，完善支持政策和考核机制,引导和鼓励开发地区、受益地区与生态保护地区、生态贡献区、流域上游与下游通过自愿协商建立横向生态投资关系,采取资金补助、对口协作、产业转移、人才培训、共建园区等方式实施开发性投资,获取生态收益。

第二节 生态治理现代化

生态治理是治理理论在生态领域的运用,是指政府、企业、公民以及社会组织根据一定的治理原则和机制进行更好的环境决策,公平和持续地满足生态系统和人类的目标要求。狭义的生态治理是指生态学意义上的生态修复和环境污染防治;广义上的生态治理还包括生态文明建设中各参与主体的思维理念、行为模式、制度安排和方式手段等。① 生态治理现代化指的是党和政府在科学总结生态治理历史经验和发展规律基础上,为了实现生态文明建设目标,创新生态治理理念、调整生态治理结构、完善生态治理机制、改进生态治理方式、推进生态治理体系科学化和多元主体治理能力提升的过程。② 生态治理是治理理论在生态环境领域的具体应用,涉及治理理念、治理方式、治理体系及治理目标多维度构建。生态治理是国家治理体系和治理能力现代化的重要组成部分。国家治理体系和治理能力现代化相辅相成,统一于建设美丽中国、走向社会主义生态文明新时代的伟大实践中。③ 党的十九届四中全会指出中国特色社会主义制度具有独特的制度优势,提出"生态文明建设是关系中华民族永续发展的千年大计。必须践行绿水青山就是金山银山的理念,坚持节约资源和保护环境的基本国策,坚持节约优先、保护优先、自然恢复为主的方针,坚定走生产发展、生活富裕、生态良好的文明发展道路,建设美丽中

---

① 孙特生:《生态治理现代化:从理念到行动》,中国社会科学出版社 2018 年版,第 7 页。

② 余晓青、郑振宇:《生态治理现代化视野下社会组织的作用探析》,《福建农林大学学报(哲学社会科学版)》2016 年第 9 期。

③ 陆波、方世南:《国家治理视域下生态治理能力现代化方略》,《学术探索》2016 年第 5 期。

国。要实行最严格的生态环境保护制度,全面建立资源高效利用制度,健全生态保护和修复制度,严明生态环境保护责任制度”。中国特色社会主义生态治理现代化就是将中国特色社会主义生态文明建设的制度优势转变为生态治理效能。生态治理现代化主要内容体现为生态治理主体多元化、治理客体结构化、治理过程系统化、治理方式民主化等要素。生态治理能力是生态治理体系现代化的关键内容,是依照生态学的原理,对系统治理、依法治理、综合治理、源头治理等根本原则与方法的综合应用和考量,包括了生态环境保护监管制度、资源高效利用制度、生态修复和保护制度和生态环境保护责任制度,推进生态治理现代化,就是以自然资本保值增值为目标,遵循生态治理规律,增强生态治理主体性来构建生态治理的长效机制。

生态治理现代化是国家治理能力和治理体系现代化建设的重要内容,国家治理能力和治理体系现代化是生态现代化的元体系,生态治理现代化是中国特色社会主义生态现代化建设的重要抓手。国家治理体系的本质是国家经济、政治、文化、社会、生态文明的制度体系的综合,国家治理能力是国家制度的制定者、参与者和执行者多元互动,在政治、经济、文化、社会和生态文明以及党的建设方面,进行制度体系的建构、创新、执行和评估。国家治理体系和治理能力现代化是中国特色社会主义现代化建设的重要目标,中国特色社会主义现代化建设的显著特征是全体人民的共同富裕和走一条人与自然和谐共生的现代化道路,因此实现中国特色社会主义生态治理现代化是中国特色社会主义现代化建设的主要内容。通过生态文明制度系统的顶层设计与分布推进相协调,形成优化监管制度体系、改善经济制度体系和导向性制度体系的科学结构,把制度红利与自然资本相结合,推动生态治理现代化水平。

一、顶层设计引领

治理体系是系统工程,制度建构和运行需要整合顶层设计以发挥制度要素整合的系统优势。生态治理现代化在政府层面就是通过整合政府政职能机构、完善政策法规体系、配合高效人才队伍来实现治理从过去的碎片化向系统化演进的目标。整合政府职能机构是将过去分散的环境保护和治理职能整合为统一的高效的政府职能。职能的创设和赋权是一个累积过程,传统的治理模式随着人们对人类活动对自然环境带来的影响而对自身的活动的调整和管理,从根本上是“先污染再治理,有问题想办法”的思路和模式,从而导致了治理职能设置的分散性和滞后性,随着对生态环境系统性、生命性和演进性的认识不断加深,以生态学的观点和方法来看待生态环境和管理自然资本成为生态治理现代化的主要职能。系统整合顶层设计体系分为两个方面,分别是制度体系科学完备和职能机构的高效运转,从而能够将制度优势转化为治理效能。西方生态现代化理论中将生态治理的顶层设计要素总结为:民主与公开的政治体系;合法的、常采取干预措施的政府,具有先进而有所区分的社会与环境基础设施;培育普遍的环境意识,推动组织完善和激进改革的非政府组织;调节机构或商业组织,可以代表生产者进行部门或者地区层次的谈判,具有政策制定谈判或者管理磋商的传统和经验;国家调控的市场经济,它支配着生产与消费的过程,涉及社会的方方面面,并与全球市场紧密结合。① 建立在西方政治制度上的生态治理现代化理论是具有欧洲中心主义基础的,各个国家的政治文化、政府机构和政治体制不是完全一致的,不能够简单地以欧洲传统生态治理标准来看待发展中国家尤其是中国这样一个集聚发展阶段性和发展特殊性的国家。中国生态治理现代化的顶层设计以中国共产党的领导作为显著特色,以生态制度的系统集成为工具,以内嵌于国家治理体系与治理能力的机构改革为抓手,形成了能够发挥制度优势,提升制度效能的生态治理顶层设计。

坚持中国共产党的领导是中国特色社会主义生态现代化治理的显著特征,党的领导是中国特色社会主义制度的最大优势,党统揽全局的执政方式能

① [荷]阿瑟·摩尔、[美]戴维·索南菲尔德:《世界范围的生态现代化——观点和关键争论》,张鲲译,商务印书馆 2011 年版,第 360 页。

够调动最广泛的因素来落实执政理念。党的十九大报告将生态文明建设写入党章中，作为党领导社会主义建设的五位一体总体格局的重要内容，党的十九届四中全会研究国家治理体系与治理能力现代化问题，将生态文明制度体系和生态现代化治理模式作为实现国家治理体系与治理能力现代化的重要考核标准。2015 年，中共中央、国务院专门出台《关于加快推进生态文明建设的意见》，明确将生态文明建设作为中国特色社会主义事业的重要内容，关系人民福祉，关乎民族未来，事关“两个一百年”奋斗目标和中华民族伟大复兴中国梦的实现。提出通过健全法律法规、完善标准体系、健全自然资源资产产权制度和用途管理制度、完善生态环境监管制度、验收资源环境生态红线、完善经济政策、推行市场化机制、健全生态保护补偿机制、健全政绩考核制度和完善责任追究制度来建构系统完整的生态文明制度体系，实现国家治理体系与治理能力现代化，引导、约束和规范各类自然资本的各类行为。在随后中共中央又通过了《生态文明体制改革总体方案》，明确了中国的生态治理现代化要坚持正确改革方向，健全市场机制，更好发挥政府的主导和监管作用，发挥企业的积极性和自我约束作用，发挥社会组织和公众的参与和监督作用。自然资本的使用和交易要坚持自然资源资产的公有性质，创新产权制度，落实所有权，区分自然资源资产所有者权利和管理者权力，合理划分中央地方事权和监管职责，保障全体人民分享全民所有自然资源资产收益。中国共产党将生态治理现代化作为执政能力建设的重要内容，从执政理念和政策环境两个方面对生态治理现代化做了顶层设计，以指导意见和总体方案两个文件作为核心框架，来统领生态治理现代化能力建设。

在制度体系的构建方面，中国生态治理现代化的制度体系是以“生态文明体制改革总体方案”为基础，以提升生态文明制度结构的整体性、科学性、系统性和协同性为原则，以建设美丽中国为目标，以正确处理人与自然关系为核心，以解决生态环境领域突出问题为导向，保障国家生态安全，改善环境质量，提高资源利用效率，推动形成人与自然和谐发展的现代化建设新格局，以生态文明建设的四梁八柱作为生态治理的框架结构。自然资源资产产权是基础原点；国土开发保护是重要抓手；空间规划体系是先导标准；资源总量管理和节约是重要目标、资源有偿使用和补偿是市场手段；环境治理体系是重要保障；而市场体系、绩效考核和责任追究是治理要素。从中央到地方贯彻始终的制度体系的建立，配合河长制、湖长制等创新机制的设立，使得中国生态治理的制度系统具有统一性、科学性、高效性和长远性的特点。

职能机构方面，中国生态治理现代化内嵌到国家治理现代化，以党和国家机构改革为依托，形成适合生态治理现代化要求的职能改革和机构设置。深化党和国家机构改革是推进国家治理体系和治理能力现代化的一场深刻变革，在国务院机构改革方案的议案中，新组建了自然资源部和生态环境部，整合顶层设计，开启了中国生态治理现代化体系的系统性创新。在社会发展与自然资源的不同阶段，发展模式的转换必然带来自然资源利用、交易、补偿和保护形式的转变。在生态文明制度建设的“四梁八柱”中，对自然资源保护和利用进行了制度安排。中国的机构改革，为了提升整合对于自然资源保护和利用的职权，在十九届三中全会之后将自然资源部作为国务院新组建的部门来实现治理职能的进一步集中和规范。新成立的自然资源部将国土资源部的职责，国家发展和改革委员会的组织编制主体功能区规划职责，住房和城乡建设部的城乡规划管理职责，水利部的水资源调查和确权登记管理职责，农业部的草原资源调查和确权登记管理职责，国家林业局的森林、湿地等资源调查和确权登记管理职责，国家海洋局的职责，国家测绘地理信息局的职责整合，形成中国自然资源的主体行政管理部门，将自然资源的战略位置提升到决定政治经济社会持续健康发展的高度，更是贯彻“绿水青山就是金山银山”的具体体现。生态系统是一个有机生命躯体，应该统筹治水和治山、治水和治林、治水和治田、治山和治林。新组建的生态环境部将原来国家发展和改革委员会的应对气候变化和减排职责，国土资源部的监督防止地下水污染职责，水利部的编制水功能区划、排污口设置管理、流域水环境保护职责，农业部的监督指导农业面源污染治理职责，国家海洋局的海洋保护职责，国务院南水北调工程建设委员会办公室的南水北调工程项目区环境保护职责整合，将过去归口于不同部门的生态环境治理和污染防治职能统一到生态环境部，破解生态环境治理中的“九龙治水”现象，提高环境治理的行政效率，以真正贯彻落实“统筹山水林田湖草系统治理的整体系统观”，意义十分重大。这既是新时代中国特色社会主义生态文明建设的重要顶层设计，也是提升国家生态治理能力、打赢污染防治攻坚战的实践举措。组建自然资源部作为统一行使全民所有的自然资源产权的机构，构建全国统一的自然资源产权制度与体系，夯实了我国生态现代化治理能力和治理体系的基础，为我国生态现代化建设提供了强有力的动力支撑。组建自然资源部和生态环境部标志着我国的生态文明建设的制度体系更加趋于完善，是促进生态治理体系和治理能力现代化的重大系统创新，将对解决历史累积的生态问题、助力当代中国的生态转型和拓展未来生态现代化的发展空间产生深远而积极的影响。

二、市场机制推动

生态治理现代化的显著特点就是从过去的仅仅依靠政府的推动到现在引入市场主体来参与到国内和国际的生态重建、自然资本核算与利用、技术创新和改革中，通过充分调动市场、货币和经济规律来实现绿色发展。中国的市场经济制度的建立过程较晚，也不同于西方资本主义国家的内生市场发展与资本主义相结合的自发模式，而是从计划经济向市场经济并与世界市场逐步接轨的过程中产生出来的。中国的市场经济制度有其自身的特点，将政府和宏观调控作用和市场在资源配置中的决定性作用相结合，既克服了纯政府计划的滞后性也克服了纯市场的盲目性，四十多年的改革开放就充分证明了这一点。同样中国的经济发展也面临着从传统的要素驱动向创新驱动，从工业化单向度发展向生态化可持续发展的转变，政府的环境治理与生态保护的政策引导落实到市场机制中，集中体现为建立起自然资源的定价系统和自然资本的交易机制。

基于自然资本的保值增值是构建生态现代化治理体系的重要支柱，自然资本的确权与定量是生态治理的市场机制的重要问题。生态现代化治理体系的基础是自然资源产权制度体系。自然资源产权制度决定着生态现代化的动力来源、发展模式和评价标准。是否能够建立高效、科学、法治的自然资源产权制度是衡量政府生态治理体系和治理能力现代化水平的重要指标，也是生态现代化发展路径的重要支柱。生态环境保护中存在的一些突出问题，一定程度上与体制不健全有关，原因之一就是全民所有自然资源资产的所有权人不到位，所有权人权益不落实。自然资源产权缺位将导致自然资源利用过程中的“公地悲剧”和“破窗效应”，这是我国生态文明建设的短板，也是我国生态现代化治理体系构建亟待解决的问题。在党的十八届三中全会对全面深化改革做顶层设计的时候，就提出要按照所有者和管理者分开和一件事由一个部门管理的原则，来落实全民所有自然资源资产所有权，建立统一行使全民所有自然资源资产所有权职责的体制。各地试点编纂自然资本负债表和建立自然资本产权交易平台，积累了一定经验。同时也发现迫切需要建立国家对国土范围内自然资源行使监督权的制度体系。经过不断实践探索，党的十九届三中全会明确指出，要设立国有自然资源资产管理和自然生态监管机构，完善生态环境管理制度，统一行使全民所有自然资源资产所有者职责，统一行使所有国土空间用途管制和生态保护修复职责，统一行使监管城乡各类污染排放和行政执法职责。生态现代化治理体系和治理能力建设的制度路线图逐渐展开，生态产权制度建设处于先行且核心的地位。对自然资本的确权的支撑是对自然资源的价值定量，中国一方面积极参加世界组织进行的自然资本试点工作，在联合国统计司，在联合国环境规划署，在生物多样性公约关于秘书处和欧盟相继推出“项目生态系统服务的自然资本核算和估值”中，中国的广西和贵州参与其中。在国家层面，中国提供支持编制自然资源资产负债表。在国内，积极探索推进自然资源的登记和编纂，努力摸清土地、林木、水资源等自然资源资产的“家底”及其变动情况，为完善资源消耗、环境损害、生态效益的生态文明绩效评价考核和责任追究制度提供信息基础，为推进生态治理现代化提供信息支撑、监测预警和决策支持。

生态补偿是以实现环境资源的公平分配与使用为目的，将环境保护和可持续利用协调统一，以发挥生态系统服务为目的，以经济手段为主调节相关者利益关系，促进补偿活动、调动生态保护积极性的各种规则、激励相协调的制度安排。制度经济学和福利经济学为生态补偿制度的建立提供了价值工具，生态正义为生态补偿提供了机制基础。对于生态补偿制度的理解有狭义和广义之分。狭义的生态补偿可以看作是直接成本的测算，指对由人类的社会经济活动给生态系统和自然资源造成的破坏及对环境造成的污染的补偿、恢复、综合治理等一系列活动的总称；广义的生态补偿包含了更多的间接成本，有因环境保护丧失发展机会的区域内的居民进行的资金、技术、实物上的补偿，政策上的优惠，以及为增强环境保护意识，提高环境保护水平而进行的科研、教育费用的支出。生态补偿就是把人类生产活动的外部化成本内化的一种方式，也是调节生态不公的一种最有效率和效果的机制。法律作为保障人的权利义务，维护社会运行的基本原则，涵盖社会各个方面，应当在维护生态正义、实现生态补偿上发挥基本作用。如果将生态正义进一步拆分成生态分配正义和生态矫正正义来理解的话，生态正义的法治化道路其实可以看作是对基于生态资源所产生的权益的保障和义务的分配以及责任的确认。

党的十九届四中全会提出“坚持和完善生态文明制度体系，促进人与自然和谐共生”的生态文明制度建设总要求，并着重强调要“实行最严格的生态环境保护制度、全面建立资源高效利用制度、健全生态保护和修复制度以及严明生态环境保护责任制度”。从党的十九大明确中国的现代化建设要走一条人与自然和谐共生的道路到十九届四中全会专门研究国家治理能力与国家治理体系现代化背景下的生态文明制度体系建设，生态文明建设上升到关系到中国新时代中国特色社会主义建设目标能否实现的重要方面。随着现代化建设不断推进,我国实践中出现了人民群众对良好生态环境的需求不断增长和生态文明建设的不平衡不充分的矛盾,通过生态补偿机制来实现生态正义,满足人民对于良好生态环境的需求成为新时代生态文明建设亟须解决的问题,通过法治化的手段来构建基于生态正义的生态补偿机制是下一步生态文明建设法治化的重要内容。

法律是调节社会关系的基本准则,由公权力保障实施的法律具有权威性和稳定性。"我国社会主义法治凝聚着我们党治国理政的理论成果和实践经验,是制度之治最基本最稳定最可靠的保障。"中国的生态文明建设正处在关键时期,生态环境保护与转变经济发展方式和提高人们生活水平相互交织在一起,不同地区的不同诉求存在着冲突。生态环境问题亟待解决,中央政府与地方政府之间关于生态责任落实的矛盾(主要表现为中央对生态建设要求高,有些地方仍然存在重发展轻保护的现象)日益凸显,因此如何协调经济发展与生态环境之间的关系不仅仅是环境问题,更是关系到国家治理现代化的重要命题。法律是国之重器,法治化是国家治理能力与国家治理体系现代化的重要内容。中国特色社会主义实践向前推进一步,法治建设就要跟进一步。要推进全面依法治国,发挥法治在国家治理体系和治理能力现代化中的积极作用。中国生态文化建设过程中将生态补偿纳入到法治化的范围之内是十分必要的,通过建立统一的生态补偿制度,确立生态补偿的主体、客体、标准和途径,真正通过生态补偿制度来调节不同地区的发展诉求与环境容量,从而实现更大范围的生态正义和满足人民对美好生活的向往。党的十九大鲜明地指出建立市场化、多元化生态补偿机制,要求调整生态补偿关系,规范生态补偿运行过程中的各类关系,以法治化的方法来明确生态补偿实践中补偿主体和受偿主体的权利和义务并明晰和界定生态资源的产权。构建生态补偿机制,将从整体上不断推进我国生态文明建设的实践,将为实现美丽中国的目标筑牢强有力的制度根基。

中国生态治理现代化不断的健全市场经济体制，伴随着中国改革开放的进程和社会主义市场经济的不断完善，发挥了市场在生态治理体系现代化建设中的重要作用。资源配置在市场中起到决定作用是市场经济的一般规律，也是中国特色社会主义基本经济制度的运行规则，建立生态治理制度体系，需要凭借制度体系的优化设计，科学合理的配置自然资本。中国的生态资本的配置的市场化程度在不断提高，积极推动资源与环境领域的价格改革，让市场发挥其主导作用，进一步制定和完善生态治理的经济政策体系，健全自然资本的市场交易体制，使自然资本能够更加科学的得到配置利用，同时运用经济制度的创新成果，在金融监管、融资保障方面引入生态要素，提升生态治理在市场机制中的有效性和生命力。

三、法治体系保障

法律是调节社会运行的基础，人类文明的现代化的重要标志就是从人治走向法治，完善的法律体系能够调节社会运行与资源分配，生态治理走向现代化需要最严格的法律作为保障体系。法律是治国之重器，良法是善治之前提。建立健全完善的生态治理法律体系是依法推进我国生态治理现代化，切实推进生态文明建设的根本保障。中国通过把依法治国与生态治理现代化有机统一在一起，建立健全完善的生态治理法律体系，加强执法监督来确保生态执法的有效性。法治是国家治理体系和治理能力的重要依托，法治体系是国家治理体系的骨干工程，推进生态治理现代化，需要完善的生态文明法律体系，只有将生态治理纳入到法制化的轨道，使生态治理法治制度更加科学、成熟、定型和完善，将我国生态治理的经验予以制度化、规范化和程序化，运用法律制度来推进生态文明建设和生态治理才能实现生态治理领域的国家治理现代化。中国特色生态文明法律体系贯穿于法治国家、法治政府、法治建设等领域，涵盖立法、执法、司法、守法等各个环节，包括法律规范、法制实施、法律监督、法制保障等方面，对于整体推动生态文明建设具有纲举目张的作用。[①] 因此完善的生态治理法律体系是做好自然资本工作的“总调控手段”，也是中国生态现代化治理的内在要求。

宪法是国家的根本大法，是判断社会是否按照现代社会系统运转的重要标准，也是一切法律和法规的上位法。中国宪法规定了在我国的资源环境是归全体人民所有，对不同的自然资源的使用方式和保护原则都做了立法说明，是中国生态治理的最高标准，具有最高的权威性。立足于宪法，有专门的部门法来作为有效的支撑，《中华人民共和国环境保护法》是环境保护的专门部门法和基础法，中国已经有相关生态环境法律 37 部，其中有污染防治类法律 9 部，生态保护类法律 7 部，有关自然资本和自然资源类的法律 16 部，防灾减灾类法律 2 部和全国人大常委会通过的相关环境治理的决议 2 项，是我国生态文明建设领域法律制度及其执行能力的充分体现。

中国生态治理现代化的法律体系以环境污染防治为切入点，以生态保护修复为着力点，以自然资本的保护为落脚点，形成了污染防治、生态修复、自然资源修复和责任制度为一体的体制机制。污染防治是生态治理的首要任务，也是生态文明建设的重要方面，目前按照系统治理的理念，在固定污染源监管制度中实行集中统一发放排污许可证的立法实践，同时探索许可证的集中管理、集中发放、全过程监督和排污权交易组；不断加快污染防治区域联动的法律制度，按照主体功能区和协同监督原则，构建起区域联动的环境污染防治的法律体系，进一步完善了统筹陆海空的生态环境治理体系，配合美丽乡村建设，强化了农村环境污染防治的法律体系建构。生态环境保护是建立在对传统工业化发展的反思基础之上的，生态环境问题的出现是历史累积的过程，生态保护和修复是重塑生态环境和改善生态质量的基础性长期性工作，也是生态治理现代化的坚实基础。在生态保护和修复的法治保障中，中国以国家公园为主体，通过不同类型和级别的国家公园的设定要求，按照分级设立、分级

① 孙佑海：《从反思到重塑：国家治理现代化视域下的生态文明法律体系》，《中州学刊》2019 年第 12 期。

管理、权力明晰、资源共享等方式，按照特许经营制度，进行自然保护地体系的建立，全国人大正在酝酿立法《国家公园法》，为将来的《自然保护地法》做立法准备。根据山水林田湖海是一个生命共同体的系统观，研究制定长江法、黄河法、三江源法、湿地法、海域法和生物多样性法，将生态屏障的建立与法律屏障的保护统一起来。自然资源和自然资本的保护是我国生态治理法律体系的重要组成部门，也是目前我国生态文明法律体系中的核心组成部分（矿产资源法、土地管理法、水法等共计 16 部关于自然资本的法律）。目前正在加快建立全国统一的国土空间规划和用途管制的法律制度，全面规范企业和政府在国土资源方面的相关行为，坚决落实国家关于国土资源红线的战略底线，协调统一城市化进程与主体功能区建设和国土空间布局之间的关系。修改了《循环经济促进法》和《节约能源法》，为生态治理市场机制的建立提供法律依据，为资源配置的市场化提供法律规范，将人的经济活动控制在自然环境能够承载的范围之内，全面建立资源高效利用的法律制度，推动资源的循环利用和可持续发展，例如出台了《固体废物污染环境防治法》等，形成了推进自然资本和自然资源的确权登记的法治化、规范化、标准化和信息化，有效落实资源使用的补偿和交易制度，对资源消耗有了强制性和约束性的指标和严格的问责追责机制。以实现监管体系和监管能力现代化为目标，以强化生态保护监管，强化生态保护修复的统一监管，实现统一政策规划标准制定，统一监测评估、监督执法、督察问责为主线，切实做好生态保护红线、自然保护地、生物多样性保护监管工作，深入推动探索以生态优先、绿色发展为导向的高质量发展新路子的试点示范，推动形成机制更加健全、监管更加有力、保护更加严格的生态保护监管新格局。

通过法律法规的形式，把生态治理的评价考核和责任追究机制法治化。首先是通过党内法规和一般性法律文件，将生态治理的目标评价考核制度建立起来。中央颁布了《党政领导干部生态环境损害责任追究办法（试行）》和《生态文明建设目标评价考核办法》，把生态环境的修复和治理，生态文明建设的推进加入到经济社会发展和党员领导干部的政绩考核体系中去，建立了生态环境损害的终身责任追究制。例如中共中央办公厅、国务院办公厅印发的《党政领导干部生态环境损害责任追究办法（试行）》对“党政同责、一岗双责、失职追责”予以了规范化、制度化和程序化。

四、社会协同实践

欧洲的生态现代化是在所谓公民社会中进行的，环境公共危害事件的不断发生，环保人士、环保非政府组织和绿党的不断壮大，推动着日渐普遍的环保标准和价值体系的建立。在中国，生态意识的觉醒也是伴随着经济日益增长与环境问题（雾霾问题、水污染、土壤污染等）的出现，公民的环保意识和环保需求也逐渐成为社会重要诉求。莫尔指出，在中国，公民社会对环保改革的贡献可以有其他的表现方式，包括政府组织的环保非政府组织的出现、地方上访活动的增加以及不成文的社会规范、规则和行为实则受到重视等。① 习近平总书记指出：“要加强生态文明宣传教育，增强全民节约意识、环保意识、生态意识，营造爱护生态环境的良好风气。”中国以强化公民环境意识，把建设美丽中国化为人民自觉行动，以社会协同实践来推进生态治理现代化。

将生态治理融入和谐社会的建设之中。现代化本质上是社会转型，生态现代化就是建设会转向与生态文明建设统一起来，处理好社会转向和生态现代化的关系，就是社会建设的生态转向。生态治理现代化就是将生态价值理念和生态治理规范制度融入到社会的运行之中，为社会建设发展提供全新的社会发展规范，从而构建人与自然、社会发展与生态环境的和谐。现代化的社会转型充满着矛盾和冲突，是破和立相统一的过程，为了实现和谐社会，不仅仅要考虑人和人之间的和谐，也应当注重人和自然之间的和谐，避免因为生态问题而引发社会矛盾和冲突，只有形成社会建设的生态化转型，维护社会发展

① 阿瑟·P.J.莫尔、庞娟：《转型期中国的环境与现代化》，《国外理论动态》2006 年第 11 期。

中的生态诉求,才能实现社会和谐与美丽中国的良性互动。社会发展、社会建设和生态治理相结合,以生态化的指向作为人和自然和谐共生的基本理念,将生态因子作为社会因子注入到社会发展中去,才能够给追求美好生活的人民群众提供稳固的自然物质保障。中国特色社会主义社会建设的有序推进和社会秩序的稳定运行,是以不断增强的生态治理现代化制度体系和治理水平作为价值支撑和制度供给的,生态治理现代化从本质上就揭示出了社会发展的现代化跃升与环境生态治理的内在价值契合和相关联。中国生态治理现代化的社会协同实践,积极回应生态现代化社会建设中遭遇的困境,落脚点是构建人和自然和谐共生的社会形态,从而推动社会转型生态现代化的可持续性与自体系性。"当人类社会与自然世界在本质上融合成为一个不可分割的整体后,关爱社会亦是关爱自然,关爱自然亦是关爱社会,保护自然环境就成为生态社会不得不承担的道义。"①生态治理现代化的社会协同实践是现代生态社会建构和运行的基本规则,生态社会建设涵盖了责任、权力、利益和资源的"再分配"问题,要把生态现代化建设的核心要义和精神价值融入到社会转型的建设过程中来,中国生态治理现代化通过促进社会力量优化,推进社会建设,明确社会责任,促进成果共享实现了生态治理现代化与社会建设管理的有机统一。

社会组织是实现生态治理现代化社会系统实践的重要载体,在中国正在形成规模化的参与生态治理工作的环保非政府组织,从《人民日报》(海外版)报道的 2013 年中华环保民间组织可持续发展年会披露的数据来看,在 2012 年底的时候,全国生态环境类社会团体已有 6816 个,生态环境类民办非企业单位 1065 个,环保民间组织共计 7881 个,社会组织凭借其专业性和民间性,在生态治理的社会协同方面起到了重要作用,已经成为动员公民推动生态治理的网格化进程的组织力量。网格化治理是现代社会治理的主要形态,是按

---

① 曹猛勤:《试论解决生态危机的根本出路》,《南京师大学报(社会科学版)》2007 年第 4 期。

照多元主体参与,博弈规则与资源互动,来共同参与到社会公务事物的处理,从而实现公共利益的公平分配的过程。生态治理现代化就是改变过去传统的单纯依靠政府治理,需要动员社会力量参与,整合自身资源,凝聚社会力量,从而推动生态治理的网格化和民主化。社会组织推动通过业界联合,采用多种形式,将企业的经济要素与政府的管理职能和公民的环保需求结合起来,以联合会形式来促进环保产业的发展,从而实现以公众带动市场,以市场带动企业的引领作用。同时社会组织通过信息整合、媒体网络、问卷调查、民主恳谈等多种形式为政府出台相关生态治理的政策提供决策参考,社会组织将群众的利益诉求系统化整体化,通过搭建起政府、市场、企业和公民之间的信息桥梁,使得治理的有效性和顺畅度不断提高,同时能够主动化解在治理过程中由于信息不对称而带来的冲突。总体来说,生态治理现代化视角下社会系统实践就是社会组织和公众将生态治理多要素参与的组织作用、生态治理矛盾冲突的协调作用、生态治理的多元监督作用、生态治理的实践推动作用、生态理念的广泛宣传作用统一在了一起,凝聚起生态治理现代化的最大公约数,提高了生态现代化治理的多元主体协同意识,推进了生态治理的网格化科学化水平,加强了生态治理社会组织的能力建设,提升了社会组织生态治理能力的现代化水平,从而为生态治理的全要素参与提供了管理决策、专业化建设和高效活动组织体系的保障。将生态治理的法治保障融入到生态治理体系的多元主体参与机制中去,更好地实现生态治理制度的法治化与现代化水平,社会组织通过积极拓展资金来源渠道,推动了生态治理现代化社会协同实践的可持续化与自组织化,提高了生态治理现代化的社会发展水平。

中国特色社会主义生态现代化兼具着回归和超越的双重意义,回归就是回归到人与自然和谐共生的基本状态,也是中华民族永续发展必须遵循的根本原则,超越就是探索现代化发展的新路子,创造新型的现代文明。中国特色社会主义生态治理现代化就是发挥中国特色社会主义的制度优势,有效整合自然资本保值增值的制度体系的系统性、制度环境的适用性和制度运行的高效性，生态治理能力现代化是生态治理体系有效性的关键。不同于传统现代化以工业资本的持续利用为目标的生态治理现代化体系，构建以自然资本为主体的生态治理现代化体系，发挥中国特色社会主义生态文明制度的优势是中国特色社会主义生态现代化的显著特征。

第三节　科学技术生态化

技术是人改造世界的外化系统，技术的发展在人和自然关系、人与人之间关系和人与自身关系三类最基本关系中演进，技术范式的更迭因素究其本质动力，则是人类自身的发展目标、经济社会的发展目标和生态环境的发展目标之间的博弈。中国的生态化转型要求我们推进生态技术的发展，生态技术的发展的前提是发展的思想理念的转变，技术生态化要求人和自然的发展要重回人和自然和谐相处的关系，就是要重新审视人和自然之间的关系。中国有着深厚的传统生态智慧和生态文化，经过马克思主义生态观和有机马克思主义的影响，正在形成一种全新的自然观，这种自然观是构建技术价值体系的核心要素。中国的技术创新的生态现代化发展就是将中国的“天人合一”的自然观嵌入到技术理念，将人和自然的双向解放内生到技术目标，将生态知识和生态理念相结合形成技术发展路径，形成基于中国生态智慧和生态理论的全新的自然—人—社会的有机体系统。

一、以生命有机体为本源的技术观念

生态现代化的技术核心理念就是平衡，是建立在无机体多样性和系统性之下的平衡，这是生态现代化不同于工业化现代化的技术表征。人类自身是一个有机体的系统，人类生存在一个有机体系统的自然环境中。有机体的本源特征是多元的、循环的和和谐的，是建立在复杂性与统一性基础之上的系统复合，而人作为有机的系统和有机系统的一部分，其自身的发展应当是遵循着

有机规律的。技术系统的产生最开始是人的技能的物化和外化,技术方案是人在处理同自然的关系中所产生的协调人化自然和自在自然之间关系的产物,技术价值是人所追求的自然存在形态和社会存在形态的相结合的具体体现。按照费恩伯格的观点,以实体技术框架支撑的现代化不是中立的,技术框架同时影响着人对生活的理解,因此要研究并修复现代性和人的本性的割裂,需要从技术的演进和发展过程来考量。技术的发展应当与人的生命有机体的本源是一致的,技术方案的发展同人和自然和谐共生是一致的,技术价值应当是同人和自然协同进化是一致的。技术的演进和发展不应当看作是独立的,也不应当看作是唯一的,技术的发展是一个选择的过程,正如我们不能把效率的提高看作是技术的唯一目的一样,技术价值的主导和技术方案的形成是一个"待确定的"状态。是由社会不同力量进行博弈和选择最终形成的技术演进路径,而影响这种博弈和选择的就是人的理性。生态现代化技术从开始的生态修复和对工业技术的修补和改良,逐步扩散到政治领域改革和公民生态意识觉醒,最后成为推动生态文明社会建设的主动力。把从世界整体分离出去的科学技术,重新放回人—社会—自然有机整体中,运用生态学观点与生态学思维于科学技术的发展中,对科学技术的发展提出生态保护与生态建设的目标。① 中国生态现代化技术演进的首要就是技术理念的重构,就是重回生命有机体的源头,用整体的、动态的、和谐的、系统的生态科学眼光重新认识人和自然之间的关系,纠正人类中心主义的为自然立法和成为自然的主人,摆脱资本异化的束缚,完成生态现代化技术在人和自然层面的正效应效用,实现自然界的"返魅",恢复人和自然界的密切有机关系,推动人类社会走向生态文明时代。

二、以生态经济为基础的技术体系

生态现代化正是人类在进入到生态文明时代时所带来的全新的生产革

① 佘谋昌:《生态哲学》,陕西人民教育出版社2000年版,第77页。

命，其特征为按照生态原则对基本的生产过程进行彻底的结构调整，以自然资源的生态功能化来解决发展的动力问题，以福利最大化来解决发展的需求导向问题，以通过“协调生态与经济”以及“超工业化”的途径来解决发展的路径问题。在这样的发展逻辑下，生态理性是经济活动的基本原则，将自然资源的功能性和生态环境治理的公共性统一在人类的现代化进程中。中国的生态现代化要构建基于生态技术的市场化体系。技术的创新和演进是一个社会系统工程，是社会各个要素之间相互影响和博弈所产生的助推力推动技术体系的发展和技术方案的选择。生态技术天然的带有人类利用自然的全新方式，这种方式包含自然资源的利用形态的转变、自然资源市场化的全新要求、自然资源与技术创新互动的全新模式。中国提出绿水青山和金山银山的辩证关系，最重要的就是在具体的实践发展中形成基于中国实践的生态技术市场化的发展模式。生态技术范式是全新的技术体系，它将带来革命性的、历史性的重大影响，是重塑一个全新的生态时代的技术力量，因此中国生态现代化发展要重视生态技术的市场机制构建，以“生态经济—生态增值”的循环来重新激活中国的生态资源，将资源配置更多的引导到生态创新链条中，构建起支撑中国生态绿色发展的技术体系和技术市场。生态经济中，自然资源的功能表现为系统性，是作为自然系统所具有的整体价值性和作为人类系统存在前提的基础价值性，以自然生态系统整体性和系统性为基础的价值是新财富的标志，这就是“绿水青山就是金山银山”的意义之所在，生产的目的不再是以 GDP 的增长为唯一，人类从物质最大化进入到福利最大化。环境治理和维护不再是额外需要支付的社会性成本，而成为生产生态价值和生态财富的投入前提，良好的生态环境就是在生产力的生产理念下，更多的资金和技术投入到生态治理和生态环保产业中，破解了过去生态治理成本社会化同生产的私人化之间的矛盾。以费恩伯格的技术具体化的观点来分析，具体化是人类理性活动的外显，具体化促使形成了用来维护技术的自身功能的一种环境，这种环境将技术以及技术周边的自然环境结合起来，使得技术的发展处在连续的、相互的、因果关系的作用中,使得技术的演化同环境因素融合在了一起。生态现代化就是人的理性活动回归人的有机体本源后对技术发展所做出的一种维护,这种维护是技术重新来调节人和自然的关系,是使技术同周边的环境协同发展从而实现技术的可持续发展。生态现代性是对现代性的超越,这种超越体现在经济模式的飞跃,不同的历史发展时期的“技术—经济”模式是技术系统同社会系统相结合而产生的支撑社会进步的动力系统,从农业文明时期的“农耕技术—农业经济”的土地增值到现代化开端工业文明时期的“工业技术—工业经济”的资本增值再到生态现代化生态文明时期的“生态技术—生态经济”的生态增值。技术创新方案和系统的形成始终是人的最主要的经济活动形式,也就是马克思用“自然经济、商品经济和产品经济”三种经济形态来考察人与自然、生产力与环境张力之间的关系。在这样的生产逻辑之下,技术创新的模式也将发生重大的变化。过去单纯以提高效率,扩大资本增值的技术创新导向被基于维护生态系统的整体性和和谐性、促进福利最大化的生态创新体系取代,由此带来了支撑技术创新的科学范式的更迭。在生态文明时期,技术体系表现为以生态学的兴起和整体论的哲学方式发展为标志,经济模式中能源革命先导作用显现,从过去的化石能源为主向着新能源革命为导向的生态技术系统发展,生态技术共同体逐渐形成,更多的资金和制度红利进入到生态技术创新领域,生态融资平台扩大,生态技术交易系统逐步完善,科技创新的生态化转向成为主流。“把生态系统的整体利益作为最高价值而不是把人类的利益作为最高价值,把是否有利于维持和保护生态系统的完整、和谐、稳定、平衡和持续存在作为衡量一切事物的根本尺度,作为评价人类思想文化、生活方式、科学进步、经济增长和社会发展的终极标准。”①

---

① Keller and Golley,“The Philosophy of Ecology,from Science to Synthesis”,The University of Georgia Press,1995.

三、以生态意识为内容的技术解放

生态现代化的技术发展是建立在重新平衡人与技术、技术与世界和人与世界的三重关系之中，是倡导一种更加有机的关系来滋养人的精神世界，追求的是一种生命共同体的和谐、稳定和美丽。"和谐"是指自然界的各个物种之间共存共荣、和谐相处、共同维护生态系统的完整性，"稳定"是指维持生态系统的完整性以及复杂性，发挥生态系统本身的调节功能，"美丽"是从美学评判价值来分析，使生态系统符合审美标准。① 人的意向性通过技术手段和技术方案来认识和改造客观世界，技术不可避免的影响人的精神世界和客观世界的形成，反过来人的精神世界的客观世界的发展也对技术发展和技术选择产生影响，三者建立在一种相对稳定的三角关系之中。生态现代化的技术创新是一种双向解放的关系重建：人的解放和自然的解放。人的解放是通过生态技术使人重回生态有机体的生存环境和生存目的，是人的本质力量的体现，人的精神世界从工业资本的异化中解放出来，人的生产生活方式从物质毒化向生态和谐转变，人的生产不再是资本增值的工具，而是追求精神世界和物质世界更加协调的福利最大化。人的本质力量展开是人的生态知识成为主体，人从自然中获取的知识是多元的、非线性的、综合的，是适应自然发展和环境需要的生态知识体系，人是具有生态意识的生存着实践化的人，它消除了自身的异化，使人的生存更加的诗意和自然。自然的解放指的是自然不再是人奴役的对象，不在被肆意掠夺和破坏，消除了自然的异化，恢复了自然的活力。中国的生态现代化要重视社会生态意识的力量。人的生态意识的觉醒促进生态技术的发展，生态技术的发展进一步的凝聚和扩大人的生态意识的影响力。人要在生态发展中实现双向的解放，这是人自由全面发展的要义，也是我国社会主义现代化建设的目标，中国的人与自然相协调的生态现代化，正是向着人

① 佟立：《当代西方生态哲学思潮》，天津人民出版社 2017 年版，第 120 页。

自由全面的发展这个目标来奋斗。人民对美好生活的向往必然包括对更加美好的生态环境和生态产品的需要,这是生态意识的觉醒所带来的社会的需求,这种需求必然对生态技术的发展产生影响,因此要充分倡导更加绿色生态的生活方式,扩大由生态意识所带来的生态需求,从而进一步的刺激生态技术的发展,同时生态技术发展和转化要提速,来适应人的生态需求内容的不断变化和生态标准的不断提高。

第四节　生态现代化社会

资本主义制度的反生态性在当今世界已经暴露无遗,只有社会主义制度才能够达到马克思和恩格斯所倡导的“两个和解”,生态文明是同社会主义天然契合的,社会主义更能为生态文明提供制度动力和制度保障,中国特色社会主义制度与生态现代化的政治、经济、文化、社会的制度框架相结合,形成生态现代化社会形态。

一、中国共产党的生态执政观

中国共产党的领导是中国特色社会主义制度的最显著特征和最大优势,中国共产党的执政理念直接影响着中国制度建设的导向。中国共产党是马克思主义政党,“始终站在人民大众立场上,一切为了人民、一切相信人民、一切依靠人民,诚心诚意为人民谋利益。这是马克思列宁主义的根本出发点和落脚点”。[①] 马克思历史唯物主义的根本论纲,反映了社会历史发展的规律,蕴含着共产主义运动最本质的内容,是以人民为中心的执政理念的思想渊源,“对社会主义的人来说,整个所谓世界历史不外是人通过人的劳动而诞生的

① 习近平:《深入学习中国特色社会主义理论体系努力掌握马克思主义立场观点方法》,《求是》2010 年第 7 期。

过程”[①]，人是实践的主体，因此人类社会的发展要围绕人的全面自由的发展而展开进而最终实现共同联合体的共产主义，即“建立在个人全面发展和他们共同的社会生产能力成为他们的社会财富这一基础上的自由个性”，实现了“人终于成为自己的社会结合的主人，从而也就成为自然界的主人，成为自身的主人——自由的人”[②]。决定了马克思主义政党“发展为了人民、发展依靠人民，发展的成果由人民共享”的执政理念。习近平生态文明思想以人民对美好环境的需求为出发点，依靠广大人民来推动生态文明建设，从而实现人民富裕、社会发展和环境良好的统一。

以人民为中心就是把人民的生态需求作为发展的目标。近年来中国经济社会快速发展累积下来的生态环境问题开始凸显，人民群众对良好的生态环境的要求不断提高，对最普惠的生态产品的需求日益迫切，人民群众对环境问题高度关注，可以说生态环境在群众生活幸福指数中的地位会不断凸显。中国共产党的初心是为人民谋幸福，中国共产党的执政理念是以人民为中心，人民群众最关心的事情，就是党和国家要着力去解决的事情。中国生态现代化建设的价值导向就是以人民为中心，将人民群众最关心的生态环境问题作为着力要解决的首要问题。提出要“重点解决损害群众健康的突出环境问题”，要“把解决突出生态环境问题作为民生优先领域”，把打赢污染防治战作为三大攻坚战的重要内容，把生态环境的持续改善作为评价党和政府工作的重要标准，体现了执政党以人民为中心的执政理念和马克思主义的人民立场观。

“我国生态环境矛盾有一个历史积累过程，不是一天变坏的，但不能在我们手里变得越来越坏，共产党人应该有这样的胸怀和意志。”中国共产党的领导是中国特色社会主义的最大优势，十八大以来生态文明成为党领导中国人民探索社会主义建设规律的认识。党的十八大审议通过的《中国共产党章程

① 《马克思恩格斯全集》第3卷，人民出版社2002年版，第310页。
② 《马克思恩格斯全集》第25卷，人民出版社2001年版，第414页。

(修正案)》中将“中国共产党领导人民建设社会主义生态文明”写入党章,党的十八届三中全会加快建立系统完整的生态文明制度体系,党的十八届四中全会要求用最严格的法律制度保护生态环境,党的十八届五中全会提出五大发展理念,将绿色作为“十三五”规划实施的主线。因此习近平总书记强调各地区各部门要增强“四个意识”,坚决维护党中央权威和集中统一领导,坚决担负起生态文明建设的政治责任。地方各级党委和政府主要领导是本行政区域生态环境保护第一责任人,各相关部门要履行好生态环境保护职责,使各部门守土有责、守土尽责,分工协作、共同发力。“为民族谋复兴、为人民谋幸福”是中国共产党人的初心,以人民为主体是习近平治国理政的价值导向,习近平总书记强调:“良好生态环境是最公平的公共产品,是最普惠的民生福祉。”人民群众最关心的事就是人民群众的根本利益之所在,新时代对更好的生态环境的需求是美好生活的一部分,解决人民群众身边最为迫切的生态环境问题,为人民群众留下青山绿水蓝天,让人民群众过上百姓富环境美的生活,是十八大以来生态建设的人民主体性的真实写照。党的十八大首提美丽中国建设,党的十九大审议通过的《中国共产党章程(修正案)》中提出要建立“富强民主文明和谐美丽”的社会主义现代化强国,“美丽中国”一直是习近平生态文明思想的代名词,美丽中国符合人与自然和谐共生的自然规律,符合生态自然是人类社会基础的发展规律,符合人类对于良好生态的期待,能够形成生态文明建设的最大公约数。

二、生态服务型政府

生态政府是生态现代化进程中政府角色的转变,是在生态环境日益成为社会关注焦点问题,公民的生态环境意识不断觉醒下,推行生态经济模式,追求实现政府改革创新的目标。习近平总书记指出:“以对人民群众、对子孙后代高度负责的态度和责任,真正下决心把环境污染治理好、把生态环境建设好,努力走向社会主义生态文明新时代,为人民创造良好的生产生活环境。”

近年来，中国共产党和中国政府密集出台多项涉及生态治理和生态文明建设的党内法规和法律文件，明确政府机关和党员干部的生态治理职责，就是明确了生态政府建设的政策导向。提出党和政府到了必须解决也有能力解决生态治理现代化的历史时期，应当担当起生态治理体系与治理能力现代化建设的责任。提供良好的生态环境已经成为现代政府公共服务职能的重要工作，近年来中国政府一方面解决生态环境问题的存量，将过去发展累积下来的生态负效应逐渐消除；另一方面提高生态产品的供给，让生态文明建设的成果真正惠及到人民，加大生态服务和生态产品的供给，建设美丽中国，让人民群众享受天蓝地绿水清的生产生活环境。

生态服务型政府是将生态理念和民生理念相结合，在行动上促进生态民生化，即把生态作为民生问题来加强。生态服务型政府将生态正义作为政府运行的价值取向，将经济建设同社会发展统一起来，实现生态正义、经济增长正义和社会正义统一在一起。“增长的正义、社会正义和生态正义构成了支撑当代社会又好又快发展和未来命运的正义联盟，是一个统一的正义体系。增长的正义是社会正义的核心内容，不具备增长的正义，社会正义难以实现，而作为深层次正义的生态正义必须以社会正义为前提，生态正义是社会正义全面实现的结果和体现，是社会正义的延伸。”①中国政府将打赢污染防治战作为三大攻坚战的内容之一，是对人民群众在新时代的美好生活需要的回应。传统的生态环境问题治理方式往往是“头疼医头、脚疼医脚”，或者是多头共管却效率不高的情况，运用生态系统的思维方式，提出了生态治理的“山水林田湖草是一个共同体”的系统治理方式，十八大以来，我国的生态环境治理在生态系统治理思想下，呈现出了全面向好的局面。2018 年，全国 338 个地级以上城市优良天数比例是提高了 1.3 个百分点，达到了 79.3%，PM2.5 浓度同比下降了 9.3%。我国累计治理沙化土地 1.5 亿亩，全国完成造林 5.08 亿

① 李咏梅、张天勇：《包容性增长正义向度的多维视野及其统一》，《前沿》2011 年第 24 期。

亩,森林覆盖率达到21.66%,成为同期全球森林资源增长最多的国家。相比2012年,2017年全国地表水好于三类水质所占比例提高了6.3个百分点,劣V类水体比例下降4.1个百分点。我国还恢复退化湿地30万亩,退耕还湿20万亩。2015年耕地保有量达到18.6亿亩,高于2010年的18.18亿亩,确保了18亿亩耕地红线。在综合碳排放上,《BP世界能源统计年鉴》显示,2016年全球二氧化碳排放同比增长0.1%,而中国碳排放同比下降了0.7%。

三、生态文化培育

中国的生态现代化要重视社会生态意识的力量。人的生态意识的觉醒促进生态技术的发展,生态技术的发展进一步地凝聚和扩大人的生态意识的影响力。人要在生态发展中实现双向的解放,这是人自由全面发展的要义,也是我国社会主义现代化建设的目标,中国的走人与自然相协调的生态现代化,正是向着人自由全面的发展这个目标来奋斗。人民对美好生活的向往必然包括对更加美好的生态环境和生态产品的需要,这是生态意识的觉醒所带来的社会的需求,这种需求必然对生态技术的发展产生影响,因此要充分倡导更加绿色生态的生活方式,扩大由生态意识所带来的生态需求,从而进一步的刺激生态技术的发展,同时生态技术发展和转化要提速,来适应人的生态需求内容的不断变化和生态标准的不断提高。人类文明的现代化进程从启蒙运动开始,文明的现代化集中体现为文化的现代化,"现代文明不是凭空产生的,而是既往的文明积累与现实的重新创造相融合的结果。传统文化秉承地理与历史的客观环境,领受长久的人文熏陶,以及人们在物质和精神活动中的创造而来,又在客观规律和主观作用下向着现代化潮流而去"。通过文化的力量形成价值共识,通过价值共识能够产生最大的凝聚效应。生态文明是人类文明发展的新纪元,生态现代化是现代化进程的新渠道,而生态文化则是与生态现代化进程相统一甚至是引导和培育生态现代化的重要文化环境。党的十八大以来,生态现代化文化培育作为生态现代化的重要支撑,生态文化的培育、营造和产业化成为中国生态现代化体系的亮点。“全党全社会要坚持绿色发展理念,弘扬塞罕坝精神,持之以恒推进生态文明建设,一代接着一代干,驰而不息,久久为功,努力形成人与自然和谐发展新格局,把我们伟大的祖国建设得更加美丽,为子孙后代留下天更蓝、山更绿、水更清的优美环境。”

生态文化是现代公共文化服务体系建设的内容。生态文化的培育是人同自然关系转变的思想领域的深刻调整,是适应人类追求更高层次的精神需求的必然。党的十九大报告将当前我国社会的主要矛盾概括为人民日益增长的美好生活需要和不平衡不充分的发展之间的矛盾。文化产品供给是社会发展到更高阶段之后国家公共服务的提升内容,随着中国改革开放进程的不断推进,我国的物质供给水平不断提高,但是在文化产品,尤其是生态文化产品的供给方面存在着不充分不平衡的现象。而且随着人民的生态意识不断觉醒,对于生态文化的需求在不断提高,我们要牢牢把握人民群众对美好生活的需要,因此生态文化已经成为中国特色社会主义文化建设的重要组成部分,生态文化也成为新时代不断丰富人民群众的文化生活的必然举措。党的十八大以来,我国的生态文化建设呈现出勃勃生机,2016 年,国家林业局发布的《中国生态文化发展纲要(2016—2020 年)》指出“生态文化具有人性与自然交融,最本质、最灵动、最具亲和力的文化形态”,并对生态文化建设的目标、步骤、原则和推进措施做了顶层设计。不同的地区结合本地区的生态禀赋和自然资源,开展了多种形式的生态文化培育方式。目前我国已经建成了 76 个“国家生态文明教育基地”,441 个生态文化村,11 个全国生态文化示范基地,生态文化产业初具规模。

生态现代化不仅仅是体现在经济发展方式上的转变,也同样体现在生活方式上的转变。“要更加注重促进形成绿色生产方式和消费方式。”“要坚定不移走绿色低碳循环发展之路,构建绿色产业体系和空间格局,引导形成绿色生产方式和生活方式,促进人与自然和谐共生。”党的十八大以来,倡导更加绿色的生活方式成为引领社会消费的新风向标。乡村振兴、美丽中国、精准扶贫和绿色发展紧密结合起来,形成了新的生产业态,来提供更多的绿色生活方式的选择。我国目前建立了4300多个森林、湿地、草地公园,2189个林业自然保护区,仅森林旅游和林业休闲服务业的年产值就达到5965亿元。智慧城市和绿色城市建设效果显著,城市生态环境不断提升,城市绿色出行、绿色建筑正在成为主流,人的生活方式正从工业化的单向度发展向着更加持续和谐的生态化发展。

生态现代化注入人类命运共同体的世界文化理念。"中华民族向来尊重自然、热爱自然,绵延5000多年的中华文明孕育着丰富的生态文化。"中国的生态文化正以其蕴含的东方文明基因被世界所认同。中国的生态文化以"天人合一,道法自然"的生态智慧,"厚德载物,生生不息"的道德意识,"仁爱万物,协和万邦"的道德情怀,"天地与我同一,万物与我一体"的道德伦理,揭示了人与自然关系的本质,开拓了人文美与自然美相融合、人文关怀与生态关怀相统一的人类审美视野;以"平衡相安、包容共生,平等相宜、价值共享,相互依存、永续相生"的道德准则,树立了人类的行为规范,奠定了生态文明主流价值观的核心理念。党的十八大以来,无论是习近平总书记在联合国大会上的发言,在履行和缔结一系列有关解决人类所共同面临的生态环境问题的国际条约,还是在"一带一路"、亚投行、金砖四国和中非建设具体实践过程中,中国始终秉承着绿色文化的传播和践行者的角色原则,将中国的生态文化传递和展示给世界。中国的生态文化也日益被世界所接受和认可,越来越多的国家认为未来生态文明的发展的旗手要由将东方传统智慧和生态现代治理水平相结合的中国来担当。生态文明建设和生态文化传播正在成为中国团结越来越多的国家,打造人类命运共同体的重要方式。

倡导绿色的生产生活方式,垃圾分类、海绵城市,通过需求侧的绿色引导来推动供给侧的绿色改革,消除工业文明带来的异化消费和单向度发展恶果,通过不断增长的绿色消费需求和绿色消费市场来培育绿色产业和绿色技术,让中国的发展走一条人与自然和谐共生的现代化道路,既要创造更多物质财富和精神财富以满足人民日益增长的美好生活需要，也要提供更多优质生态产品以满足人民日益增长的优美生态环境需要。

党的十八大以来，中国的生态现代化建设呈现出更加完整的理论体系、更加实用的实践路径和更大范围的价值认同。在习近平生态文明思想的指导下，中国特色社会主义生态现代化建设模式给世界生态文明的发展提供了全新的道路选择，中国的生态现代化治理体系为更好地解决经济社会和自然环境之间的矛盾提供了全新的发展理念，中国的生态现代化文化给人类携手解决共同面对的生态问题提供了全新的价值共识。

第八章　中国生态现代化发展典型案例

生态现代化的建设是系统工程，由政府、企业、公益组织和个人等主体共同参与，中国的生态现代化发展虽然起步较晚，但是在确定了走一条人与自然和谐共生的现代化的发展主题之后，中国生态现代化建设呈现出蓬勃发展的势头，在美丽中国建设过程中，政府导向、市场机制和公众参与不同模式的生态现代化建设模式各具特色。

第一节　政府导向——系统化推动县域生态现代化发展体系

华坪县位于云南省西北部，丽江市东南部，金沙江中段北岸，全县幅员面积2200平方千米，辖4乡4镇，61个村、社区（其中有51个村委会，10个社区），898个村（居）民小组，常住人口17.48万人，居住有汉族、傈僳族、彝族、傣族、苗族等26个民族，其中少数民族人口5.63万人，占全县总人口的32.4%，少数民族人口中有傈僳族2.91万人、彝族1.42万人、傣族0.76万人、苗族0.19万人。华坪县地处川滇交界接合部，东接百万人口的钢城四川省攀枝花市，南望滇中腹地楚雄，西通拥有世界文化遗产的国际旅游城市丽江，北与享有泸沽湖“女儿国”之称的宁蒗县毗邻。县城距昆明 328 公里，距丽江 220 公里，距攀枝花市中心 45 公里，距成都 890 公里。自古以来，华坪就是滇西北入川的必经之地，由滇入藏的南大门，汉唐时代曾是通往西藏和印度等地的南方丝绸之路和茶马古道的重要集散地，现正处于大香格里拉生态文化旅游经济圈和攀西经济圈的交汇点。无论是茶马古道时期，还是三线建设时期，以及现在康养发展、全域旅游时期，华坪都处于川滇藏 12 地州的重要门户位置。华坪县深入学习贯彻习近平新时代中国特色社会主义思想和习近平总书记考察云南重要讲话精神，牢固树立“绿水青山就是金山银山”的新发展理念，坚持生态优先、绿色发展，调结构、兴产业、促转型、抓治理、护生态，发展由“黑色经济”转型为“绿色经济”，不仅治理了荒山、修复了矿山，保护了绿水青山、改善了长江上游生态环境，更是把绿水青山变成了金山银山，成功走出了一条践行“两山理念”、推动长江经济带绿色高质量转型发展的实践之路。

华坪地处“三江”成矿地带，拥有各种有色金属和煤等矿产资源，原有形成规模开采的有煤、石灰石、白云岩。煤已探明地质储量 1.36 亿吨，远景储量 3 亿吨，以肥气煤为主，具有低硫、低磷、低灰分、高发热量的特点，曾是全国 100 个重点产煤县之一，现是全省 5 个产煤补充县之一，但是传统粗放的煤炭开采加工，衍生出空气污染、水源枯竭、土地下陷、水土流失、矿渣堆积等一系列的环境污染问题，矿区群众生产条件不断恶化，矿群纠纷愈演愈烈，山、水、林、地破坏污染的问题越来越严重。面对资源型经济发展的困局，全县牢记习近平总书记“绿水青山就是金山银山”“金山银山却买不到绿水青山”“宁要绿水青山，不要金山银山”的精辟论断，深刻认识到在“绿水青山”和“金山银山”发生矛盾时，必须将“绿水青山”放在首位，不能再走以“绿水青山”换“金山银山”的老路，要拿出壮士断腕、刮骨疗毒的勇气，宁要绿水青山也不要带污染的 GDP，坚定绿色高质量转型发展的决心，坚决扛起生态文明建设和生态环境保护的政治责任，把修复长江生态环境摆在压倒性位置，着力解决生态环境突出问题，打造县域经济生态现代化发展体系。

转型首先要对自身的自然资源尤其是可以转化的自然资本的情况了解清楚,才能够针对自身的发展条件设计可行的发展方案。华坪地区属于自然资本富集地区,南亚热带低热河谷气候,冬无严寒,夏无酷暑,生态良好,春赏花、夏避暑、秋品果、冬暖阳,具有适宜人类休养生息的"九度"资源禀赋,是青年人养身、中年人养心、老年人养老的理想之地。华坪县环境空气质量优良率稳定在99%以上,近3年均达到了100%;PM2.5值常年低于19微克/立方米,是天然的大氧吧,2017年被评为"全国百佳深呼吸小城",特别适合呼吸系统疾病患者静养。优产度高:华坪是大香格里拉生态文化旅游经济圈唯一的亚热带水果生产基地,全国绿色有机晚熟芒果示范基地,盛产芒果、枇杷、桂圆、草莓、蓝莓、西瓜、樱桃等特色水果,一年四季鲜果不断。

对污染问题标本兼治,筑牢生态安全屏障。华坪县在传统的工业化过程中,依赖化石能源产业,实现了经济的发展,但是却带来了生态环境问题。围绕习近平总书记对云南提出的"生态文明建设排头兵"的定位,华坪县把生态立县作为重大发展战略,坚持治本和治标相结合,立足当前,着眼长远,大力发展绿色生态产业,全面实施生态修复与环境保护工程,打好蓝天、碧水、净土保卫战,坚定不移保护绿水青山这个"金饭碗",着力打造基于自然资本的金沙江流域绿色产业示范区,建设水清岸美产业兴旺的长江上游绿色经济长廊,使华坪的山更绿、水更清、天更蓝、空气更清新、经济发展质量更高,从根本筑牢金沙江生态安全屏障。着眼长远,做好"增绿"治本。以绿色为底色,探索协同推进生态优先和绿色发展的方法路径,努力把绿水青山蕴含的生态产品价值转化为金山银山。立足当前,打好保卫战治标。把修复长江生态环境摆在压倒性位置,实施生态修复与环境保护工程,深入推进金沙江流域生态修复治理,做好"转""治""护"三篇文章,全力打好蓝天、碧水、净土保卫战,维护华坪的蓝天白云、绿水青山和净土田园。

坚决"转"指的就是转变生产方式。加强观念疏导、方向引导、产业指导、组织督导,实现矿业转型、矿山转绿、矿企转行、矿工转岗,成功走出了一条单一资源型经济转型绿色发展的实践之路。矿业转型。推进煤炭转型升级，加强技术改造，运用产能置换等方式，着力化解产能过剩，推进煤炭、建材等产业转型升级、提质增效。矿山转绿。引导群众在采矿区、煤山和煤矸石上种植芒果、花椒、核桃，把“黑煤山”变为“花果山”，生态产业的发展，绿了煤山、绿了荒山，增加了农民收入，保持了水土，保护了绿水青山。矿企转行。全县有25家煤炭企业转行转产发展高原特色农业，其中5家煤炭企业转产从事芒果产业加工，带动农民新增生态产业面积2.1万亩，带动就业3000人。17%的芒果公司和合作社是由煤炭企业转型后注册，投入资金超过10亿元，众多“煤老板”变身“芒果王”“果老板”。矿工转岗。华坪县煤炭产业高峰时，矿区村平均4户就有1辆货车在搞煤矿运输，3户就有1人在煤矿务工，加上外来务工人员，全县煤炭行业从业人员超过10万人。通过推进矿整合、井关闭、人分流，出台生态产业发展系列帮扶措施，实现矿工由“采煤工”向“新果农”转变。

综合“治”，就是补齐治理短板，把过去的生态欠账补足之后，才能够轻装上阵。针对在建矿山、生产矿山、废弃矿山、政策性关闭矿山的不同情况，科学编制治理规划，综合运用安全、质量、环保、能耗、技术等政策措施，大力实施矿山综合治理，以生态修复、面山绿化为重点，全面推进矿山绿化，实施工矿废弃地复垦利用工程，矿区水源、植被、土地等正在逐步恢复。以复土、筛分、出境、烧制煤矸石砖等方式，推进煤矸石综合治理工作，全县产煤区堆积的6800多万吨煤矸石得到有效处置。

全力“护”，就是普及生态文化，严格考核制度，把来之不易的生态环境维护好。严格落实环境保护“党政同责”“一岗双责”，强化红线意识，坚持底线思维，大力发展生态产业，深入实施天然林保护、退耕还林、石漠化治理工程，开展“森林华坪”“绿化华坪”活动，开展全民义务植树，森林覆盖率达72.2%。大力推广沼气、太阳能、光伏发电等清洁能源，实现用清洁能源生产清洁能源。严守森林、湿地、河流、湖库等生态保护红线，加强重点领域保护管理，构建“治、用、保、防、控”的水污染防控体系，水环境质量状况得到持续改善，决不让一滴污水流入长江,主要地表水水质达标率100%。上下联动,内外协同一体发展。华坪县坚持上下一条心、流域上下一盘棋的思路,坚定信心决心,强化担当作为,完善体制机制,加强区域协作,形成推动长江经济带高质量发展的整体合力,推动构建金沙江流域"不搞大开发、共抓大保护"新格局。

生态环境保护好了,地区经济还需要继续发展,尤其是云南地区,是集脱贫攻坚、全面小康、民族团结和乡村振兴于一体的地区,生态现代化进程的作用更是十分重要,要环境保护,更需要推动发展,实现现代化。华坪县坚持绿色优先,大力发展生态产业。全面实施生态产业发展计划,合理调整农业产业结构,加强农业基础设施建设,加大对生态产业发展的政策支持、引导扶持和技术指导力度。建立绿色产业发展基金,县级财政每年安排不低于1000万元的生态产业发展资金。建立生态产业信贷、贴息、担保、风险补偿、保险等金融措施,加大金融对生态产业示范基地、龙头企业、贷款贴息、"三品一标"认证、以奖代补、品牌宣传推介、技术培训、标准化生产等方面支持。抓好川滇农产品交易中心、农产品批发市场、冷链物流、电商产业园、电子商务进农村等建设,夯实生态产业发展基础。以芒果、核桃、花椒等为主的高原特色生态产业面积达123万亩,把荒山变为果子山,有效增加了金沙江流域的森林覆盖率,减少了水土流失,缓解了长江流域生态功能退化,华坪相继荣获"国家有机产品认证示范区""全国经济林产业区域特色品牌建设试点单位""云南省高原特色农业示范县"等称号。以绿色有机为导向,在芒果产业规模化、专业化、绿色化、组织化、市场化、品牌化上下功夫,建立中国芒乡·丽江华坪芒果大数据平台,开发多元化芒果产品,初步形成了集种植—加工—销售为一体的全产业链,高标准建设金沙江绿色经济走廊华坪沿江百里芒果长廊,打造"全国绿色有机晚熟芒果示范基地"和"金沙江绿色产业示范区",把华坪建设成为"金沙芒"的示范区和核心区。全县芒果种植面积33.6万亩,位居全国第三、云南第一,华坪芒果被列为国家地理标志保护产品。其中7.8万亩通过国家无公害食品认证,1.88万亩通过绿色食品认证,1.86万亩通过有机产品认证,1.01

万亩通过欧盟认证。2018 年，全县芒果产量 29.12 万吨，产值 19.82 亿元；芒果年收入超过 100 万元以上的农民有 5 户，超过 50 万元的 45 户，超过 10 万元的 3200 户。生态产业的发展，极大增加了农民收入，2018 年，全县农村常住居民可支配收入 12043 元，比从 2010 年的 3994 元增加 8049 元，年均增长超过 14.8%。同时，生态产业的发展有力促进了脱贫攻坚，建档立卡贫困户通过发展生态产业有了稳定的收入。通过有计划地组织贫困户从事劳务输出，有效增加了贫困户的工资性收入。2018 年，全县芒果种植、管理、包装、运输、加工等过程中劳务性支出 4 亿元以上，其中通过专业合作社和产业带头人组织建档立卡贫困户务工超过三成。

坚持生态文化融合，发展康养旅游业。华坪县地处大香格里拉经济圈，是滇西入川的必经之地，具有温度、湿度、海拔度、洁净度、优产度、和谐度、多彩度、光照度、美誉度等“九度”优势条件和绚丽多彩的民族文化，丰富的自然资源、得天独厚的自然条件尤其适宜人们康养居住，2017 年被评为“全国百佳深呼吸小城”。华坪依托“绿水青山就是金山银山”的生态优势，把优良的生态资源与丰富的文化资源相结合，把发展生态文化康养旅游、打造“健康生活目的地”作为产业转型升级的主要内容来实施。2020 年“五一”小长假，成功举办“中国芒乡 · 华夏之坪”鲤鱼河国家水利风景区首届旅游文化节，接待游客 10.3 万人，实现旅游收入 8388 万元，实现了华坪全域领域的开门红。

坚持规划先行，融入区域生态发展战略中。华坪县把自身发展放到长江经济带协同发展的大局之中，围绕加快绿色发展、实现高质量发展的目标，以优化生态环境为重点、转变发展方式为核心、创新体制机制为突破，大力实施生态立县战略，高起点规划，规划先行、多规合一、产城融合，出台了《关于建设长江上游绿色经济强县的决定》《关于坚决打赢污染防治攻坚战争当生态文明建设排头兵的实施意见》，编制了《华坪县生态产业发展总体规划》《华坪县建设长江上游绿色经济强县中长期规划（2018—2035）》，布局绿色生态产业发展，加快构建绿色经济发展体系，将华坪的生态优势、资源优势转化为发展优势、竞争优势，着力打造一条绿色经济带。创优生态环境，改善营商环境，加大招商引资，吸引更多人流、物流、资金流向华坪聚集，着力优化产业结构、能源结构、运输结构，促进产业生态化、生态产业化，呈现出经济增长与质量、结构、效益相得益彰的良好局面，经济增长“含绿量”和“含金量”同步提升。华坪县把“同护一江水、共建绿长廊”作为时代使命，围绕把华坪建设成为“联动全市、面向攀西、对接成渝的重要经济增长区”的定位，打破行政区划界限壁垒，加强与金沙江上游古城区、玉龙县、永胜县、下游攀枝花市各县区和对岸楚雄州永仁县、大姚县等之间的合作，推进流域协同发展、环境协同治理、企业协调创新，共同建立生态环境硬约束机制，确保涉及金沙江流域的一切经济活动都以不破坏生态环境为前提。举办“同护一江水、共建绿长廊——长江上游绿色产业发展华坪论坛”，建立绿色发展协调合作机制，以交通互联、经贸合作、产业互补、人文交流为重点，促进多边优势互补、一体化发展，实现与上下游、左右岸、相邻市县错位发展、协调发展、有机融合，共同谱写新时代长江经济带绿色发展的“同心曲”，形成推动长江经济带高质量绿色发展的整体合力。

华坪县的案例充分说明了，政府在推动生态现代化建设中的重要作用，从传统的工业能源大县转到生态资本富集的强县，政府发挥了宏观调控的作用，通过政策引领、规划编制、战略谋划和考核导向等方式，将生态环境的恢复与保护同基于自然资本的新发展模式相结合，实现了精准扶贫、民族团结、乡村振兴的多重任务目标，也是在克服不平衡不充分发展矛盾的社会主义新时代，走出一条具有中国特色的人与自然和谐共生的现代化道路。

第二节 市场机制——推动绿色能源与海洋生态保护“双翼齐飞”

中国特色社会主义现代化建设就是以新发展理念为指导，以激活自然资本的“两山理论”为方法，不断提高生态优势转为发展效能的能力。贯彻落实新发展理念，就是要坚持创新、协调、绿色、开放、共享的发展理念。在中国，国有企业基层在贯彻落实新发展理念的关键环节上，肩负着极为重要的职责和任务。一方面，国有企业作为党和国家最可信赖的依靠力量，是贯彻新发展理念、全面深化改革，推动社会主义现代化建设的重要力量；另一方面，国有企业作为市场主体，通过转变发展方式，优化经济结构、转换增长动力，实现发展质量、发展效益和竞争实力的提升，实现国有资产保值增值。中国生态现代化发展的市场推动离不开国有企业的发展。在第十四个国民经济与社会发展规划和 2035 年现代化发展的远景目标中，绿色成为发展主基调，推动绿色发展势在必行，2015 年 9 月，习近平总书记在联合国发展峰会上，倡议探讨构建全球能源互联网，推动以清洁和绿色方式满足全球电力需求，作为绿色理念的忠诚践行者。海上风电作为清洁能源发展的重要方向之一，受到世界各国的广泛关注。在中国，对于海洋资源的利用，近年来海上风电后来居上，连续 5 年快速增长，如今跃居为世界第三。党的十九大以来，我国能源发展逐步从总量扩张向提质增效转变，能源结构由化石能源为主向可再生能源为主转变，新能源产业发展前景光明、市场广阔，对环境保护的要求越发严格。随着大、云、物、移、智等新一代信息通信技术在能源电力行业广泛应用，数据成为能源电力行业新的生产要素和生产力来源。在新的伟大时代，在能源革命和数字革命融合发展的大趋势下，绿水青山就是金山银山。国家对环境保护要求的日益严格，行业对风电绿色属性理解的日益深入，项目规划开发时制定周密的方案、施工中强化环保、投运后加快生态修复成为风电项目开发中必须做好的工作。

中国绿发投资集团有限公司（以下简称中国绿发）是根据中央深化国资国企改革总体工作部署，成立的一家股权多元化的中央企业，主要聚焦绿色能源与战略新兴性产业。绿色能源布局国内 12 个资源富集省份，投资、建设、运营电站 38 个，业务范围涵盖陆地风电、海上风电、光伏发电、光热发电、储能等，运营装机容量 400 万千瓦，年发电量超过 60 亿千瓦时，先后建成入选庆祝新中国成立70周年成就展的青海海西州70万千瓦多能互补基地项目、荣获“中国电力优质工程”奖的江苏东台20万千瓦海上风电项目，助推能源清洁低碳安全高效利用。尤其是江苏台东的海上风电项目聚焦绿色能源主线，以海上风电建设运营为主导，坚持绿色发展主线，践行绿色发展使命，开展绿色能源挖掘，建成中国绿发首个，国内当时离岸距离最远、电压等级最高、海域情况最复杂的江苏东台200MW海上风电项目，实现了将自然资源转变为自然资本，将自然资本激活为现代化建设发展动力的链条构建。

江苏省地处西风带盛行区域附近，沿海滩涂面积逐年扩大，过去传统的化石能源发电已经无法满足东部经济发达地区的用电需求，江苏省地区海上风能资源潜力比陆地更大，海上风能资源较为丰富，在东部沿海地区具备良好的海上风电资源开发利用条件，但是过去由于技术和理念的原因，一直无法将丰富的风力资源转化为电力资源。中国绿发投资集团江苏东台海上风电项目位于江苏省东台市东沙和北条子泥之间的江家坞水域，装机容量20万千瓦，项目于2016年12月20日首批机组并网发电，2017年9月10日全部机组并网发电，建成后，年上网电量达到5.28亿千瓦时，平均每年节约标准煤17万吨，减排二氧化碳47万吨，为推进绿色清洁能源发展做出了积极贡献。

作为中国绿发首个海上风电项目，东台项目位于盐城国家珍禽自然保护区的实验区东侧。为减少项目建设运营期间对周边生态环境产生的影响，自项目开工以来，公司着重研究生态修复补偿课题，通过多种措施方法，开展对项目区域的海洋生态修复补偿工作，保护海洋生态，守护碧海蓝天，真正实现发展与环保的双赢。在前期技术设计中就充分考虑到项目建设对周边生态资源环境的影响，在风电场建设过程中，海缆沟开挖、风机基础施工等施工活动将不可避免地影响部分底栖生物生存，海水中的悬浮物增加时，海洋浮游植物及藻类的光合作用因此受影响，海洋动物的摄食活动也会受到影响，从而影响海洋饵料生物和经济生物的生长繁殖。若海水中悬浮物浓度过大，海洋动物特别是贝类、仔鱼有可能因呼吸作用受阻而窒息死亡，从而造成渔业生产的损失。工程对永久占压和临时影响的范围分别以 20 年和 3 年计算损失,生物量损失 151. 4237t/a,渔业资源经济损失约 1145. 58 万元,累计海洋生物资源损失价值为 1651. 79 万元。项目建成后项目所在潮间带的生物类型、数量、组成等均不会发生明显变化,项目运行期对海洋生态环境影响较小。但风机基础和升压站及进场道路的修筑会造成少量潮间带生境的永久丧失,项目运行期无法恢复。风机基础有一定的表面积,为底栖生物提供了一个较好的附着场所,具有一定的鱼礁效应,在一定程度上可增加风电场及周边区域藻类、贝类、鱼类的生物多样性。工程建成运行期间,送出电缆所在的潮间带养殖区仍可进行;送出电缆沿线无重要渔场分布,对渔业生产影响有限。

表 8.1　能源行业对自然资本的影响和依赖

影响/依赖分类	影响/依赖
对自然资本的依赖	营养、物料等供给
	土地、海水、风力等自然资源
对自身的影响	项目建设用地
	生态保护投入成本
	自然灾害防治
对社会的影响	土地利用对生物多样性的扰动
	项目施工建设和运营对海洋生物生活的扰动
	水气固废排放对生物多样性的影响
	减少温室气体排放
	噪音污染对生物多样性的扰动
	水资源消耗对生物多样性的扰动
	景观价值变动
	社区生境

人类活动必然将会给自然环境带来一定的影响,若要实现既能推动经济

社会发展,又能保持生态承载能力的可持续,就需要将发展与补偿统一起来,边发展边治理边补偿。中国绿发投资集团公司联合东台市海洋滩涂与渔业局、弶港镇人民政府等部门及附近渔民等利益相关方,选择东台海域145渔区及附近海域作为海洋渔业资源人工增殖放流区。根据“生物多样性”“生物安全性”“技术可行性”原则,筛选出8个经济价值高适宜性强增殖放流品种进行增殖放流。在活动后,开展增殖放流效果评估调查,了解放流效果,更好地掌握工程对所在海域生态资源的影响及生态修复措施的成效;了解增殖放流品种的分布情况、修复海域生物资源和环境指标是否得到有效改善,为地方海洋和渔业主管部门开展渔业资源保护和下一步增殖放流工作提供依据。通过增殖放流活动,有效补充、修复了原水体生物链中减少的水生生物种类,保护水生生物种质资源,使工程周围海域渔业资源得到恢复。通过增殖水生生物、投放人工鱼礁和护岸增殖鱼礁、开展海洋与渔业生态环境跟踪调查和海洋生态文明建设及宣教等方式,多措并举,切实取得生态修复的环境、社会和经济效益。经社会调查统计,建成投产后渔业捕捞季节以人工放流手段增殖,总体经济效益显著,生态修复区域生物资源量形成良性循环,减少因项目临时用海影响的渔业损失3000余万元,实现了经济效益和生态效益的系统发展。

通过技术手段来降低人类活动对于生态的影响,使现代化发展与生态环境融为一体是生态现代化建设的重要方法。东台地区属海洋季风气候,平时海风影响较多,每年都有1—2次台风过境或局部遭受龙卷风袭击,滩涂土壤一般含盐量较高,土壤有机质含量低,生态环境脆弱。公司通过相关海洋环境保护设施、工具的配置,进一步开展收集海洋固体废物、风电场及周边船舶浮油,降低风电工程对海洋环境的影响。选择陆上集控中心、海缆路由附近区域作为湿地环境整治与修复区。通过开展入海河道湿地修复,加大对入海水道拐弯处海堤保护,避免造成水土流失,同时采取种植耐盐碱的先锋植物来恢复湿地植被,保持水土。在海上风机叶片边角涂色,利用鲜艳红色,减少候鸟迁徙时与风机相撞的风险,为迁飞鸟类开辟安全通道。利用陆上集控中心开展鸟类保护设施建设和开展动态观测等项目，为开展鸟类观测保护提供基础设施。开展海洋环境监测，通过日常巡逻、海洋环境现状调查等方式对工程区开展水质、水文、生态、沉积物、海流、生物质量等指标的监测，从而对水域海洋环境和生态修复效果做科学的评估，有利于及时掌握海洋环境情况，对异常事件及时发现，第一时间采取有效的措施，保护海洋环境。

生态现代化除了技术支撑之外，还需要生态文化的涵养，针对项目所在地存在大片优质湿地和国家级珍禽自然保护区的情况，公司邀请环保专家、鸟类专家开展海洋生态文明建设，组织党员先锋队、青年突击队利用休息时间到自然保护区所辖社区进行宣传教育。为扩大社会影响，促进公众了解海洋生态，认识保护海洋生态的重要性，从而加入到海洋保护者的行列中，公司每年度开展一次面对社会大众的“世界海洋日”、生态文明建设和环境保护政策法规主题党日宣传活动，并通过盐城市海洋与渔业局网站广为宣传。

江苏新能源公司的案例充分说明，自然资本的价值是能够在市场中得到实现的，世界范围来看，对于自然资本的利用和投资已经成为生态文明建设时代的新热点，将传统的自然资源通过市场化形式转化，以生态现代化进程中的自然资本运作方式来实现自然资源的使用、补偿、投资，实现了坚持绿色发展理念下将资源开发同生态保护相统一，助力中国绿发高质量发展，源源不断地为中国经济腾飞输送绿色能源，在保护生态资源的道路上，探索生态补偿新方法，将激活自然资本与技术革新，实现生态现代化经济的新探索。

第三节　公众参与——阿拉善 SEE 生态协会

阿拉善 SEE 生态协会成立于 2004 年 6 月 5 日，是中国首家以社会责任（Society）为己任，以企业家（Entrepreneur）为主体，以保护生态（Ecology）为目标的社会团体。阿拉善 SEE 的使命是“凝聚企业家精神，留住碧水蓝天”，价值观是“敬畏自然，永续发展”①。2008 年阿拉善 SEE 生态协会发起建立了阿拉善基金会，于 2014 年末升级为公募基金会，是中国最为成熟的生态环保型公益组织，也是在推动中国生态现代化建设中的重要民间组织力量，阿拉善 SEE 不同于传统的激进型环保组织，而是更多的追求促进经济发展、绿色环保与生态文化之间的互动，将绿色供应链与污染防治、荒漠化治理和生态环保与自然教育三个领域作为中心，目前已在全国设立了 30 个环保项目中心，拥有近 99 名会员，直接或者间接支持了近 700 家中国民间环保公益机构或个人的工作。阿拉善 SEE 生态协会的 906 位会员涉及房地产、金融、制造、广告传媒、环保、医疗、法律、教育、餐饮等数十个行业。据不完全统计，国内外证券交易所上市企业达到 97 家，占整体比例的 11%。阿拉善 SEE 会员在做出卓越经济贡献的同时，积极参与推动环境政策制定过程。其中全国、省、市人大代表达到 74 位，政协委员达到 106 位之多，他们在历年全国两会和地方两会中为环保议题建言献策，唤起国人环保意识，影响着更多公众参与到环境保护行动中来。②

在生态现代化进程中，尤其是生态治理现代化体系建设中，多元互动主体建设是十分重要的，多元互动主体包括了政府、市场、非政府组织和公民等，非政府组织在环境治理、生态发展方面比其他组织具有更大的灵活性和适应性，在中国生态现代化建设中发挥着重要作用。政府在生态现代化建设中起着政策引领、法律监督、权威保障等作用，但是非政府组织具有政府所不具备的本土性和积极性，同时非政府组织还在某些方面起到了监督者的作用，不仅监督政府的政策执行和行政审批，同时也能够帮助政府监督市场主体和公民的行为，而且非政府组织通过生态文化的营造和传播，还能够有效地提高市场主体

---

① 阿拉善 SEE 生态协会:《阿拉善 SEE 生态协会年度报告 2019》，见 http://conservation.see.org.cn/disclosure/Annual/。

② 阿拉善 SEE 生态协会:《阿拉善 SEE 生态协会年度报告 2019》，见 http://conservation.see.org.cn/disclosure/Annual/。

和公民的生态意识，有效避免生态环境破坏事件的发生，有效地降低了生态治理的成本，实现了生态治理效用的最大化。阿拉善 SEE 组织就是在中国生态现代化进程中成长起来的具有代表性的非政府组织。

它有效地解决了非政府组织筹集资金渠道的问题。由于我国的生态非政府组织大部分发展比较晚，过度的依赖政府的单一资金支持，在某些程度上已经制约了非政府组织自身的发展。阿拉善通过市场化运作，实现了捐赠资金的生态化投资，从而实现了资本保值增值，为组织的持续健康发展不断造血。除了稳定的会员缴纳会费之外，企业也会在 SEE 内部设立专项基金，在其感兴趣的领域内开展公益活动。比如可口可乐公司就在 SEE 内部设立了 40 万元的专项基金，致力于保护生态文化。如有突发事件，协会就会临时召开会议组织捐赠。汶川地震后，SEE 就临时联合其他几家机构紧急募捐了 1000 多万元。从 2019 年的运行情况来看，基金会捐赠收入了 1653. 1 万元，其中业务支出了 121. 36 万元，管理费用支出 16. 17 万元，其中公益基金投资结构中非标债权占到 43%，指数基金占到 13%，股债专户占到 11%，FOF 专户占到了 8%，通过生态项目投资实现了收支盈余，目前净资产余额 1591. 26 万元。[①] SEE 通过成立基金会创新了资源管理模式来从事公益事业，公益性、非营利性、非政府性和基金信托性是基金会的基本属性，一方面，其资源主要来源于捐赠，且有明确的公益宗旨与公益用途，主要通过各种活动使特定的弱势群体乃至整个社会受益；另一方面，其捐赠人、理事会成员和实际受托管理者不得从基金会的财产及其运作中获利，同时，基金会在其决策、执行和监督的各个环节都具备有效规避较高风险与较高回报的自我控制机制，而且不得以捐赠以外的其他方式变更财产及其产权结构。

阿拉善承担了生态环境保护践行者的角色。良好的生态环境是生态现代化的前提，生态环境的修复和保护是系统性工程，需要大量的科学论证和专业

① 阿拉善 SEE 生态协会：《阿拉善 SEE 生态协会年度报告 2019》，见 http://conservation.see.org.cn/disclosure/Annual/。

性的人才储备，这使得生态环保组织的人员多元化和跨专业化发挥了作用。阿拉善 SEE 通过项目化运作，针对不同的生态系统集合不同的专家队伍，成为生态环境保护的强有力的参与者。阿拉善 SEE 组织最早是通过沙漠治理而成立的环保组织，防沙固沙一直是重点关注的生态环保项目。例如推出的“一亿颗梭梭”项目，致力于用十年的时间（2014—2023 年）在阿拉善关键生态区种植一亿棵以梭梭为代表的沙生植物，恢复 13.33 万公顷荒漠植被，从而改善当地生态环境，遏制荒漠化蔓延趋势，同时借助梭梭的衍生经济价值提升牧民的生活水平，实现沙漠治理与经济发展的双赢。截至 2019 年底，累计种植以梭梭为代表的沙生植物 5576 万棵，约 7.64 万公顷。其中 2014—2017 年种植并合格 3.89 万公顷，其余 3.75 万公顷等待验收。沙漠治理需要充足的水源作为基础支撑，阿拉善 SEE“地下水保护”项目，旨在通过推广节水作物、节水技术来减少农业活动对地下水的开采，同时联合当地政府职能部门共同推动相关节水政策的落实，最终实现阿拉善绿洲农业区地下水采补平衡。在合理使用地下水的前提下，积极探索新的环境友好型农业发展模式，帮助农户拓宽收入渠道，最终实现地下水保护与助农增收的双重效果。截至 2019 年底，累计推广节水小米 1625 公顷、总产量 6924 吨、参与农户 556 户，节水量超 1200 万立方米。通过“一亿颗梭梭”和“地下水保护”项目，实现了“绿水青山就是金山银山”。通过在阿拉善地区有益的探索之后，阿拉善 SEE 开始尝试在全国其他地区的多样化的生态环境保护项目，例如保护鸟类的“任鸟飞”项目。截至 2019 年底，累计支持 62 家机构在 86 个湿地执行保护项目，开展湿地巡护和鸟调近 3700 次，保护超过 3400 平方千米的鸟类栖息地；提交鸟类调查记录超过 10 万条，共记录 600 多种鸟类，提交盗猎、污染和开发建设等威胁记录超过 1300 条；开展自然教育活动 600 余次，累计覆盖超过 140000 人次。聚焦生物多样性的“诺亚方舟”项目，截至 2019 年底，已在云南生物多样性最为富集区域形成了 3 个整体性的保护区域项目；完成《滇金丝猴全境监测项目报告》并通过专家评审；形成云南中部元江中上游绿孔雀共同管护的示范保护，并倡导形成了保护联盟；累计为滇西北 3500 人次提供中华蜂养殖和濒危中草药种植培训，提供村民蜂箱 4200 个，中草药苗 15 万余株；完成约 333.33 公顷亚洲象栖息地修复。在推动建立生态环境保护网络的过程中，阿拉善生态协会还注重同其他公益性非政府环保组织相互合作，例如推动了“三江源保护”项目。自 2012 年启动至今，已带动超过 104 家当地环保组织参与到保护网络，累计覆盖的保护面积达 117,446 平方千米。推动社区参与保护模式已写入《青海三江源国家生态保护综合试验区总体方案》。在未来 5 年，项目将与现有合作伙伴形成保护网络，进一步提升合作紧密度，建立社区互动网络模式，维系三江源地区自然生态系统的原真性，实现三江源地区人与自然的和谐共存，守护中国最独特高原生态系统及七亿人的水源地。①

阿拉善生态协会承担了绿色发展的推动者的角色。阿拉善生态协会的会员很多是企业家，更关注如何发挥市场的力量来推动中国的生态环保事业的持续健康发展。在阿拉善生态协会公约中就明确写出了“作为企业领导者，保证所在企业严格遵守环保法和各相关条例，推动企业绿色转型，并用实际行动带动员工共同保护环境”的基本原则。生态现代化落脚于现代化，采取生态的道路和模式，将市场动力与生态文明建设统一起来，实现经济发展和生态环境保护的双赢是生态现代化持续发展的核心要义。生态环保组织作为调节社会运行的重要力量，能够作为政府宏观调控市场的有益助手，同时搭建起企业交流平台，快速整合资源，打破信息壁垒，例如阿拉善生态协会推行的“绿色供应链”项目。地产企业通过施行绿色采购推动上游供应商的环境整改和提升，从而实现整体供应链的污染减排和碳减排，形成了产业体系升级带动绿色发展的系统平台。自 2016 年 6 月发起至 2019 年底，已有 100 家房地产企业加入，共推出 7 个品类的绿色采购行动方案和 4 个品类的白名单，白名单企

① 阿拉善 SEE 生态协会：《阿拉善 SEE 生态协会年度报告 2019》，见 http://conservation.see.org.cn/disclosure/Annual/。

业共有3669家,与中城联盟共同推动51亿采购总金额达到环境合规化要求,在房地产企业试点取得成功之后,正在开展支持家电等其他行业的绿链行动。2019年,绿色发展项目小组进行10次座谈会,发动湖北项目中心30余位会员践行绿色发展,与中环联合(北京)认证中心有限公司、武汉勘察设计协会、武汉设计之都促进中心签署长江生态保护与绿色发展战略合作协议,共同建立长江生态环境发展创新中心,进一步推进绿色发展项目的落地实施;实地走访绿色发展践行企业,梳理各企业优秀项目、技术与可改善加强的建议整合成册,形成《2019企业绿色发展纪实》年鉴,为优秀绿色技术、理念的规范化全面应用提供参考案。①

阿拉善生态协会承担起了生态监督的助力者的角色。在市场经济条件下,生态环境保护和治理无法在传统的成本收益比较中体现,会导致某些企业片面追求经济利益,导致生态环境破坏的行为有时会发生。生态环境破坏具有分散性、长期性、局域性的特征,政府在监督生态环境和治理生态破坏行为中由于技术、人员、财力上的原因,有时候显得"捉襟见肘"。充分发挥社会组织长期跟踪企业环保行为的持久力,专业人员配置的科学化和监督手段的多样性,能够有效地成为政府生态监督的助手,从而提高生态治理现代化的水平和效能,例如阿拉善生态协会着力打造的"卫蓝侠"项目。截至2019年底,直接支持了全国53家一线环保公益组织成为"卫蓝侠"。通过政府执法、绿色供应链等杠杆,推动企业整改量6069家,覆盖全国364个城市。2013—2018年,"卫蓝侠"对伙伴资助累计超过5000万元,其中针对环境数据的资助超过2500万元。目前,"卫蓝侠"所支持的环境数据库覆盖全国300万家企业,数据量超过14亿条。阿拉善生态协会积极同政府有关部门对接,借助媒体和网络力量,推动优化生态监管力量的调度,在农业部的支持下,开展的"留住长江的微笑"项目,已初步建立协助巡护制度。截至2019年底,共有86名转产

① 阿拉善SEE生态协会:《阿拉善SEE生态协会年度报告2019》,见http://conservation.see.org.cn/disclosure/Annual/。

转业的渔民成为协助巡护员，保卫着长江沿线和鄱阳湖、洞庭湖中的 9 个协巡示范点，全年累积巡护 40 万千米；开展打击非法捕捞专项行动 531 次，配合渔政、公安等大型联合执法 267 次，救护搁浅江豚 3 次；清除多种非法捕捞江豚设备：收缴电捕鱼设备 300 余套，拆除大小迷魂阵 1000 多个，拔除定制竹篙 20000 余根，收缴滚钩 20000 多个，有效地配合了政府的生态环境保护监督工作，推动生态治理体系的不断完善。①

阿拉善组织承担了生态文化营造者的角色。生态现代化涵盖政治、经济、社会和文化等方方面面，是整体社会形态的现代化演进。生态文化是生态现代化的精神动力和内在保障，社会组织对于公民生态意识的觉醒和生态文化的培育发挥着开发、引导和积极的作用。社会组织通过开展环保公益运动、组织培训、举办会议、对外宣讲等方式，传播环保理念，孕育社会的生态文化。阿拉善生态协会通过创绿家项目，培育了更多的生态环境保护团队和生态公益组织，极大的推动了社会生态公益力量，为生态文化提供了人才储备。近几年通过"创绿家资助计划"，致力于发掘和支持有组织化意愿的初创期环保公益团队，推动环保公益的行业生态更加健康、多元，最终实现生态环境保护和可持续发展目标。从 2012 年启动至 2019 年底，共资助了 343 个初创期环保公益组织，资助总额超过 3250 万元。这些"创绿家"们分布于全国 31 个省份和地区，活跃于生态保护、污染防治、环境教育、垃圾减量等多个环保相关议题。阿拉善生态协会还着力打造生态环保品牌，通过品牌打造，实现文化传播。近年来推行的"劲草同行"项目效果非常好。劲草同行通过辅导和陪伴成长期环保公益组织的关键人才，支持其成为在区域或议题上的引领型核心。从 2013 年至今，劲草累计资助 67 家劲草伙伴，投入资金超 2300 万元，147 位劲草导师累计志愿服务时间突破 12700 小时；面向公众环保宣导的子品牌活动——劲草嘉年华，已在全国 25 座城市成功举办了

① 阿拉善 SEE 生态协会：《阿拉善 SEE 生态协会年度报告 2019》，见 http://conservation.see.org.cn/disclosure/Annual/。

32 场活动,线上线下参与公众累计超 3400 万人次。① 阿拉善 SEE 生态公益培训学院,由阿拉善 SEE 生态协会及其理事会成员、教育专家及阿拉善 SEE 会员共同发起。公益学院立足于“拥抱常识、智性交流、培养地球公民”,以培养新一代具有环境社会责任的卓越企业家领袖为目标。公益学院以跨学科、开发思考和行动的设计思维为教育的根本出发点,开展公益教育交流活动、文化沙龙、培训课程、深度研修班,助力阿拉善 SEE 会员在个人、企业、社会参与方面的可持续发展,成长为地球公民,有效地实现了生态文化的传播和生态知识的普及,为生态现代化的文化建设积累了经验。中国的生态现代化建设模式已经成为备受关注的重大问题,生态环境问题也是国际关系中的热点关注话题,世界各国都在积极开展生态外交,加强在生态现代化建设上的交流与合作,非政府组织通过开展国际论坛、项目合作、建立国际组织等形式发挥在国际生态建设中的作用。中国的生态现代化建设的经验和模式需要传递出去,中国的生态文化理念需要传播到世界,非政府组织发挥着重要的平台和工具作用。阿拉善生态协会在联合国气候峰会上,分享了 15 年来企业家会员通过探索环保新模式、提供环保资源、捐赠财富等方式,发挥企业家精神,解决社会问题的环保实践案例与项目,同时还展示了中国房地产行业绿色供应链行动最新成果。第 25 届联合国气候变化大会(COP25)期间举办的“企业气候行动:赋能与创新”“低碳与可持续生活”等多场边会上,阿拉善 SEE 通过“绿链行动”等案例,介绍了推动碳减排和污染治理等方面的实践经验,推动绿链行动等项目扩大国际影响力,为助力中国环境保护和低碳减排事业贡献力量。“基于自然解决方案的全球协作和知识分享”主题边会上,阿拉善 SEE 分享了长期以来在荒漠化治理,河流、水源地和地下水保护,野生动物及其栖息地保护等基于自然的解决方案领

① 阿拉善 SEE 生态协会:《阿拉善 SEE 生态协会年度报告 2019》,见 http://conservation.see.org.cn/disclosure/Annual/。

域的实践成果和案例，并对阿拉善SEE在基于自然的解决方案领域的前景做了展望。①

阿拉善生态协会是中国生态现代化进程中成长起来的众多非政府组织的代表，也是中国的社会组织推动生态现代化进程的一个缩影。中国的生态现代化进程以解决发展和环境的矛盾问题为导向，以激活自然资本实现现代化发展动力为基础，在构建政府引导、企业主体和社会组织参与方面形成了良性互动，全方位多元化地实现生态现代化的发展。

① 阿拉善SEE生态协会：《阿拉善SEE生态协会年度报告2019》，见http://conservation.see.org.cn/disclosure/Annual/。

结语

中国是世界上最大的发展中国家，也是人类社会现代化进程中不可或缺的主体，中国选择什么样的现代化道路，不仅关系到十几亿中国人民对美好生活向往的实现路径，也关乎着整个地球生态承载能力的可持续性。近代以来的中国始终在探索实现国富民强的现代化道路，从被动到主动，从追赶到开创，从征服自然到人与自然和谐相处，从驾驭工业资本到激活自然资本，中国的现代化道路呈现出不同于西方经典现代化道路的全新模式。党的十九大报告提出"走一条人与自然和谐共生的现代化道路"，把中国特色社会主义现代化道路的两大特征凸显出来，一是不同于西方资本利益驱动的现代化，而是为了满足人民全面发展需要人民共享的现代化；二是不同于建立在向自然无限索取换取发展的工业现代化，而是为了实现人与自然和解、人和自然和谐共生的生态现代化。中国特色社会主义生态现代化是生态现代化理论与中国特色社会主义制度优势相结合的现代化发展新路径。

人类社会的发展是生产力和生产关系相互作用的结果，生产力是推动社会进步最活跃、最革命的要素，生产力的发展可以看作是不同的"技术—经济"范式的更迭，从农业文明的"农耕技术—土地经济"到工业文明的"工业技术—资本经济"再到生态文明的"生态技术—绿色经济"，围绕不同时期的价值增值载体，形成了不同的科学技术体系，展现了不同的发展模式。我们可以将技术范式的内核与保护带的工具引入到分析“技术—经济”范式中去，可以看到“技术—经济”范式中的内核就是价值增值载体，农业社会是土地，工业社会是工商资本，生态社会是自然资本，而围绕着价值增值载体的保护带就是不同文明时期的科学技术、政治制度、经济方式和文化价值等。现代化从经典向生态的转变，我们可以认为是从“工业技术—资本经济”向“生态技术—绿色经济”的范式转变，其价值增值载体从过去的工商业资本增值向生态价值实现的过程。

自然资本概念的提出是生态学和经济学相互融合的学术概念，自然资本伴随着生态现代化理论的发展，同时又对生态现代化理论的发展提出了更高的要求。西方生态现代化理论开始于对工业文明和资本主义制度的反思，通过科学技术的生态化实现对工业文明的修复和资本主义制度的自我调节，但是西方生态现代化理论的西方中心论传统和资本主义烙印，使得理论的发展、传播和应用有很大的局限性，尤其是自然资本的增值与利用与资本主义的资本增值方式有着根本区别，所以在生态现代化理论、自然资本和发展中国家的实践三者互动结合过程中，始终显得“貌合神离”，这就为生态现代化理论的发展提出了更高的要求，也就是在更广范围内实现真正的范式的更迭，实现从工商业资本增值到自然资本价值激活。因此以自然资本为视角来观察经典现代化到生态现代化的历史过程，来分析西方生态现代化理论到广义生态现代化理论再到中国特色社会主义生态现代化理论，就更具有时代意义和实践导向。自然资本概念引入到中国时间虽然不长，但是同中国的生态文明建设结合非常融洽，这也是社会主义制度优越性的具体体现。中国提出以最严格制度最严密法治来推动生态文明建设，其中自然资本的产权确认、自然资本的使用、交易、补偿的制度化和基于自然资本的科学技术生态化升级正在中国如雨后春笋般出现，也成为中国推进国家治理体系和国家治理能力现代化的重要内容。

中国特色社会主义生态现代化有其深厚的理论渊源，吸收了中国古代生态智慧，汲取了马克思主义生态观及其最新发展，借鉴了世界生态思想的优秀成果，扎根于中国现代化实践，体现了中国共产党带领中国人民把握自然发展规律、探索中国特色社会主义建设规律和为人类解决共同面对的问题提供中国智慧和中国方案。中国特色社会主义生态现代化是以生态经济现代化为发展动力，生态治理现代化为调节手段，科学技术生态化为工具，生态文化现代化为价值导向的，全方位系统化的推动走人与自然和谐共生的现代化。尤其是党的十八大以来，在政府、企业、公益组织和个人多方面展现了中国特色社会主义生态文明建设的生动实践。

自然资本研究的空间仍然广阔，对于自然资本的测算、投资、属性的研究正在蓬勃兴起，发展中国家的现代化实践如何同自然资本所带来的发展红利结合是生态现代化理论世界范围内的重点关注问题，基于自然资本的生态现代化系统研究有着十分重要的学术研究意义。未来中国的发展既要解决全面建成小康社会与建设社会主义现代化国家的衔接问题，又要解决人民日益增长的对美好生态环境的需要与经济高质量发展的协同问题，基于自然资本的中国特色社会主义生态现代化理论发展与实践探索对落实习近平生态文明思想，推动美丽中国建设能够提供重要的智力支持。本研究仅在现代化发展历程中引入“技术—经济”范式，提出了通过该范式将自然资本内嵌到生态现代化的发展中，并以中国的生态现代化发展为蓝本，分析了生态现代化与自然资本相结合对生态文明建设理论与实践带来的全新的学术框架。由于研究能力有限、研究资料还在不断整理与补充完善，所以学术分析框架还需要进一步的细化和调整，对案例的跟踪研究还需要进一步以长周期的历史视角进行积累。学术研究需要有定力，才能从“衣带渐宽终不悔，为伊消得人憔悴”走到“蓦然回首，那人却在灯火阑珊处”。

“清风明月本无价，近水远山皆有情”，从“拿绿水青山换金山银山”到“绿水青山就是金山银山”，自然资本视角下的中国是极具发展潜力的，因此中国生态现代化道路的生动实践需要我们构建中国特色社会主义生态现代化的理论体系，来指导我们建设一个人与自然和谐共生的美丽中国。

参考文献

一、文献类

1.《马克思恩格斯全集》第 20 卷,人民出版社 1975 年版。

2.《马克思恩格斯全集》第 31 卷,人民出版社 2006 年版。

3.《马克思恩格斯全集》第 25 卷,人民出版社 2003 年版。

4.《马克思恩格斯全集》第 46 卷,人民出版社 2006 年版。

5.《马克思恩格斯选集》第 1 卷,人民出版社 1975 年版。

6.《马克思恩格斯选集》第 2 卷,人民出版社 2012 年版。

7.《马克思恩格斯选集》第 4 卷,人民出版社 2012 年版。

8. 马克思:《资本论》第 2 卷,人民出版社 2018 年版。

9. 马克思:《资本论》第 3 卷,人民出版社 2018 年版。

10. 马克思、恩格斯:《共产党宣言》,人民出版社 2015 年版。

11. 马克思:《1844 年经济学哲学手稿》,人民出版社 2018 年版。

12. 恩格斯:《社会主义从空想到科学的发展》,人民出版社 2018 年版。

13. 恩格斯:《自然辩证法》,人民出版社 2018 年版。

14. 恩格斯:《社会主义从空想到科学的发展》,人民出版社 2018 年版。

15.《列宁选集》第 1 卷,人民出版社 2012 年版。

16.《列宁选集》第 2 卷,人民出版社 2012 年版。

17.《毛泽东文集》第 8 卷,人民出版社 1999 年版。

18.《周恩来选集》下卷,人民出版社 1984 年版。

19.《邓小平文选》第 2 卷,人民出版社 1994 年版。

20. 习近平:《决胜全面建成小康社会　夺取新时代中国特色社会主义伟大胜利——在中国共产党第十九次全国代表大会上的报告》,人民出版社 2017 年版。

二、专著类

1. Bryan Norton,"Toward Unity Among Environmentalists",OXford University,1991.

2. Andrew Light,Eric Katz,"Environmental Pragmatism",Routledge,1996.

3. Zygmunt Bauman,"Postmodern Ethics",Blackwell,1993.

4. D.W.Pearce,G.Atkinson,"Measuring Sustainable Development",CSERGE,1992.

5. H. E. Daly,"Beyond Growth:The Economic of Sustainable Development",Beacon Press,1996.

6. Keller and Golley,"The Philosophy of Ecology,from Science to Synthesis",The University of Georgia Press,1995.

7. [英]卡萝塔·佩蕾丝:《技术革命与金融资本》,田方萌译,中国人民大学出版社 2007 年版。

8. [荷]E.舒尔曼:《科技文明与人类未来》,李小、谢京生、张峰译,东方出版社 1995 年版。

9. [美]詹姆斯·奥康纳:《自然的理由:生态学马克思主义研究》,唐正东、臧佩洪译,南京大学出版社 2003 年版。

10. [荷]阿瑟·摩尔、[美]戴维·索南菲尔德:《世界范围的生态现代化:观点和关键争论》,张鲲译,商务印书馆 2011 年版。

11. [美]布莱克:《日本和俄国的现代化》,周师铭译,商务印书馆 1984 年版。

12. [美]萨缪尔·亨廷顿:《变化社会中的政治秩序》,王冠华等译,上海人民出版社 2008 年版。

13. [英]库马:《社会的剧变——从工业社会迈向后工业社会》,蔡伸章译,志文出版社 1973 年版。

14. [美]沃·惠·罗斯托:《从第七层楼上展望世界》,国际关系学院"五七"翻译组译,商务印书馆 1973 年版。

15. [美]加布里埃尔·A.阿尔蒙德:《发展中地区的政治》,任晓晋等译,上海人民出版社 2012 年版。

16. [美]C.E.布莱克:《现代化的动力——一个比较史的研究》,景跃进、张静译,浙江人民出版社 1989 年版。

17. [英]艾瑞克·霍布斯鲍姆:《革命的年代》,王章辉译,中信出版社 2014 年版。

18. [美]C.E.布莱克:《现代化的动力——一个比较史的研究》,景跃进、张静译,浙江人民出版社 1989 年版。

19. [意]奥雷里奥·佩西:《人的素质》,邵晓光译,辽宁大学出版社 1988 年版。

20. [法]布鲁诺·雅科米:《技术史》,蔓莙译,北京大学出版社 2000 年版。

21. [美]马尔库塞:《爱欲与文明》,黄勇、薛民译,上海译文出版社 1987 年版。

22. [法]费尔南·布罗代尔:《文明史纲》,肖昶等译,广西师范大学出版社 2003 年版。

23. [美]刘易斯·芒福德:《城市发展史》,宋俊岭等译,中国建筑工业出版社 2005 年版。

24. [德]弗里德里希·拉普:《技术哲学导论》,刘武译,辽宁科学技术出版社 1986 年版。

25. [美]哈里·布雷弗曼:《劳动与垄断资本》,方生等译,商务印书馆 1978 年版。

26. [美]安德鲁·芬伯格:《技术批判理论》,韩庆库、曹观法译,北京大学出版社 2005 年版。

27. [美]安德鲁·芬伯格:《技术体系——理性的社会生活》,上海社会科学院、科学技术哲学创新团队译,上海社会科学院出版社 2017 年版。

28. [美]H.马尔库塞等:《工业社会与新左派》,任立编译,商务印书馆 1982 年版。

29. [英]齐格蒙特·鲍曼:《 流动的现代性》,欧阳景根译,中国人民大学出版社 2018 年版。

30. [美]巴里·康芒纳:《封闭的循环——自然、人和技术》,侯文蕙译,吉林人民出版社 1997 年版。

31. [美]弗·卡普拉:《转折点》,冯禹译,中国人民大学出版社 1989 年版。

32. [德]埃德蒙德·胡塞尔:《欧洲科学的危机和超验现象学》,张庆熊译,上海译文出版社 1988 年版。

33. [美]A.迈克尔·弗里曼:《环境与资源价值评估(理论与方法)》,曾贤刚译,中国人民大学出版社 2002 年版。

34. [美]吉利斯·罗默等:《发展经济学》,中国人民大学出版社 1998 年版。

35. [美]保罗·霍肯等:《自然资本论——关于下一次工业革命》,王乃粒、诸大建、龚义台译,上海科学普及出版社 2002 年版。

36. [美]杰弗里·希尔:《生态价值链在自然与市场中建构》,胡颖廉译,中信出版集团 2016 年版。

37. [美]霍尔姆斯·罗尔斯顿:《哲学走向荒野》,刘耳、叶平译,吉林人民出版社2000年版。

38. 中共中央组织部:《贯彻落实习近平新时代中国特色社会主义思想在改革发展稳定中攻坚克难案例(生态文明篇)》,党建读物出版社2019年版。

39. 中科院中国现代化研究中心:《中国现代化报告2007——生态现代化研究》,北京大学出版社2007年版。

40. 洪大用、马国栋:《生态现代化与文明转型》,中国人民大学出版社2014年版。

41. 孙特生:《生态治理现代化——从理念到行动》,中国社会科学出版社2018年版。

42. 薛建明、仇桂且:《生态文明与中国现代化转型研究》,光明日报出版社2014年版。

43. 吴平:《新时代生态文明理念、政策与实践》,商务印书馆2018年版。

44. 万建琳:《政府主导的多方合作生态治理模式研究》,中国林业科学出版社2019年版。

45. 罗荣渠:《现代化新论》,商务印书馆2004年版。

46. 王斯德:《世界通史》,华东大学出版社2001年版。

47. 王华梅、程淑兰:《自然资本与自然价值——从霍肯和罗尔斯顿的学说说起》,山西经济出版社2017年版。

48. 陈昌曙:《技术哲学引论》,科技出版社1999年版。

49. 费正清、费维恺:《剑桥中华民国史》,中国社会科学出版社2006年版。

50. 马许涤:《生态经济学探索》,上海人民出版社1985年版。

51. 孙特生:《生态治理现代化——从理念到行动》,中国社会科学出版社2018年版。

52. 佘谋昌:《生态哲学》,陕西人民教育出版社2000年版。

53. 佟立:《当代西方生态哲学思潮》,天津人民出版社2017年版。

三、期刊类

1. 赵聪聪:《弗朗西斯·伯内特的生态现代化之路》,《世界经济》2018年第20期。

2. 阿瑟·P.J.莫尔、庞娟(摘译):《转型期中国的环境与现代化》,《国外理论动态》2006年第11期。

3. 盛国荣、陈凡、韩英莉:《论技术发展中的累积效应》,《东北大学学报》2005年第

1 期。

4. 欧阳志远:《社会根本矛盾演变与中国绿色发展解析》,《当代世界与社会主义》2014 年第 10 期。

5. 肖显静:《科学的新发展与环境伦理学的完善》,《自然辩证法研究》2004 年第 4 期。

6. 杨永浦、赵建军:《生态治理现代化的价值旨趣、实践逻辑及核心策略》,《科学技术哲学研究》2020 年第 4 期。

7. 夏静雷、王书波:《中国特色社会主义生态现代化逻辑转型研究》,《治理现代化研究》2019 年第 5 期。

8. 薄海、赵建军:《生态现代化:我国生态文明建设的现实选择》,《科学技术哲学研究》2018 年第 2 期。

9. 张云飞:《试论中国特色生态治理体制现代化的方向》,《山东社会科学》2016 年第 6 期。

10. 方世南:《以整体性思维推进生态治理现代化》,《山东社会科学》2016 年第 6 期。

11. 朱远、陈建清:《生态治理现代化的关键要素与实践逻辑——以福建木兰溪流域治理为例》,《东南学术》2020 年第 6 期。

12. 郇庆治、马丁 · 耶内克:《生态现代化理论:回顾与展望》,《马克思主义与现实》2010 年第 1 期。

13. 申森:《福斯特生态马克思主义视域下的生态现代化理论批判》,《国外理论动态》2017 年第 10 期。

14. Anna Peterson,"Environmental Ethics and the Social Construction",Environmental Ethics,1999,21(4).

15. Kevin de Laplante,"Environmental Alchemy:How to Turn Ecological Science into Ecological Philosophy",Environmental Ethics,2004,26(4).

16. Ronald Sandler,"A theory of Environmental Virtue",Environmental Ethics,2006,28(3).

17. John Mizzon.Environmental Ethics,"A Catholic View",Environmental Ethics,2014,36(4).

18. Robert Frodeman,Adam Briggle,J.Britt Holbrook,"Philosophy in the Age of Neoliberalism",Social Epistemology,2012,26(4).

19. Paul Haught,"Environmental Justice:The issue of Proportionality",Environmental

Ethics,2011,33(4).

20. Ralph M. Perhac,"Environmental Justice: The issue of Proportionality", Environmental Ethics,1999,21(1).

21. Derek Bell,"Environmental Ethics and Rawls' Theory of Justice", Environmental Ethics,1981,3(2).

22. Eugene C.Hargrove,"Toward Teaching Environmental Ethics:Exploring Problems in the Language of Evolving Social Values",Canadian Journal of Environmental Education 2000 (5).

23. Roger J.H.King,"Environmental Ethics and the Built Environment",Environmental Ethics,2000,22(2).

24. 方世南:《建设人与自然和谐共生的现代化》,《理论视野》2018 年第 2 期。

25. 郭晓杰、刘文丽:《科技创新、金融资本与经济增长相关性的研究综述——兼论卡萝塔·佩蕾丝的"技术革命与金融资本"》,《科技管理研究》2014 年第 10 期。

26. 刘世佳:《论自然环境与生产力的发展》,《生产力研究》1996 年第 2 期。

27. 张峰:《马克思论资本逻辑及其现实启示》,《广西社会科学》2015 年第 7 期。

28. 邢楠:《再评估作为发展基础的自然资本:对当代资本主义的一种批判》,《求是》2012 年第 6 期。

29. 徐祥运:《论拉普关于技术的历史起源于发展前提的思想》,《自然辩证法研究》1994 年第 2 期。

30. 曹利军:《循环经济系统分析:结构模式、运行机制与技术创新》,《生产力研究》2008 年第 20 期。

31. 吕乃基:《论作为科学技术与社会科学、人文科学桥梁的科学技术哲学》,《科学技术与辩证法》1998 年第 3 期。

32. 高亮华:《产业:打开了的人的本质力量的书》,《晋阳学刊》2005 年第 6 期。

33. D. W, Pearce. Economic,"Equity and Sustainable Development", Futures(RU), 1988(20).

34. 马兆俐:《罗尔斯顿的自然价值论评述》,《泰山学院学报》2005 年第 5 期。

35. 张孝德、梁杰:《论作为生态经济学价值内核的自然资本》,《南京社会科学》2014 年第 10 期。

36. 文传浩、李春艳:《论中国现代化生态经济体系:框架、特征、运行与学术话语》,《西部论坛》2020 年第 5 期。

37. 余晓青、郑振宇:《生态治理现代化视野下社会组织的作用探析》,《福建农林大学学报(哲学社会科学版)》2016 年第 9 期。

38. 陆波、方世南:《国家治理视域下生态治理能力现代化方略》,《学术探索》2016 年第 5 期。

39. 孙佑海:《从反思到重塑:国家治理现代化视域下的生态文明法律体系》,《中州学刊》2019 年第 12 期。

40. 佩切伊:《21 世纪的全球性课题和人类的选择》,《世界动态哲学》1984 年第 1 期。

41. 曹孟勤:《试论解决生态危机的根本出路》,《南京师大学报》(社会科学版)2007 年第 4 期。

42. 李咏梅、张天勇:《包容性增长正义向度的多维视野及其统一》,《前沿》2011 年第 24 期。

43. 吕君枝.:《西方生态现代化理论对我国生态现代化发展的启示》,《产业与科技论坛》2020 年第 3 期。

44. 李叶子:《乡村振兴战略背景下农村生态文明建设的困境与路径研究——基于生态现代化理论视角》,《湖北农业科学》2020 年第 5 期。

45. 郝栋:《新时代中国生态现代化建设的系统研究》,《山东社会科学》2020 年第 4 期。

46. 计彤、刘欣欣:《生态现代化视角下中国生态治理现代化》,《区域治理》2020 年第 8 期。

47. 任彩凤、艳妹、郑欣、周立志:《基于生态足迹模型的淮北市自然资本利用研究》,《生态科学》2019 年第 6 期。

48. 吴晓露、方浩森、袁诗满:《生态现代化在建筑领域的成就与思考》,《城市建筑》2019 年第 23 期。

49. 刘立波:《群体冲突与资源掌控:生态现代化的动力机制》,《南京工业大学学报》(社会科学版)2019 年第 3 期。

50. 郝栋:《生态现代化进程中的技术发展解读》,《自然辩证法研究》2019 年第 7 期。

51. 裘烨真:《生态现代化视野下自然缺失症成因及对策初探》,《国家林业局管理干部学院学报》2018 年第 2 期。

52. 薄海、赵建军:《生态现代化:我国生态文明建设的现实选择》,《科学技术哲学研究》2018 年第 1 期。

53. 郭艳军、陈秧分:《生态现代化视域下我国新型农业现代化路径选择》,《改革与战略》2017 年第 5 期。

54. 马旭红、秦蓁:《生态政治化视角下的生态现代化路径探析》,《理论与当代》2016 年第 8 期。

55. 林丹:《从生态规制到生态议程:生态现代化理论的实践模式演进》,《理论与改革》2016 年第 3 期。

56. 魏波:《生态现代化下的农村环境问题》,《长春教育学院学报》2016 年第 4 期。

57. 张青兰:《风险社会和生态现代化——我国环境发展的新展望》,《广东社会科学》2016 年第 1 期。

58. 刘英:《习近平生态文明思想视域下的生态文明先行示范区建设——以安徽省为例》,《安徽广播电视大学学报》2021 年第 1 期。

59. 何佳乐:《生态文明建设视域下云南省高职本科人才培养路径研究》,《河北能源职业技术学院学报》2021 年第 1 期。

60. 邓宏兵、刘恺雯、苏攀达:《流域生态文明视角下多元主体协同治理体系研究》,《区域经济评论》2021 年第 1 期。

61. 刘少阳、姚向丹:《生态哲学视野下新时代中国生态文明建设》,《文化产业》2021 年第 7 期。

62. 庄贵阳、丁斐:《“绿水青山就是金山银山”的转化机制与路径选择》,《环境与可持续发展》2020 年第 4 期。

63. 李双成:《自然资本与经济社会持续发展》,《当代贵州》2020 年第 17 期。

64. 周泽娟、赵庆建:《自然资本核算方法研究——基于国家公园的视角》,《中国林业经济》2020 年第 2 期。

65. 张柯:《基于生态文明建设的小流域治理与城乡融合发展浅见》,《中国水土保持》2020 年第 12 期。

66. 穆蓉蓉:《生态文明思想研究综述》,《今古文创》2020 年第 45 期。

67. 孙金龙:《我国生态文明建设发生历史性转折性全局性变化》,《中国环境监察》2020 年第 11 期。

68. 钱淮宁:《浅谈生态文明建设视角下的当代中国旅游地理教学》,《西部旅游》2020 年第 11 期。

69. 束锡红、陈祎:《生态文明视阈下西北区域环境变迁与绿色转型发展》,《西北大学学报(哲学社会科学版)》2020 年第 6 期。

70. 王雨辰:《论当代生态思潮与生态文明理论的争论及其在中国的效应》,《道德与文明》2020 年第 6 期。

71. 魏彩霞:《习近平生态文明思想的马克思主义理论底蕴》,《经济研究导刊》2020年第31期。

72. 高程:《我国生态文明建设研究综述》,《农村经济与科技》2020年第20期。

73. 张广俊:《新中国成立以来中国共产党生态文明思想的演进逻辑》,《理论建设》2020年第4期。

74. 姚震、陶浩、王文:《生态文明视野下的自然资源管理》,《宏观经济管理》2020年第8期。

75. 季正聚:《习近平生态文明思想理论贡献的多维度研究》,《环境与可持续发展》2019年第6期。

76. 黄承梁:《论习近平生态文明思想历史自然的形成和发展》,《中国人口·资源与环境》2019年第6期。

77. 苏春雨:《践行生态文明思想推动新时代林业高质量发展》,《中国生态文明》2019年第6期。

78. 方印、李杰:《全面理解生态文明试验区的四个基本特征》,《中国生态文明》2019年第6期。

79. 丁斐、庄贵阳:《广元释放生态红利,有哪些举措?》,《中国生态文明》2019年第6期。

80. 陈翠芳、李小波:《生态文明建设的主要矛盾及中国方案》,《湖北大学学报(哲学社会科学版)》2019年第6期。

81. 张苏强:《人与自然和谐共生现代化建设的生态责任论析》,《浙江工商大学学报》2019年第6期。

82. 许英凤:《习近平生态文明思想及其当代价值》,《南京航空航天大学学报(社会科学版)》2019年第4期。

83. 张云飞:《习近平生态文明思想话语体系初探》,《探索》2019年第4期。

84. 王娜:《新时代社会主义生态文明建设的理论内涵与实现策略研究》,《文化学刊》2019年第5期。

85. 陆智晶:《论推进生态文明建设视野下的政治、经济、科技三个维度》,《现代商贸工业》2019年第17期。

86. 寇有观:《学习生态文明思想思考自然资源工作》,《办公自动化》2018年第21期。

87. 蒋孝明:《论新时代社会主义现探索,现代化强国生态文明之"美丽"蕴意》,《牡丹江师范学院学报(哲学社会科学版)》2018年第5期。

88. 李垣:《红色文化传承与绿色生态发展——“红绿交融”的社会主义生态文明建设》,《延安大学学报(社会科学版)》2018 年第 5 期。

89. 翟青:《推进生态环境治理体系和治理能力现代化为打好污染防治攻坚战提供坚强保障》,《中国机构改革与管理》2018 年第 10 期。

90. 徐立江:《习近平新时代中国特色社会主义思想视域下的绿色发展》,《克拉玛依学刊》2018 年第 5 期。

91. 周虎:《新时代生态文明建设中的辩证思维能力四个维度》,《中共乌鲁木齐市委党校学报》2018 年第 3 期。

92. 吴平:《引入第三方评估,促进生态治理现代化》,《国际人才交流》2018 年第 6 期。

93. 郭秀清:《立足“五位一体”总体布局推进新时代生态文明建设》,《鄱阳湖学刊》2018 年第 3 期。

94. 梁本凡:《建设美丽公园城市推进天府生态文明》,《先锋》2018 年第 4 期。

95. 丁卫华:《习近平生态文明思想的逻辑体系及其时代价值》,《南京政治学院学报》2018 年第 2 期。

96. 韩晓慧:《关于新时代中国特色社会主义生态文明建设的若干思考》,《福建省社会主义学院学报》2017 年第 6 期。

97. 夏晓华:《现代化建设必须加快生态文明体制改革》,《前线》2017 年第 12 期。

责任编辑：余　平
封面设计：林芝玉
版式设计：胡欣欣
责任校对：白　玥

图书在版编目(CIP)数据

变绿水青山为金山银山:基于自然资本的生态现代化系统研究/郝栋 著. —
北京:人民出版社,2022.9
ISBN 978-7-01-024217-0

Ⅰ.①变… Ⅱ.①郝… Ⅲ.①生态环境建设-研究-中国 Ⅳ.①X321.2

中国版本图书馆 CIP 数据核字(2021)第 243691 号

变绿水青山为金山银山
BIAN LÜSHUI QINGSHAN WEI JINSHAN YINSHAN
——基于自然资本的生态现代化系统研究

郝　栋　著

人民出版社 出版发行
(100706 北京市东城区隆福寺街 99 号)

北京汇林印务有限公司印刷 新华书店经销

2022 年 9 月第 1 版 2022 年 9 月北京第 1 次印刷
开本:710 毫米×1000 毫米 1/16 印张:18
字数:241 千字

ISBN 978-7-01-024217-0 定价:88.00 元

邮购地址 100706 北京市东城区隆福寺街 99 号
人民东方图书销售中心 电话 (010)65250042 65289539